U0564123

BLUE BOOK

智 库 成 果 出 版 与 传 播 平 台

陕西蓝皮书

BLUE BOOK OF SHAANXI

陕西科技创新发展报告
（2025）

ANNUAL REPORT ON THE DEVELOPMENT OF
SCI-TECH INNOVATION IN SHAANXI (2025)

主 编／
陕 西 省 社 会 科 学 院
陕 西 省 科 学 技 术 厅
陕 西 省 科 学 技 术 协 会
陕西省西咸新区开发建设管理委员会

社会科学文献出版社
SOCIAL SCIENCES ACADEMIC PRESS (CHINA)

图书在版编目（CIP）数据

陕西科技创新发展报告.2025／陕西省社会科学院
等主编.-- 北京：社会科学文献出版社，2025.5.
（陕西蓝皮书）.-- ISBN 978-7-5228-5133-4

Ⅰ.G322.741

中国国家版本馆 CIP 数据核字第 2025YH4748 号

陕西蓝皮书

陕西科技创新发展报告（2025）

主　　编／
陕西省社会科学院
陕西省科学技术厅
陕西省科学技术协会
陕西省西咸新区开发建设管理委员会

出 版 人／冀祥德
责任编辑／吴云苓
责任印制／岳　阳

出　　版／社会科学文献出版社·皮书分社　（010）59367127
　　　　　　地址：北京市北三环中路甲 29 号院华龙大厦　邮编：100029
　　　　　　网址：www.ssap.com.cn
发　　行／社会科学文献出版社　（010）59367028
印　　装／三河市东方印刷有限公司

规　　格／开　本：787mm×1092mm　1/16
　　　　　　印　张：19　字　数：284 千字
版　　次／2025 年 5 月第 1 版　2025 年 5 月第 1 次印刷
书　　号／ISBN 978-7-5228-5133-4
定　　价／158.00 元

读者服务电话：4008918866

《陕西科技创新发展报告（2025）》
编辑委员会

主要编撰者简介

吴 刚 陕西省社会科学院经济研究所副所长、研究员,陕西省决策咨询委员会委员,主要研究领域为工业经济、新兴产业及科技创新。近年来主持完成国家、省级课题项目10余项,发表理论文章及论著成果20余项;科研成果获省部级二等奖两次、三等奖两次。

申 博 陕西省西咸新区研究院副院长、党工委管委会研究室主任(兼)、西咸新区党校副校长(兼),主要研究领域为区域经济、科技创新、新兴产业。近年来多次牵头参与起草重要文稿、调研报告等,多篇成果获省市区领导批示,刊发在《人民日报》《习近平经济思想研究》《参考清样》等报刊。

摘　要

2024 年，陕西深入学习贯彻党的二十大和二十届二中、三中全会精神，贯彻落实习近平总书记关于科技创新的重要论述和历次来陕考察重要讲话重要指示精神，以建设科技强省为目标，以纵深推进"三项改革"为牵引，统筹推进教育科技人才体制机制一体改革，构建支持全面创新体制机制，加快塑造高质量发展新动能新优势，为谱写陕西新篇、争做西部示范注入强劲动力。

本书包括总报告、科技供给篇、产业创新篇、科技改革篇和案例篇五个部分。总报告研究分析科技创新和产业创新深度融合发展的内在逻辑与有效路径，评价解析了陕西推动科技创新和产业创新深度融合发展的绩效状况、面临的挑战，研究提出通过打造更多"国之重器"、强化企业科技创新主体地位、促进科技成果高效转化应用、构建开放创新生态，夯实科技创新和产业创新深度融合的基础、筑牢融合的关键、畅通融合的渠道、提升融合的效能。科技供给篇从场景创新、新能源汽车产业科技创新、具身智能机器人科技创新及场景应用、低空经济科技创新等视角研究提出相关对策措施。产业创新篇从因地制宜发展新质生产力、人工智能产业发展、新能源汽车产业政策评估、秦创原产业创新聚集区建设等视角提出相关对策措施。科技改革篇从推进"三项改革"扩量提质、深化科技成果转化市场化机制建设、完善科技人才队伍评价体系等视角提出相关对策措施。案例篇解构分析了西图之光勇当科技成果转化先行者、空天动力院打造"四链"融合示范平台、中国电建西北院构建治水兴水"智慧大脑"、西安小院科技公司推进科技创新

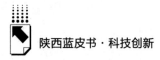
赋能"中国建造"典型案例，为推动科技创新和产业创新深度融合发展提供实践指引，助力发展新质生产力，更好服务高质量发展。

关键词： 科技供给　产业创新　科技改革　陕西

Abstract

In 2024, Shaanxi will deeply study and implement the spirit of the 20th National Congress of the Communist Party of China and the Second and Third Plenary Session of the 20th Central Committee of the Communist Party of China, implement General Secretary Xi Jinping's important discourse on scientific and technological innovation, and the important instructions of General Secretary Xi Jinping's previous visits to Shaanxi. With the goal of building a strong province through science and technology and the deepening of the "three reforms" as the driving force, Shaanxi will comprehensively promote the reform of the education, science and technology talent system and mechanism, build a system and mechanism that supports comprehensive innovation, accelerate the shaping of new driving forces and advantages for high-quality development, and inject strong momentum into Shaanxi's new chapter and striving to become a demonstration in the western region.

The framework of this book includes five parts: the overall report, the technology supply section, the industry innovation section, the technology reform section, and the case study section. The overall report analyzes the internal logic and effective path of the deep integration of scientific and technological innovation and industrial innovation, evaluates and analyzes the performance status and challenges faced by Shaanxi in promoting the deep integration of scientific and technological innovation and industrial innovation, and proposes to build more "national treasures", strengthen the main position of enterprise scientific and technological innovation, promote the efficient transformation and application of scientific and technological achievements, construct an open innovation ecosystem, consolidate the foundation of deep integration of scientific and technological innovation and industrial innovation, build the key to integration, smooth the channels of integration, and enhance the efficiency of integration. The article on technology supply proposes relevant countermeasures from the perspectives of scenario innovation, development of new quality productivity, innovation in new energy vehicle technology, innovation and scenario application of embodied intelligent robots, and innovation in low altitude economy technology. The article on industrial innovation proposes relevant countermeasures from the perspectives of developing new quality productivity according to local conditions, developing the artificial intelligence industry, evaluating the consistency of policy orientation in the new energy vehicle industry, and constructing the Qinchuangyuan industrial innovation cluster area. The article on technological reform proposes relevant countermeasures from the perspectives of promoting the expansion and quality improvement of the "three reforms", deepening the market-oriented mechanism for the transformation of scientific and technological achievements, and improving the evaluation system for the scientific and technological talent team. The case study deconstructs and analyzes typical cases of Xitu Guangyong being a pioneer in the transformation of scientific and technological achievements, Aerospace Power Institute building a "four chain" integration demonstration platform, China Electric Power Northwest Institute building a "smart brain" for water management and revitalization, and Xiaoyuan Technology promoting technological innovation to empower "China Construction", providing practical guidance for promoting the deep integration of scientific and technological innovation and industrial innovation, helping to develop new quality productivity, and better serving high-quality development.

Keywords: Technology Supply; Industry Innovation; Technology Reform; Shaanxi

目 录 ⟳

I 总报告

II 科技供给篇

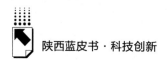
III 产业创新篇

IV 科技改革篇

V 案例篇

皮书数据库阅读**使用指南**

👆

CONTENTS ⟨⟩

I   Overall Report

II   Technology Supply Chapter

CONTENTS ↖

Ⅲ Industrial Innovation Chapter

Ⅳ Science and Technology Reform

Ⅴ Case Study

总报告 ⟩⟩

B.1

陕西推动科技创新和产业创新深度
融合发展的路径研究

陕西省社会科学院课题组 *

摘　要： 推动科技创新和产业创新深度融合是助力发展新质生产力的有效举措。陕西科教人才资源丰富，创新综合实力雄厚，有条件和基础在推动科技创新和产业创新深度融合发展上作出新的实践探索。本文通过研究分析科技创新和产业创新深度融合发展的内在逻辑与有效路径，评价解析了陕西推动科技创新和产业创新深度融合发展的绩效状况、面临的挑战，研究提出要坚持"有效市场"与"有为政府"协同发力，通过打造更多"国之重器"、强化企业科技创新主体地位、促进科技成果高效转化应用、构建开放创新生态，夯实科技创新和产业创新深度融合的基础、筑牢融合的关键、畅通融合的渠道、提升融合的效能。

关键词： 科技创新　产业创新　新质生产力　陕西

* 课题组组长：吴刚，陕西省社会科学院经济研究所研究员，主要研究方向为工业经济、新兴产业及科技创新。成员：刘晓惠、吕芬、赵鹏鹤，陕西省社会科学院经济研究所助理研究员。

推动科技创新和产业创新深度融合是加快发展新质生产力、建设现代化产业体系的迫切需要。习近平总书记在 2024 年全国科技大会、国家科学技术奖励大会、两院院士大会上强调，扎实推动科技创新和产业创新深度融合，助力发展新质生产力，并且指出实现这种融合的基础是增加高质量科技供给、关键是强化企业科技创新主体地位、途径是促进科技成果转化应用。① 这一重要论述指明了推动科技创新和产业创新深度融合发展的理论内涵及实践要求。陕西科教人才资源丰富，创新综合实力雄厚，有条件和基础在推动科技创新和产业创新深度融合发展上作出新的实践探索，助力发展新质生产力，更好服务高质量发展。

一　科技创新和产业创新深度融合发展的内在逻辑与有效路径

当前，世界新一轮科技革命和产业变革加速演进，经济科技化和科技经济化趋势更加明显，使得以物质生产为主体的生产力正在升级为以科技劳动为主体的生产力。科技创新作为生产力发展的核心要素，通过技术水平和研发能力提升，能够大幅提高劳动生产率和产品附加值，加快形成新质生产力。产业创新是科技创新成果转移转化的落脚点，科技创新成果应用到具体产业上，改造升级传统产业，培育壮大新兴产业，谋划布局未来产业，能够提升产业链整体竞争力。总之，科技创新为产业创新深度赋能，产业创新为科技创新提供转化载体和应用场景，二者贯通融合，形成相互依存、彼此融合、共同演进的关系。

（一）科技创新和产业创新深度融合发展的内在逻辑

科技创新是产业创新的关键支撑。从科技创新演进规律来看，科技创新

---

① 《习近平：在全国科技大会、国家科学技术奖励大会、两院院士大会上的讲话》，新华网，2024 年 6 月 24 日。

是源头活水。科技创新引领高水平技术供给和技术交叉融合，驱动生产方式、发展模式和企业形态发生根本性变革，引领产业升级，改变工艺流程、技术水平、组织方式、管理模式等，提升产业质量、优化产业结构；同时，科技创新能够打通关键领域技术堵点、断点，保障关键设备自主供给、关键产品研发生产，提升产业的韧性和安全水平。当前，核心科技、产业主导权竞争加剧，以策源技术研发为基础，以骨干企业和创新主体共同参与的核心技术攻关体系加快构建，各层级创新网络同频共振，推进高水平科技自立自强。

产业创新是科技创新价值实现的根本途径。产业作为创新的重要载体，能够吸纳更多的先进生产要素，无论是新兴产业壮大还是传统产业升级，都将为科技创新创造更大的应用空间。在传统产业领域，科技创新提升生产效率和产品质量，推动传统产业高端化、智能化、绿色化转型。在新兴产业领域，科技创新催生新产业新业态新动能，加快形成新的增长引擎。在未来产业领域，颠覆性、前沿性技术突破引领未来产业发展，打造未来产业策源地。同时，在市场竞争驱动下产业创新对新技术、新工艺、新产品产生新的研发需求，从而形成对科技创新和成果转化持续不断的需求拉动。

科技创新和产业创新深度融合推动产业体系优化升级。科技创新和产业创新深度融合发展，推进技术革命性突破、生产要素创新性配置、产业深度转型升级，全面提升产业基础高级化和产业链现代化水平，促进产业结构更加合理、质量更加可靠；先进技术和现代产业组织方式改造升级产业体系，不断提高全要素生产率，使生产方式向更加高效、精准、智能、柔性、协同转变，产业组织方式向网络化、平台化转变，从而降低生产成本，提高运行效率，促进产业体系供给质量更高、效率更强、自控能力更足、发展更可持续。

（二）科技创新和产业创新深度融合发展的有效路径

推进高质量科技供给。科技供给的质与量，直接决定了产业创新的数量、水平与效益。高质量科技供给是科技创新与产业创新深度融合的前提和基础。当前，科学研究范式深刻变革，国际科技竞争日益向原创性基础研究前移，迫切需要从源头和底层解决关键技术问题。进一步推进战略导向的基础研究、

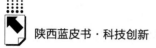

前沿导向的探索性基础研究与市场导向的应用性基础研究，切实从源头上增加高质量科技供给，增强原创策源能力，推动形成引领高质量发展的强大动力。

强化企业创新主体地位。企业既是经济活动的主要参与者，又是吸纳和创造颠覆性技术和前沿技术、汇聚创新资源、培育发展新质生产力的关键主体。要强化企业创新主体地位，面向产业需求共同凝练科技问题，推动形成企业主导的产学研用协同创新共同体，让科技创新成果与现实需求更近、产业升级更适配，更好地把科技优势转化为产业发展实力。

促进科技成果转化应用。科技成果转化的过程，实质上是科技供给向产业领域扩散渗透、推动产业深度转型升级的过程，是加快形成创新链产业链资金链人才链融合发展的过程。积极构建科技成果研发、转化、产业一体化生态，推动基础研究、技术攻关、成果转化、科技金融、人才支撑的科技创新全链条同向发力，让更多科研成果从实验室走上生产线，不断助力新质生产力发展和现代化产业体系建设。

二　陕西推动科技创新和产业创新深度融合的绩效状况

近年来，陕西深入实施创新驱动发展战略，加强创新资源统筹和力量组织，深化推进科技体制改革，厚植发展新优势，推动科技创新和产业创新深度融合发展取得了一些实践成效。

（一）加强创新资源统筹和力量组织，增强高质量科技供给

陕西优化重大科技创新组织机制，推进政府主推的有组织创新，统筹各类科创平台建设，以西安综合性国家科学中心和具有全国影响力的科技创新中心建设（以下简称"双中心"）牵引创新资源聚集、创新功能集成、创新人才会聚，加强创新资源统筹和力量组织，陆续攻克了国产大飞机、北斗导航系统、特高压、3D打印、能源清洁利用、分子医学等领域一批关键核心技术，破解了一些行业"卡脖子"难题，保障了重点产业链供应链的自主可控、安全可靠。

（二）深化科技成果转化"三项改革"，推进科技成果向现实生产力转化

陕西聚力破解科技成果"不敢转""不愿转""缺钱转"难题，深入推进职务科技成果单列管理、技术转移人才评价和职称评定、横向科研项目结余经费出资科技成果转化"三项改革"，探索建立起"职务科技成果资产单列管理制度""先使用后付费方式""校招企用"等一整套制度体系，为高校科研院所科技成果从"实验室"走向"生产线"铺路架桥。截至2024年8月，陕西科技成果转化"三项改革"试点单位已由最初几所高校扩大至156家，9.3万项成果实施职务科技成果单列管理，2.5万项科技成果转移转化。[①] 2023年，陕西省综合科技创新水平指数达到71.72%；陕西全省技术合同成交额达到4120.76亿元。[②]

（三）推进科技创新引领产业升级，打造优势特色现代化产业体系

陕西以"链"谋发展，推进实施产业基础再造和重大技术装备攻关，强链补链延链，协同推进产业设备更新、工艺升级和管理创新，在集成电路及半导体、现代煤化工以及一批高性能装备、关键材料等领域实现新突破，基础软硬件、核心零部件、关键生产装备的供给水平持续提升，产品和服务迭代升级，加快迈向价值链中高端；数字技术、智能技术赋能汽车制造、食品医药，一批应用场景快速拓展落地；新技术新业态新动能加速孕育，新一代信息技术、航空航天、新材料、新能源、节能环保、生物制造、数字创意等一批新的增长引擎融合集群发展。2023年，制造业重点产业链产值突破1万亿元，与上年同期相比增长10.2%；战略性新兴产业增加值与上年同期相比增长3.3%。[③]

---

① 《陕西奋力迈向科技强省》，《陕西日报》2024年8月12日。
② 《陕西奋力迈向科技强省》，《陕西日报》2024年8月12日。
③ 《2023年度全省战略性新兴产业运行情况》，陕西省人民政府网，2024年3月4日。

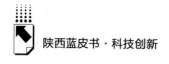

三 陕西推动科技创新和产业创新深度融合发展面临的挑战

目前，陕西推动科技创新和产业创新融合发展虽取得了一些成效，创新驱动发展良好态势正在形成，但也要认识到，陕西科技创新和产业创新融合仍处于较低水平层次，科技创新和产业创新贯通融合发展的局面尚未形成，科技创新和产业创新融合深度和广度进一步拓展面临的挑战依然艰巨，突出的表现如下。

（一）高质量科技供给能力不足

目前，陕西原创性、颠覆性和带动性科技创新不足，面临的"卡脖子"技术较多，如汽车及零部件领域，缺乏高清视频采集处理核心技术、智能驾驶核心技术等；钛及钛合金领域，缺乏钛材深加工核心技术，成材率较先进国家低5%~10%；机器人精密减速器、数控机床精密光栅等领域，缺少掌握完全自主知识产权和核心技术产品的企业等。

（二）企业创新主体作用发挥有限

2023年，陕西规模以上工业企业研发投入强度仅为1.05%，远低于全省全社会研发投入强度1.33个百分点，低于全国规模以上工业企业平均研发投入强度0.30个百分点[①]；另外，专精特新、"独角兽"、生态型等高价值企业较为缺乏。大多数中小企业创新以一般性产品创新为主，企业创新实力不强，创新主体作用发挥有限。

（三）科技成果转化效率不高

目前，陕西高校、科研院所、央企等的创新要素联动协同不足，资源聚

[①] 由《2023年全国科技经费投入统计公报》《中国工业统计年鉴2024》《陕西统计年鉴2024》相关数据计算得来。

合度不高。科技成果转化效率偏低，科技创新催生新产业新模式新动能的规模实力较弱。数据显示，2023 年，陕西战略性新兴产业增加值仅占到全省经济总量的 10.4%，低于全国平均水平 2.6 个百分点；高技术制造业占到全省工业增加值的 9.6%，低于同期全国平均水平 5.5 个百分点，差距明显。①

（四）创新生态尚待持续优化

良好的创新生态有助于吸纳聚集人力、技术、信息、资本等创新要素或创新资源，实现价值共创和利益共享，形成推动科技创新和产业创新深度融合的合力。目前，陕西科技创新应用场景供给较为短缺，科技金融、综合化服务能力相对不足，创新政策集成度不高，大中小企业融通发展、产学研用协同创新的"雨林"生态尚未形成。

四 推动科技创新和产业创新深度融合发展的路径设计

推动科技创新和产业创新深度融合，要坚持"有效市场"与"有为政府"协同发力，夯实融合的基础、筑牢融合的关键、畅通融合的渠道、提升融合的效能。

（一）打造更多"国之重器"，夯实融合的基础

充分发挥陕西科教人才实力强劲、战略腹地作用突出的综合优势，坚持"四个面向"，聚焦空天动力、前沿新材料、人工智能、气候变化、数据安全等领域，全面梳理重点产业链短板、布局重大关键核心技术清单，推进实施关键核心技术攻坚，打造更多"国之重器"，筑牢产业安全、经济安全的根基，夯实融合的基础。一是加强优势产业能级和位势提升的高质量科技供给。围绕新能源汽车、集成电路、能源化工、工业母机、先进材料等优势产

---

① 由《中国统计年鉴 2024》《陕西统计年鉴 2024》相关数据计算得来。

业，聚焦制约产业升级、影响产业韧性的原创性、颠覆性技术难题，组织实施行业重大技术攻关项目和科技示范工程，着力提升基础软硬件、核心零部件、关键生产装备的供给水平，保障重点产业链供应链自主可控、安全可靠。把握人工智能等新科技革命浪潮、适应人与自然和谐共生的要求，强化节能降碳、清洁高效等技术研发和推广应用，支撑产业绿色低碳转型，引导工程机械、有色冶金、建材建筑等产业数字化和绿色低碳转型，提升产业技术水平、产出效率、经济效益，再造发展新优势。强化农业科技和装备支撑，推动乡村产业全链条升级。聚焦高品质生活，积极开发服务业新业态、新场景，充分满足高品质、多样化消费升级需求。二是加强新兴产业融合集群发展的高质量科技供给。聚焦科技革命与产业变革新趋势、突破性创新成果产业化需求，加强新领域新赛道制度供给，支持未来经济主战场的关键核心技术在应用场景中的示范、验证、迭代，催生新产业新模式新动能，推动人工智能、卫星应用、无人机、生物制造、新材料、虚拟现实等战略性新兴产业融合集群发展，打造新的增长引擎。三是加强未来产业前瞻布局的高质量科技供给。加强前瞻谋划和政策引导，统筹推进覆盖颠覆性技术突破、转化孵化、应用牵引、生态营造的未来产业链一体化建设。建立未来产业投入增长机制，更好地发挥政府投资基金领投作用，带动天使投资、风险投资、私募股权等社会化资本跟投，积极布局卫星互联网、激光制造、基因与细胞诊疗、新型储能、能源电子等新赛道，打造未来竞争新优势。

（二）强化企业科技创新主体地位，筑牢融合的关键

强化企业科技创新主体地位，更好地促进科技部门与产业部门之间的互动协同，打通从科技强到产业强的支点，筑牢融合的关键。一是提升企业科技创新能力。进一步强化企业在科技创新决策、研发投入、科研组织和成果转化中的主体作用，打通升级迭代的各类通道，促进创新要素向企业集聚，构建企业、研发机构、金融机构协同创新联合体，加快形成企业主导的产业链创新链资金链人才链深度融合格局，实现技术创新上、中、下游深度对接与耦合，充分释放创新要素集聚、协同效应；健全国有企业推进原始创新制

度安排，支持国有企业牵头或参与中省关键核心技术攻关，全面提升产业引领力、科技策源力、安全保障力；加强国有企业和民营企业合作联动，引导国有企业向民营企业开放市场、技术等各类要素资源，支持有能力的民营企业积极承担中省重大技术攻关任务。二是建立完善以"链主"企业为主导的产业链创新机制。加强产业组织政策创新和企业组织形态变革，引导"链主"企业更好地发挥精准把握产业共性需求、集成产业链各类创新要素协同攻关、引领商业化应用场景创新的优势，加快形成以"链主"企业为牵引、上下游企业、科研机构共建的创新联合体，引领产业链协同创新，促进整个产业链深度转型升级；构建大中小企业融通发展良好生态，开放创新资源和场景，强化产业链发展韧性；加强"链主"企业发展的金融支撑，提升"链主"企业在特定产业基金投资中的决策地位，撬动社会资本深度参与补链强链延链，持续提升产业、金融、科技融合水平。三是培育发展生态主导型企业。生态主导型企业在产业生态中具有主导能力，对产业链供应链安全稳定有着非常重要的作用。推进实施生态主导型企业培育专项行动，重点围绕核心技术、知识产权、自主知名品牌、优质产品、标准制定、营销网络等，分类施策，支持一批具有实力的优势骨干企业积极拓展国际发展空间，健全生态圈，掌控产业链标准、供应链和价值链枢纽，逐步形成以国内为主体来配置全球资源的国际化发展运营模式，提升产业生态主导能力。

（三）促进科技成果转化应用，畅通融合的渠道

持续深化科技成果转化"三项改革"，聚焦科技成果转化、孵化、产业化的关键环节，建设全链条全要素的科技成果转化体系，畅通融合的渠道。一是推进科技成果转化机制创新。建立健全重大科技成果转化联席会议制度，加强创新资源统筹和力量组织。建立科技成果跟踪对接机制，及时跟进研发进展，推动更多的核心科技成果本地转化。深化科技成果转化"三项改革"，支持高校院所、医疗机构、军工单位、国有企业探索开展"先使用后付费""权益让渡""科技成果评价"等试点，探索建立单位、科研人员、转化服务方科技成果转化收益分配制度。推进科技成果持股改革试点，完善

科技成果市场化定价机制。强化概念验证、技术优化、成果熟化、二次开发、小批量生产、性能测试等科技成果转化一体化服务，促进科技成果在更广领域和更深层次上转化应用，以创新引领和支撑经济社会发展。二是推动科技成果从样品变成产品。围绕重点产业链，深入挖掘应用场景资源潜力，打造技术需求、应用场景需求深入对接平台，促进场景供需对接合作落地，促进更多科技成果从样品变成产品。三是推动科技创新与市场应用融合互动。把握全球科技创新动态，精准识别技术前沿趋势，借助人工智能、大数据挖掘等对科学技术与市场需求的契合点进行匹配、分析和筛选，为技术高效转化提供科学指导；促进首台套、首批次、首版次示范应用，加速技术成果落地和迭代升级。

（四）构建开放创新生态，提升融合的效能

积极构建开放创新生态，促进人才、资金、技术、数据等要素和产业精准衔接、融通发展，提升融合的效能。一是推进生产要素创新性配置。积极融入全国统一大市场建设，高标准建设技术、数据要素市场，促进技术和数据要素高效流通并与资本等其他要素深度融合；进一步完善区域联动融合机制，促进资源要素跨区域融合互动。优化科技创新开放合作环境，积极融入全球科技创新网络，在更高水平竞争中聚合先进优质生产要素、锻造核心优势。二是优化科技创新政策供给环境。对标一流，持续优化改善科技创新政策环境，破除制约人才、资金、数据等创新要素自由流动、高效组合的制度藩篱。建立健全重大政策取向一致性评估机制，强化科技创新政策与产业、财政、人才等政策同向发力、形成合力；聚焦重点产业链建设，研判科技创新同产业创新深度融合发展不同生命周期阶段的规律和政策需求，建立覆盖融合起步期、发展期、成熟期不同阶段的政策措施，优化政策工具箱，提升政策实施精度。积极构建体系化人才培养平台，完善人才发现、培养、激励机制，打造"科学家+工程师""科技经纪人""产教融合"队伍，加快形成人才引育链式效应。三是提升创新生态系统的智能化水平。推进创新生态数字化、智能化转型，增强系统的灵活性和适应性。加大应用人工智能、区

块链等先进技术，促进数据共享和资源整合，提升创新效率和协同能力。建设智能化治理体系，实现对创新资源、项目进展、成果转化等实时监控和高效管理。四是强化融合的关键数据评价监测。探索构建涵盖原创策源科技供给、企业科技创新、科技成果转化应用、生产要素创新性配置、新质生产力发展、自主可控生态营建的评价监测体系。加强评价督查，发布动态清单，引领科技创新和产业创新融合向纵深推进，推动科技创新向产业转化、创新绩效向产业利润转化，实现科技创新成果价值最大化。

参考文献

《中共中央关于进一步全面深化改革 推进中国式现代化的决定》，人民出版社，2024。

张林山、陈怀锦：《以科技体制改革促进我国科技创新和产业创新深度融合》，《改革》2024年第8期。

余江、陈凤、郭玥：《现代化产业体系中科技创新与产业创新的深度融合：全球新一代光刻系统的启示》，《中国科学院院刊》2024年第7期。

洪银兴：《围绕产业链部署创新链——论科技创新与产业创新的深度融合》，《经济理论与经济管理》2019年第8期。

科技供给篇

B.2
以场景创新推进陕西高质量发展的
路径研究

陕西省委政策研究室课题组*

摘　要：　场景创新对发展新质生产力具有强大的驱动和牵引作用。加快场景创新对陕西跨越中等收入阶段迈向2035年目标、打造中国式现代化西部示范、形成更高水平供需平衡有着重要的意义。本文在分析研究场景创新内涵意义基础上，研判分析陕西场景创新实践成效、面临的挑战，提出以场景创新推进陕西高质量发展的思路对策及相关对策建议。

关键词：　场景创新　高质量发展　新质生产力　陕西

习近平总书记强调，发展新质生产力是推动高质量发展的内在要求和重

---

* 课题组组长：王飞，陕西省委副秘书长、省委政策研究室主任、省中国特色社会主义理论体系研究中心特约研究员。成员：张雨，陕西省委政策研究室经济处副处长；张良，陕西省委政策研究室经济处二级主任科员；薛茗方，陕西省委政策研究室经济处三级主任科员。

要着力点，强调要以颠覆性技术和前沿技术催生新产业、新模式、新动能，发展新质生产力。① 实践中，场景作为从研发新技术、新产品到形成新产业、新模式、新动能的重要载体和先导环节，对发展新质生产力起到强大的驱动和牵引作用。当前国内多地积极探索场景创新路径，助力科技创新、产业升级、城乡升维。为此分析研究场景创新的内涵特征，研判分析陕西场景创新推进现状，规划设计场景创新推进路径，能够助推发展新质生产力，更好地服务高质量发展。

一 场景创新是推动高质量发展的强力引擎

（一）场景的内涵

"场景"原是一种在文学、影视、戏剧等创作中常见的概念，指的是发生故事和事件的空间情境，或者由此构成的具体场面。21世纪初，为了更好识别消费者的个性化、场景化需求，并以此触发其消费行为，对企业经营发展提供支持，逐渐提出"场景营销"概念。当前"场景"一词尚未形成统一概念，综合多方观点，在科技创新与产业创新发展这一全新语境下，"场景"指的是接踵而至的新技术、新产品、新模式在实际应用和运行中所处的现实环境和面对的具体需求，是各类新技术针对发展新需求创造性应用过程当中，通过和创新联系紧密的政策、技术、资本、人才等不同要素集聚，形成的富有前沿性、科技感和变革性的生产和生活方式，能够实现技术突破迭代和发展模式创新的解决方案、物理环境和虚拟空间等。"场景"的核心就是将各类新技术、新产品、新模式应用创意，针对性地运用于解决生产生活实际问题，从而在技术、商业以及治理等多个维度实现共赢。

---

① 习近平：《发展新质生产力是推动高质量发展的内在要求和重要着力点》，《求是》2024年第11期。

（二）推进场景创新的意义

1. 场景创新是大力发展新质生产力，跨越中等收入阶段迈向2035年目标的需要

2023年我国人均生产总值约1.27万美元，已迈入中等收入国家行列。[①] 党的二十大提出，到2035年要基本实现社会主义现代化，达到中等发达国家水平。这里既有规模、速度等量的要求，也有结构、效益等质的规定。从世界范围来看，成功跨越中等收入阶段的国家，都是依靠科技创新实现经济和社会转型。我国拥有14多亿人口的超大规模市场，以及全球规模最大、门类最齐全、配套最完备的制造业体系，在此基础上形成的海量数据和丰富场景，是我们实现经济平稳健康发展的根本优势。场景创新能够促进技术成果和市场需求的高效匹配，推动更多颠覆性技术市场化应用，赋能传统产业转型升级，促进新兴产业发展壮大，孕育未来产业，进而以大量定制化、个性化场景应用满足人民日益增长的美好生活需要。

2. 场景创新是深入贯彻新发展理念，打造中国式现代化西部示范的需要

习近平总书记要求陕西奋力谱写中国式现代化建设新篇章，在西部地区发挥示范作用，[②] 这是陕西做好各项工作的前进方向和基本遵循。落实好总书记重要讲话重要指示，必须要完整、准确、全面贯彻新发展理念，以创新、协调、绿色、开放、共享的内在统一来引领和推动发展，形成诸多先进经验和典型探索，并以一批批场景化的示范表达推动改革创新发展由点到线、由线到面。当前深度融入共建"一带一路"，新时代推进西部大开发形成新格局、黄河流域生态保护和高质量发展等国家重大战略深入实施，为陕西发展提供了多重叠加机遇，必须充分发挥资源、区位、科教、人才、人文等综合优势，推进秦创原创新驱动平台和西安"双中心"建设，加快关中、

---

① 由《中华人民共和国2023年国民经济和社会发展统计公报》相关数据计算得来。

② 《习近平在听取陕西省委和省政府工作汇报时强调　着眼全国大局发挥自身优势明确主攻方向　奋力谱写中国式现代化建设的陕西篇章　途中在山西运城考察　蔡奇出席汇报并陪同考察》，《人民日报》2023年5月18日。

陕北、陕南三大区域协调、城乡融合发展，保护好秦岭中华民族祖脉和黄河母亲河，打造内陆改革开放高地，推动发展成果人人共享，就必须将中国式现代化建设陕西新篇章的任务科学分解，形成若干工作分工和实践场景，并奋力推进。

3. 场景创新是加快构建新发展格局，形成更高水平供需平衡的需要

构建新发展格局的关键在于把实施扩大内需战略同深化供给侧结构性改革这两者有机结合起来，实现经济循环的畅通无阻。这就需要在供需两端精准对接、协同行动、持续发力，努力形成需求牵引供给、供给创造需求的高水平动态平衡。从实践看，一个地方创新活跃、产业集聚，往往是因为当地政府、企业、科学家等个人都能充分表达意愿、有效沟通、施展才华。场景作为试验空间、市场需求、弹性政策的复合载体，是政府、企业、科学家等个人多方话语体系的交集和纽带。通过场景创新，政府明确扶持方向、企业明确投资方向、科学家明确技术攻关方向、其他个人提升获得感，实现政策、资金、技术和体验的高效组合，为加快构建新发展格局夯实基础。

二　国家关于场景创新的有关部署及各地探索实践

（一）国家加快部署场景创新

2017 年国务院印发《新一代人工智能发展规划》、2020 年国务院办公厅印发《关于以新业态新模式引领新型消费加快发展的意见》，对 AI 应用场景建设进行了全方位部署，提出加强新技术、新产品场景供给。2021 年，"十四五"规划提出，充分发挥海量数据和丰富应用场景优势，促进数字技术与实体经济深度融合。2022 年科技部等六部门印发《关于加快场景创新以人工智能高水平应用促进经济高质量发展的指导意见》，指出重点围绕高端高效智能经济培育等方面打造人工智能重大场景。随后科技部印发《关于支持建设新一代人工智能示范应用场景的通知》，提出支持一批基础较好

的人工智能应用场景，打造形成一批可复制、可推广的标杆型示范场景，首批支持建设智慧农场等 10 个示范应用场景。国家数据局等 17 个部门联合发布的《"数据要素×"三年行动计划（2024—2026 年）》也提出，挖掘典型数据要素应用场景，打造 300 个以上示范性强、显示度高、带动性广的典型应用场景。在工信部等七部门印发的《关于推动未来产业创新发展的实施意见》中，"场景"一词出现 20 多次，提出加快工业元宇宙、生物制造等新兴场景推广，以场景创新带动制造业转型升级等内容。2024 年国务院政府工作报告提出"拓展应用场景，促进战略性新兴产业融合集群发展"，明确将场景创新作为培育新产业的重要路径。2024 年 6 月，国家发展改革委等五部门印发《关于打造消费新场景培育消费新增长点的措施》，强调新场景对促进消费提质升级具有重要意义。这些政策文件对加快场景创新进行全面部署、系统安排和顶层指导，是做好场景创新的遵循和指南。

（二）各地积极探索场景创新

各地依托自身比较优势，针对性加强场景创新，力求抢占先机、赢得主动。一是加强统筹谋划。北京、安徽、四川等 10 余个省（市）已制定场景创新行动方案、意见、工作指引，明确了发展思路、主要目标和重点方向。青岛、芜湖、银川等 20 余个城市相继启动场景创新计划，鼓励开放场景资源，以场景创新促进科技与产业融合发展。从各地政府工作报告看，2023年 GDP 过万亿元的 26 个城市中，已有 23 个对场景创新进行了部署。二是健全相关工作机制。安徽建立场景创新联席会议制度，由省政府分管同志担任召集人，省科技厅、省发改委等单位负责同志参与，负责谋划场景布局，审定场景政策和制度创新，协调解决重大问题事项等。广西成立专班，定期发布机会清单、能力清单，形成全流程场景创新工作机制；建立容错纠错机制，鼓励各地各部门积极谋划、建设、应用场景，并在资源要素等方面给予支持。三是推进多元发展。上海于 2018 年在全国率先启动场景建设，采用揭榜挂帅和动态发布机制征集解决方案，致力于打造 AI 场景城市品牌。广东聚力在新型储能、高端制造、医疗器械等产业主赛道上重点突破，开展场景供需对接和路演活动，2024 年 6 月发布的典型案例中，有 35% 的项目为华南地区乃至全国、全球范围内相关领域的"首试首用"。河北依托"算力+"资源优势，组织龙头企业、国企和重点算力中心开展场景创新，在机器人等重点领域推出 30 余项应用场景，2024 年谋划先进算力创新场景 72 项，打造开放创新应用场景。合肥致力打造全域场景创新之城，实施场景创新三年行动计划，加快推进"十百千万"工程，推动更多新产品新技术率先应用和推广迭代。南京开展"科技创新+场景应用"行动，每年发布 1000 个应用场景，对重大场景建设项目给予最高 2000 万元支持。

三　陕西推进场景创新的实践、成效及面临的挑战

（一）实践成效

近年来，陕西推进实施创新驱动发展战略，加快以场景创新引领科技成果转化产业化，场景创新取得了一批探索性成效。一是强化场景创新相关政策支持。陕西省发改委印发《关于加快场景创新建设推动高质量发展工作指引》，提出发挥场景创新重大促进作用，加快发展新质生产力。《加快建设概念验证中心和中试基地的实施意见》《陕西省加快推动人工智能产业发展实施方案（2024—2026 年）》《陕西省高水平推进产业创新集群建设加快形成新质生产力的实施方案》等制定并实施，对以应用场景为牵引，打造一批示范深度融合场景等进行部署。如在推动人工智能重点技术产品应用领域，提出 2026 年创新场景 100 个以上；在推动大规模设备更新和消费品以旧换新若干措施中，提出打造 100 个应用场景。二是推广数字化应用场景。陕西省工信厅累计发布数字化典型应用场景 85 个，涵盖工业等重点领域。2022 年国务院国资委公布首届"国企数字场景创新专业赛"获奖名单，陕西省 20 个场景获奖，覆盖了能源、工业等领域。三是大力发展文旅场景。陕西升级"文化+科技"旅游体验，发展文旅 IP 和文创产品，消费形式日益丰富。曲江大唐不夜城以 AR、VR、全息投影等技术赋能，大雁塔 AR 夜

景秀、数字藏品等文化场景正不断拓宽发展边际。四是陕西各市区踊跃探索场景创新。咸阳发布高新区建设元宇宙产业先行区实施方案，提出建立元创新、元城市等应用场景，发展势头较好。西安整合资源形成了全市"一张图"，建成了陕西省首个"智慧城市大脑"应用场景，以数字可视化形式为城市运营管理提供依据，有力提升行政效能。

（二）面临的挑战

当前，陕西场景创新仍处于局部探索推进阶段，场景创新应用规模实力较弱、生态体系不健全，场景创新面临一些挑战。一是对场景创新认识不足。对场景创新实践重要性认识不足，常把场景创新视为技术应用或项目推广的辅助手段，忽视其根本性和长期性，导致场景创新缺乏长远规划，一些机会未能得到深度挖掘和利用。二是场景机会开放不够。当前，一些行业的场景需求主要由内部体系支撑，限制外部企业参与，民营企业参与难度较大。三是场景创新生态不健全。场景碎片化、数据质量与标准不统一、技术与产业融合不足等问题较为严重，制约场景创新应用落地。四是缺乏有组织场景创新推进机制。场景创新涉及主体众多、领域广泛、链条长，具有突破性、协同性等特点。在场景创新推进过程中，有待实施强有力的有组织场景创新推进机制。目前，尽管一些地方设立了场景创新专门推进机构，但在实际操作中，场景创新服务效率不高、场景建设标准化缺失及高效治理能力不足等挑战依然艰巨。

四 加快构建具有陕西特色场景体系的策略和重点

（一）场景创新遵循的策略原则

1. 坚持政府统筹、企业为主体

场景创新是一个复杂的系统性工程，涵盖政府、科研院所、企业等多个参与方，并涉及生产生活不同行业和领域，需要发挥政府统筹引导作用，做好跨部门、跨行业衔接，主动开放政府、国有企事业单位场景，推动政府职能由"给政策"向"给机会"转变。坚持以企业为主体，结合其创新优势牵头构建各领域应用场景，探索技术、产品落地转化的新路径与新模式，培育场景创新解决方案。

2. 坚持科技引领、数据驱动

场景与技术联动是创新场景建设的关键。数字技术实现了对用户需求的生动模拟，数据要素使得场景匹配和场景创新更加精准高效。要以科技创新引领场景创新，以新技术、新产品的创造性应用主动策划场景项目、提供场景机会。整合利用知识、数据、管理等要素资源，强化场景需求牵引，推动创新需求与创新供给深度融合，提高场景应用创新效率和活力。

3. 坚持需求导向、细微切入

场景创新更加突出需求侧牵引，不再是简单的从技术到市场的线性创新，创新动力从简单的好奇心驱动，逐渐转变为重大场景的使命驱动及需求倒逼。这就要求发挥企业在产业升级、城市治理、民生服务等领域场景的创新能力，推动政府主动开放应用场景，从"小切口"切入应用新产品新技术，通过探索和实践验证，最终实现在更大市场中的推广和应用。

4. 坚持开放包容、审慎监管

场景创新是一个动态演进过程。市场需求的变化和波动可能导致创新产品或服务难以被接受，以及颠覆性创新技术路线选择的不确定性，这共同决定了场景创新的多元化和差异化。要推动场景机会、能力供需深度对接，以"标准化+个性化"模式赋能多样化场景，实现各类场景融通发展。对于前瞻性较强的技术应用类场景，试点"沙盒监管"、"包容期"管理、柔性管理等新型监管制度，对于技术成熟类的应用场景，强化服务保障，优化审批流程，推动场景落地。

（二）着力推进重点领域场景开放创新

1. 打造一批重点产业升级场景

围绕产业数字化和数字产业化，鼓励省域重点产业链企业释放应用场景。加速新能源汽车和智能网联汽车场景创新应用，拓展无人驾驶等场景。打造航空航天、低空经济场景创新应用，推动无人机在基础设施智慧维保、物流配送等领域运用。加强智能制造领域创新应用，开展智慧园区、高档数控机床、智能成套装备等场景应用。智慧金融领域开展信用分析、风险评估、精准获客等场景创新应用，协调金融机构为创新企业提供应用支持。

2. 策划一批前沿科技创新场景

围绕光子、量子信息、空天信息、元宇宙、下一代人工智能等未来产业培育，以及数学和应用研究、脑科学和类脑研究、基因工程、合成生物学、信息基础设施、算力网等领域，探索场景驱动的科技创新范式。积极开展量子安全、深度学习、脑机接口、虚拟仿真、类脑智能机器人、分子制药等场景创新。

3. 开放一批城市建设管理场景

围绕数字政府建设，在智慧政务、交通治理、城市安全、电力水务、市政建设、市场监管等领域挖掘场景应用，提供高效便捷的数字社会服务。以"高效办成一件事"改革为核心，开展智能审批、电子证照、智慧出行、智慧城市、数字社区、灾害预警、数字安防、电子警察等场景应用。

4. 培育一批新型消费场景

围绕"互联网+"消费、文旅消费、体验消费、沉浸式消费等领域，打造一批示范性场景项目。在部分商业广场、特色街区开放数字化消费场景，开展虚拟线上超市、无人零售、智慧导购等场景应用，推动无接触服务向各类应用场景延伸。在广播影视、新闻出版、文旅融合等方面搭建应用场景，促进5G、超高清、数字出版等企业参与场景应用创新。在兵马俑、华山、大雁塔等景区开展虚拟游览、线上互动等场景应用。

5. 挖掘一批社会民生场景

围绕构建智慧便捷的社会服务体系，在智慧医疗、智慧教育、智慧养老等领域，推动场景应用创新，提升居民生活的便利性和幸福感。开展辅助诊断、视觉医学筛查、辅助手术机器人、在线教学、远程辅导、校园安全、养老机器人、在线家庭医生、智能康复机器人等场景应用。

6. 实施一批绿色生态场景

围绕守好黄河、秦岭、南水北调中线工程水源地，打好蓝天、碧水、净土保卫战和"三北"工程攻坚战等，开展空天地大数据、卫星遥感等终端应用示范。加快智能感知、分析等技术在生态环保中的应用创新，开展数字秦岭、无人环境监测等场景应用。围绕"双碳"领域开展动力电池回收利用、零碳城市等场景应用。围绕钢铁、石油、煤炭等重点行业场景，加强节能低碳先进适用工艺技术装备推广应用。推进无废城市和废旧物资循环利用体系建设，加强垃圾分类信息系统、餐厨废弃物管理系统等平台建设。

7. 做好一批乡村振兴融合发展场景

推动杨凌农科城、农业现代化示范区、乡村振兴示范县联动建设，探索和推广农业农村数字化建设应用场景。加强北斗导航、农业机器人等新产品新技术推广应用，探索农业地理信息引擎、农产品溯源等场景应用，加强无人智慧化种植农业示范基地建设，推广种植机械、植保机械等农机装备场景应用。加快城乡商业体系一体化建设，培育农村电商新业态，推动城乡物流服务覆盖率和服务品质提升。

8. 部署一批重大项目和活动场景

围绕高速铁路、重大水利工程、产业园区、西安"双中心"、秦创原等重大项目、重点工程建设，以及丝博会、欧亚经济论坛等重大会议活动，运用地理信息系统、建筑信息模型、数据信息安全等技术，开展基础设施施工过程三维实景、智能生产制造、全场所智能感知等场景应用，打造一批高集成性、强影响力的场景项目。

五 支撑打造西部场景创新应用高地的重要着力点

（一）建立完善场景创新政策集成体系

一是加强顶层谋划设计。将场景创新工作纳入科技创新支持体系，结合陕西产业基础和资源禀赋，出台促进场景创新实施方案，明确发展重点方向，建立工作机制、保障措施等，强化场景创新组织协调，夯实责任。二是构建场景创新生态。完善科技成果转化、市场需求释放等政策体系，畅通场景与技术、需求的连接，鼓励支持主管部门、龙头企业、科研院所、投资机构等多元主体积极参与场景创新工作，形成协同开放的场景创新与产业融合的良好氛围。三是加大服务保障力度。建立场景创新战略咨询专家委员会，开展场景创新人才培训，鼓励技术基础扎实、创新能力强的科研院所、在陕高校与行业领军企业共建概念验证中心、城市未来场景实验室等平台。加强财政资金对场景创新"首合作"的支持，提高政府采购场景建设企业产品应用的比例，探索"揭榜挂帅"、分阶段资金支持等新方式。强化金融服务支撑，综合运用引导基金、融资担保、贷款贴息等方式，引导更多民间资金投向技术难度大、回报周期长、失败风险高的创新应用场景，探索推广场景应用"保险+服务+补偿"。

（二）积极开展常态化场景创新

立足"十四五"、着眼"十五五"战略需求，持续跟踪前沿技术创新场景，常态化开展场景策划、征集、发布、对接，成立场景创新促进中心，以完善专利导航、知识图谱建设为重点，强化知识产权运用促进，主动谋划、挖掘高价值场景，形成以少数重大场景为牵引、大量长尾场景为主导的场景体系，让技术成果在场景应用中快速突破与迭代。一是开放政府场景资源。聚焦国家重大战略实施和重点领域安全能力建设，依托重大建设工程和项目，设计谋划重大场景创新项目，形成具有地方特色的地标性场景项目。聚焦重点领域、重点区域，激活各级政府资源，分类分层推进应用场景建设，形成全省范围内场景供给协同机制。二是推动行业龙头企业开放场景。以场景需求为导向，鼓励支持陕煤、延长、陕汽、陕鼓等国企和隆基、比亚迪等行业龙头企业开放场景，挖掘重点产业智能化场景，发布行业重点场景项目清单，加强与科技企业的对接，共建创新平台、开展联合创新，加快培育孵化新技术新产品。三是创新场景制度供给。定期公开发布场景战略、场景项目、场景配套支持政策等，为场景主体提供制度和政策保障。探索创新沙箱、负面清单等多种新型场景创新监管制度，最大限度允许场景创新试错。支持政府、企业、平台多方共同参与场景建设标准制定，健全完善事前计划、事中监控、事后评估的全链条标准体系。

（三）大力推动场景招商

编制场景招商工作行动计划，建立完善组织领导机构和工作机制，着力强化全省场景招商工作。一是建立场景招商项目库，聚焦陕西具有技术优势和发展潜力的航空航天、低空经济、新能源汽车等重点领域，对接无人化、虚拟现实、智慧社会等创新方向，谋划一批场景招商重大项目，并纳入"四个一批"项目库重点推介。二是创新"市场+资源+应用场景"招商新模式。定期发布陕西场景机遇清单、能力清单，积极对接京津冀、长三角、粤港澳大湾区等区域，开展场景招商活动，在场景创新标杆城市建立陕西"反向飞地"，精准引进一批强优企业、知名企业在陕落地验证或示范应用。三是加强供需对接。举办有影响力的场景大会，邀请有场景需求的单位、场景技术供给方、投资人、智库专家共同参与，组织场景清单发布、重磅报告发布等品牌活动，提升场景创新社会认知水平。四是建立健全服务体系。加大重点产业场景项目招商、落地、运营、服务全链条管理服务力度，多方联动做好要素保障，积极营造一流营商环境，推动场景项目尽快落地建设。

（四）构建区域级场景示范标杆

以典型应用场景为切入点，着力建设西部地区场景创新和应用集聚区。一是推进场景应用示范区建设。结合秦创原创新驱动平台和西安"双中心"建设，在西咸新区、西安高新区、雁塔区、碑林区以及榆林市等地率先试点建设一批应用场景示范区，布局构建场景应用验证评估和推广平台，建设概念验证中心，提供产品与场景体系验证服务，加快推动实验室成果与应用场景深度融合。二是实施场景示范工程，组织场景创新大赛，遴选典型应用场景案例。建立政企联动的场景动态发布机制，加大优秀示范场景的宣传推广

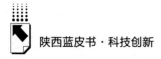

力度，扩大场景创新的影响力。为技术找场景、为场景找市场，开展新技术、
新产业、新业态、新模式创新应用的场景实测，加快场景市场化应用步伐。

参考文献

沈唯：《场景创新有望引发技术与产业深度变革》，《科技日报》2024 年 1 月 24 日。

《中共陕西省委关于制定国民经济和社会发展第十四个五年规划和二〇三五年远景
目标的建议》，《陕西日报》2020 年 12 月 14 日。

《国务院办公厅关于以新业态新模式引领新型消费加快发展的意见》，中国政府网，
2020 年 9 月 21 日。

《国务院关于印发"十四五"数字经济发展规划的通知》，中国政府网，2022 年 1
月 12 日。

《关于加快场景创新以人工智能高水平应用促进经济高质量发展的指导意见》，中国
政府网，2022 年 8 月 12 日。

《科技部关于支持建设新一代人工智能示范应用场景的通知》，中国政府网，2022
年 8 月 15 日。

《我国将实施"数据要素×"三年行动计划》，光明网，2024 年 1 月 9 日。

工业和信息化部等部门印发《关于推动未来产业创新发展的实施意见》，中国政府
网，2024 年 1 月 29 日。

国家发展改革委等部门印发《关于打造消费新场景培育消费新增长点的措施》，中
国政府网，2024 年 6 月 24 日。

B.3
陕西新能源汽车产业科技创新供给
能力提升研究

陈轶嵩 刘秦杨 代晓芳*

摘　要： 在全球能源转型与落实"双碳"行动的背景下，新能源汽车产业成为推动区域经济高质量发展的关键领域。陕西凭借其产业基础和创新资源，积极布局新能源汽车产业，其科技创新供给能力也面临诸多挑战。本文旨在系统分析陕西新能源汽车产业科技创新供给能力的优势与不足，并提出有针对性的提升路径。研究发现，陕西虽在产业规模、全产业链布局以及政策与平台支撑等方面具有显著优势，但也存在产业链短板、研发投入与人才缺口、国际竞争力薄弱等问题。为此，本文提出强化政策协同、深化产学研融合、优化人才引育机制、拓展海外市场以及推进智能化与绿色化协同发展的策略，以实现技术自主化、产业链协同化和人才国际化。通过政策赋能与创新平台升级，陕西有望将产业规模优势转化为技术引领优势，为中国汽车产业高质量发展提供"陕西样本"。

关键词： 科技创新供给能力　高质量发展　产学研合作　陕西

随着全球能源危机的加剧和环境污染问题的日益严重，新能源汽车产业作为重要的战略性新兴产业，已经成为推动经济转型升级、实现可持续发展的重要力量。新能源汽车产业科技创新供给能力，是指通过技术创新、研发

---

* 陈轶嵩，长安大学汽车学院副院长，教授、博士生导师，主要研究方向为新能源汽车生命周期评价、汽车产业规划与政策；刘秦杨、代晓芳，长安大学汽车学院。

投入、人才培养等综合手段，为新能源汽车产业提供源源不断的技术支持和智力支撑的能力。这一能力不仅包括基础研究和应用研究的推进，还涵盖了从研发到市场化的整个过程。近年来陕西在新能源汽车产业领域取得了显著成效，展现强大科技创新潜力和供给能力，尤其在氢燃料电池、动力电池、智能网联汽车等领域，通过持续不断的技术突破和创新，新能源汽车产业正在逐步形成完整产业链和生态系统。提升科技创新供给能力，不仅能够推动陕西新能源汽车产业的技术进步和产业升级，还能够为全国乃至全球新能源汽车产业发展提供新动力。在氢燃料电池领域，陕西凭借研发投入和技术积累，在全国处于领先地位。氢燃料电池作为一种清洁能源技术，具有高效、环保等优点，未来在交通运输、储能等领域应用前景广阔。在智能网联汽车领域，陕西利用 5G 和人工智能技术，加强技术研发和产业合作，促进技术应用和推广，为经济发展注入活力。本研究通过对陕西新能源汽车产业发展的研判分析，识别当前科技创新供给能力中存在的突出问题，如研发投入不足、人才短缺、产业链不完善等。同时，还将探讨提升科技创新供给能力具体路径，包括加强政策支持、促进产学研合作、加大研发投入、培养高素质人才等。提升新能源汽车产业科技创新供给能力，推动陕西汽车大省向汽车强省迈进，更好地服务中国式现代化建设。

一　陕西省新能源汽车产业发展现状

（一）总体市场规模

新能源汽车产业作为战略性新兴产业，在国民经济中正扮演着愈发关键的角色，其发展成为推动经济高质量发展的强劲引擎。20 世纪末传统汽车产业蓬勃发展，如今新能源汽车产业的崛起更是为经济增长注入了全新活力，显著拉动了国内生产总值（GDP）的持续攀升。近三十年来，中国汽车产业的快速发展得益于中国积极的产业政策、汽车市场的对外开放、企业不断的技术革新以及中国经济与国民平均可支配收入的迅速增长。2009 年，中国汽车销量达到 1364.48 万辆[①]，首次超越美国成为全球第一大汽车市场，并连续多年保持这一地位。此后，中国汽车产销量保持快速增长，从2010 年的 1806.19 万辆[②]增至 2023 年的 3009.40 万辆。[③] 2013～2023 年中国汽车、新能源汽车产销量和增长率如图 1 和图 2 所示。2024 年中国汽车市场继续保持增长态势，总销量预计突破 3100 万辆，同比增长 3%。新能源汽车市场将进一步扩大，销量预计达到 1150 万辆，同比增长 20%。[④] 尽管近几年汽车产销量有所波动，但预计在 2025 年中国汽车产销量仍将保持增长态势，乘用车销量预计将占据整个汽车市场销量的大部分，成为拉动增长的重要动力。

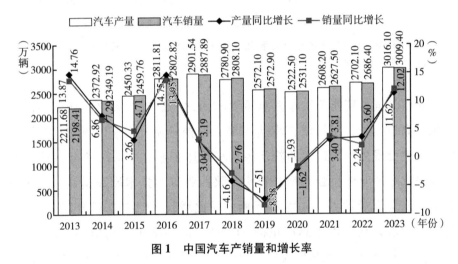

图 1　中国汽车产销量和增长率

资料来源：《中国统计年鉴 2023》，国家统计局网站，https://www.stats.gov.cn/sj/ndsj/2023/indexch.htm。

---

① 《2009 年汽车产销及经济运行情况信息发布稿》，中国汽车工业协会网站，2010 年 1 月 11 日，www.caam.org.cn/chn/3/cate_16/con_5034322.html。

② 《工业和信息化部发布 2010 年汽车工业经济运行报告》，中国政府网站，2011 年 1 月 18 日，https://www.gov.cn/gzdt/2011-01/18/content_1787053.htm。

③ 中国汽车工业协会：《2023 年汽车工业经济运行报告》，国家统计联网直报门户网站，2024 年。

④ 中国汽车工业协会：《报告 | 中国汽车工业协会：2024 中国汽车市场发展预测报告（附下载）》，新浪财经网，https://finance.sina.com.cn/wm/2024-02-29/doc-inaksefr1639252.shtml。

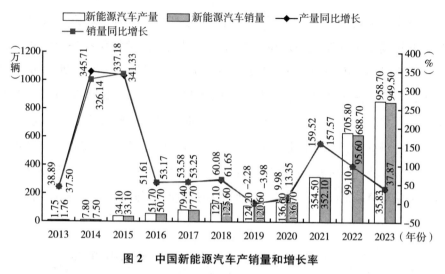

图2 中国新能源汽车产销量和增长率

资料来源：中国汽车流通协会乘用车市场信息联席分会：《乘用车市场信息》，https：//data.cpcadata.com/FuelMarket。

陕西是国内新能源汽车发展重要省份之一。近年来陕西新能源汽车产销量高速增长，年均增长率达42%，产销规模位居全国第一梯队，西安比亚迪已成为全国最大的新能源汽车单体企业之一。2023年，陕西省新能源汽车产业保持强劲增长势头。陕西省科学技术厅数据显示，陕西新能源汽车产量达到了105.2万辆，同比增长33.9%，居全国第三位。这一产量占到全省汽车总产量的71.6%，高出全国平均值40.2个百分点。①陕西积极构建汽车现代化产业体系，明确"电动化、智能化、网联化"的转型升级目标，推动包括西安比亚迪、西安吉利、陕汽重卡等在内的重点企业实现快速发展。这些数据不仅展示了陕西省在新能源汽车领域的领先地位，也反映了其在构建现代化汽车产业体系方面取得的显著成效。

———————

① 苏怡：《陕西新能源汽车产业何以弯道超车》，《陕西日报》，https：//kjt.shaanxi.gov.cn/kjzx/mtjj/325989.html。

（二）重点企业情况

陕西省委、省政府高度重视科技创新在新能源汽车产业发展中的核心作用，已将商用车（重卡）和乘用车（新能源）列为省级重点产业链。政府从财税、人才、新能源汽车推广等多个维度推出了一系列强有力的政策措施，以大力支持企业科技创新。在新能源汽车领域，龙头企业如比亚迪和吉利等产量和销量显著增长。比亚迪产量突破 90 万辆，吉利超过 7 万辆。陕西新能源汽车产业已从单一品牌发展到多品牌、多品种，形成了一个充满活力和竞争力的多样化市场格局，满足了不同消费者的需求，为产业持续增长奠定了坚实基础。

新能源汽车产业必须寻找创新且有针对性的发展路径，以便在激烈的市场竞争中脱颖而出。西安比亚迪在电池、电机、电控等关键部件拥有自主知识产权，陕汽集团在新能源卡车领域拥有 50 余款纯电动卡车，德创未来已自主设计 145 款新能源整车产品。此外，增加有效技术供给，提高全要素生产率，增加高质量产品和服务供给，顺应居民高品质消费需求，有效扩大内需。比亚迪在陕西省的布局已扩展至超过 20 家企业，其在西安高新技术产业开发区投资建设新能源零部件园区，并配套建立了西安研发中心，强化关键技术攻关，夯实产业发展支撑。

宝鸡吉利自 2016 年 3 月落户宝鸡高新区以来，发动机总产量生产已经超过 20 万台。目前，发动机二期项目正在紧锣密鼓地进行中，相关配套企业已超过 30 家。除此之外，比亚迪的 30GWh 汽车电池项目、三星的 10GWh 动力电池项目、渭南汽车动力电池基地以及铜川达美的 300 万只铝轮毂等一批关键配套项目也已陆续投入生产。这些项目的投产显著提高了本地配套率，陕西已初步形成了以西安为核心，宝鸡、咸阳、渭南、铜川等地协同发展的汽车产业发展格局。随着这些项目的不断推进和产能的逐步释放，陕西省的新能源汽车产业链将得到进一步的完善和强化，为区域经济发展注入新的动力。最新数据显示，2024 年比亚迪在全球新能源汽车销量已突破 100 万辆，而三星 SDI 的动力电池出货量也达到了新高，显示出陕西省在新能源汽车领域的巨大潜力和快速发展势头。

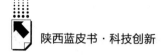

（三）科技创新供给能力

陕西科技资源较为丰富，拥有西安交通大学、西北工业大学、长安大学等50余所本科高校，比亚迪西安综合研发中心、陕西智能网联汽车研究院等20余家科研院所，机械制造系统工程国家重点实验室、汽车运输安全保障技术交通运输行业重点实验室等40余个国家级、省部级重点科研平台，为陕西汽车产业技术创新提供良好支撑。

近年来，在国家863计划、国家重点研发计划、国家自然科学基金和陕西省重大重点项目支持下，陕西省高校和科研院所积极开展电动汽车关键技术研究，助力汽车产业发展。其中，长安大学汽车学院专业研究电动汽车动力学控制技术、能量管理技术、运行安全保障技术、新能源汽车生命周期评估技术、汽车轻量化技术等相关技术，建设了电动汽车陕西省高校工程研究中心；西安交通大学与力学学院以燃料电池、高效内燃机、电力电子、分布式电源、新能源转换控制技术等相关技术为主，建设了储能材料与化学陕西省高校工程研究中心；西北工业大学自动化学院擅长动力作动与伺服控制技术、高压与大功率驱动、先进的执行机构一体化设计。

新能源汽车产业相关企业也逐步在陕建设研发中心，如比亚迪西安综合研发中心、西安芯派新能源汽车动力控制研究院、西安特来电智能充电研究院等一批创新平台，初步形成了从科技研发、成果转化到创业服务的创新平台示范体系。陕西省以秦创原"科学家+工程师"队伍为重要抓手，促进高校、科研院所的专家人才（科学家）和企业的工程技术人员（工程师）建立相对固定的合作机制，以企业和高水平创新平台为依托，协同解决企业重大技术难题、促进高校科技成果转化和产业化，探索校企协同创新的新模式。在动力电池方面，建立了高能量密度金属锂基二次电池及其关键材料"科学家+工程师"队伍、长寿命固体氧化物燃料电池关键材料研究"科学家+工程师"队伍、超低温锂离子电池"科学家+工程师"队伍、长续航新能源车用锂电池高镍正极材料"科学家+工程师"队伍、新能源汽车动力锂离子电池回收与循环利用"科学家+工程师"队伍、动力电池循环再利用"科学家+工程师"队伍；在驱动电机方面，建立了永磁电机高速运行控制技术研究"科学家+工程师"队伍；在动力及传动方面，形成了汽车变速箱疲劳寿命试验在线状态监测与故障诊断技术"科学家+工程师"队伍、新能源汽车集成式热管理项目产业化"科学家+工程师"队伍，以及新能源汽车智能充电与安全充电"科学家+工程师"队伍、新能源汽车运行安全"科学家+工程师"队伍、交通新能源与先进动力"科学家+工程师"队伍。

二 陕西新能源汽车产业科技创新存在的问题

近年来陕西新能源汽车产业呈现快速发展态势，特别是在政策扶持和市场需求双轮驱动下，新能源汽车产销量均显著增长。尽管如此，着眼高质量发展新要求，新能源汽车产业发展仍面临诸多挑战。

（一）创新研发能力较弱

创新研发能力弱是陕西新能源汽车产业面临的深层次问题。从研发投入来看，陕西新能源车企和相关企业在研发资金上投入相对较少，与发达地区同行相比，研发资金支持不足，导致在核心技术，如电池续航技术、智能网联技术等方面研发进展缓慢。人才短缺也是制约研发能力提升的主要因素。新能源汽车产业涉及多个领域前沿技术，需要大量复合型人才。然而，陕西在吸引和留住这些人才方面面临挑战。一方面，本地高校和科研机构虽然能够培养一定数量的相关人才，但人才流失现象较为严重。另一方面，与东部发达地区相比，陕西在人才待遇、科研环境等方面缺乏竞争力，难以吸引外地优秀人才前来发展，从而限制了新能源汽车产业创新研发能力提升。

（二）车企盈利能力较低

陕西新能源车企经济效益低下问题日益凸显。首先，成本控制短板成为制约效益提升的关键因素。新能源汽车生产涉及电池、电机、电控等关键部件的采购或研发，而陕西车企在电池成本控制上尚未形成规模效应。例如，电池技术快速迭代要求车企持续投入资金以跟进最新技术，而较小的生产规模导致电池成本在单车成本中占比过高。此外，从市场竞争角度分析，陕西新能源车企在品牌影响力方面相对较弱，导致其在定价上缺乏优势，往往只能通过低价策略吸引消费者，进一步压缩利润空间。一些新兴新能源车企为快速占领市场，不得不采取接近成本价销售策略，难以实现品牌溢价，从而限制了利润增长。

（三）零部件配套能力弱

零部件配套能力弱是制约陕西新能源汽车产业发展的另一瓶颈。本地零部件供应配套率较低，一些关键零部件如高性能电机、先进的汽车芯片等依赖外部采购，增加了运输成本和供应风险，同时也使得车企在生产过程中容易受到外部供应商制约。陕西大多零部件企业规模较小，技术研发能力有限，与国际国内先进水平有不少差距。例如，在汽车轻量化零部件的研发和生产上，陕西零部件企业很难满足车企对于降低车身重量、提高续航里程的要求，从而影响了整个新能源汽车产业的竞争力。

（四）国际竞争能力有限

在全球新能源汽车产业竞争日益激烈背景下，陕西新能源汽车产业国际合作与竞争力有限。陕西车企在国际合作方面存在资源不足、合作渠道有限等问题，限制了其国际合作广度和深度。同时，陕西车企产品质量有待提升，品牌影响力、市场开拓能力有限，参与全球产业链配置资源、锻造品牌优势面临艰巨挑战。

（五）政策支持体系有待完善

尽管陕西不同层面出台了一系列支持新能源汽车产业发展的政策，但在实际操作中由于协调机制不健全、执行力度不够等问题，政策实施效果有限。此外，政策的连续和稳定对于产业的长期发展至关重要，频繁变动的政策环境会增加企业的运营成本和市场不确定性，影响企业的长期投资决策。一些政策的连续性、稳定性和有效性有待加强，为新能源汽车产业可持续发展提供坚实支持。

三　陕西新能源汽车产业科技创新供给能力提升路径

新能源汽车产业发展的关键在于科技创新供给能力提升。新能源汽车产业科技创新供给能力提升路径如图3所示。要紧扣电动化变革趋势，加快汽车产业转型升级，加快构建以企业为主体的技术创新体系，促进产学研融通创新，提升技术水平和产业竞争力。同时，抢抓智能化发展先机，培育发展车能融合新生态，加强智能网联汽车技术创新和应用。此外，加快高端人才集聚，创新人才引进培养路径，加强核心技术研发，打造原创策源高地，加快构建自主可控、安全可靠的产业体系。

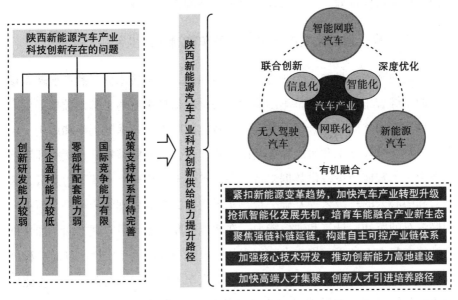

图3　陕西新能源汽车产业科技创新供给能力提升路径

（一）紧扣新能源变革趋势，加快汽车产业转型升级

在全球汽车产业向新能源转型的大背景下，新能源汽车产业的创新发展显得尤为关键。依托秦创原创新驱动平台，加快构建以企业为主体、市场为导向、政产学研用深度融合的开放式技术创新体系，促进产学研融通创新，协同攻关关键技术，提升技术水平，增强产业核心竞争力。同时，发挥陕汽、法士特等国家级企业技术中心的支撑作用，以及比亚迪等龙头企业的带动作用，辐射支持零部件企业技术能力提升，增强产业链整体配套能力。支持动力电池、电子电气、机电耦合、整车集成、智能化、质子交换膜、碳纸、燃料电池堆、工业软件系统等关键技术攻关。加大国内外知名电机、氢燃料电池发动机等关键零部件企业引进力度，打造千亿级规模的新能源汽车零部件组团。整合产业资源，扩大新能源乘用车整车制造规模，强化市场推广，扩大燃料电池试点示范范围，强力推进传统汽车和新能源汽车全产业链建设，形成协同高效、安全可控的完整新能源汽车产业链。

（二）抢抓智能化发展先机，培育车能融合产业新生态

智能网联汽车是汽车产业未来发展风向标，也是技术创新和产业转型核心领域。综合施策，促进整车制造商、关键零部件供应商、基础数据提供商和软件开发商之间紧密合作，共同推动智能网联汽车技术的创新和应用。重点推进路侧感知技术和边缘计算基础设施建设，这些能够提升车辆的环境感知能力，为智能决策提供数据支持。在此基础上，构建一个基于边缘云、区域云和中心云的三级云控基础平台，实现数据的高效处理和传输，全面提升网联汽车的感知、计算和通信能力。在智能网联汽车能源管理方面，加快推广智能有序充电技术，提高电动汽车的充电效率和电网稳定性。同时，积极探索车辆与电网之间的双向互动，使电动汽车不仅是能源的消费者，也能成为能源的提供者。鼓励建设"光储充换放"多功能综合一体站，这种站点集成了分布式光伏发电、储能系统、充电和换电功能，充分发挥电动汽车作为移动储能终端的作用，提高清洁能源的利用效率。通过这些措施，构建一

个全新的车能融合新生态，为智能网联汽车的发展提供坚实基础，推动新能源汽车产业向更高层次迈进。

（三）聚焦强链补链延链，构建自主可控产业链体系

目前，陕西已形成了以西安、宝鸡为中心的整车高端制造产业集群，以及以铜川、咸阳为中心的零部件配套产业集群。支持鼓励各市（区）围绕产业链上下游协作配套，加快构建布局合理、配套完善、运行高效的产业格局。同时，以产业生态圈为引领，整合配套链、供应链、价值链及创新链，补链强链，加大核心零部件引进力度，特别是补足动力电池、驱动电机、电控系统、汽车电子电器等薄弱环节，加速新基建及汽车供应链生态体系建设，布局发展新能源汽车充电桩、大数据中心、人工智能、工业互联网等相关产业链，加快构建自主可控、安全可靠、竞争力强的汽车产业链。

（四）加强核心技术研发，推动创新能力高地建设

在衡量地区汽车产业水平和综合竞争力时，自主研发能力是一个关键指标。目前陕西尚未形成完整的汽车产业研发体系，因此，在引进整车企业的同时，应重视引进汽车研发中心、高端人才和创新资源，为汽车产业长远发展打下坚实基础。持续优化汽车产业战略布局，推动优质整车、零部件企业导入研发力量，并促进新落地的比亚迪技术研发中心与长安大学、西安交通大学、西安科技大学等科研基地协作与资源整合，整合产业技术研发资源，提高技术创新效率。同时，积极争取国家重大科技专项，协力突破关键核心技术，加快破解新能源汽车产业发展"卡脖子"技术，更好地服务高水平科技自立自强。

（五）加快高端人才集聚，创新人才引进培养路径

人才是汽车产业发展的核心驱动力，加快构建汽车行业人才高地，应实施对外引进和对内培育的双轨策略。在引才方面，制定实施新能源智能网联汽车领域的高端人才引进政策，吸引国内外优秀领军人才和技术团队来陕西

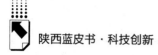

创新创业。通过精准引才策略，引进更多"高精尖缺"人才和高水平创新团队，特别是在车用芯片、操作系统、基础材料等关键领域。同时，实施优秀人才评价与奖励计划，鼓励企业完善股权激励机制，确保高端人才能够享受到优惠政策。在培育本地人才方面，应利用本地高校和企业的优势，积极培养汽车行业的复合型高水平人才。这包括优化高等院校新能源汽车相关学科，促进学科交叉融合，支持新能源汽车龙头企业与高校共建高质量职业教育学院，推进职普融通、产教融合、科教融汇。此外，引导省内大专院校、职业技术学院毕业生进入新能源汽车行业就业，激发行业活力。

B.4

陕西具身智能机器人科技创新及场景应用研究

陕西智能机器人研究课题组*

摘　要：　具身智能有望成为继计算机、智能手机、新能源汽车后的颠覆性产业，是未来产业的新赛道和经济增长的新引擎。本报告解构分析具身智能的概念内涵、梳理总结国内外具身智能科技创新及场景应用趋势，研判分析陕西具身智能机器人科技创新及场景应用现状、存在的问题，并提出强化关键核心攻关、以强链补链为核心推动产业培育集群化、以市场需求为导向推动场景应用创新等方面相关对策措施，旨在推进陕西省具身智能机器人科技创新，赋予机器人产业新活力。

关键词：　具身智能　机器人　人工智能　陕西

近年来，陕西高度重视人工智能产业发展，并将其作为推动经济高质量发展的重要抓手，制定并实施《陕西省加快推动人工智能产业发展实施方案（2024—2026年）》，明确提出推进实施人工智能强基、创智、赋智、聚智四大行动，推动人工智能产业赋能新型工业化。

人工智能发展的核心在于智能根技术突破。目前流行的"大模型+机器人"技术路径，如谷歌、微软、Figure AI、特斯拉等，是基于神经网络架构形成的大数据分析方法。该方法通过反复训练获得了统计学意义上最

---

*　课题组组长：吴易明，中国科学院西安光学精密机械研究所研究员、博导，西安中科光电精密工程有限公司董事长、创始人，主要研究方向为具身智能、智能机器人、精密传感与测量等。成员：梁晶，西安交通大学博士研究生，主要研究方向为具身智能、智能机器人。

具相关性的结果，缺陷在于获得的"结果"无法有效映射物理对象，导致在数据匮乏领域及预训练不同场景中面临无法应用的困境。2024 年北京通用人工智能研究院发布"通通"通用机器人，基于虚拟训练仿真平台，实现"价值驱动"而非"数据驱动"。吴易明教授团队突破具身智能底层理论架构，基于小样本数据实现精准识别的视角，研究提出，让机器能够感知信息的真正语义化，消除当下大模型应用到物质生活、生产活动时语义模糊性，促使智能机器人更加自主。抓住具身智能产业和市场发展机遇，推进具身智能机器人科技创新及场景应用研究，为产业升级、经济发展注入新动能。

一 具身智能机器人科技创新及场景应用的趋势分析

（一）具身智能的概念

1950 年，图灵首次在论文"Computing Machinery and Intelligence"中提出了"具身智能"这一概念，随后该概念的内涵和外延进一步演进。当前对具身智能的概念界定与阐释，各方观点略有差异，经梳理和总结，其代表性观点如表 1 所示。

表1 国内外专家关于具身智能概念的观点

国内	国外
具身智能在身体与环境相互作用中，通过信息感知与物理操作过程可以连续、动态地产生智能。 ——清华大学教授 刘华平《基于形态的具身智能研究：历史回顾与前沿进展》	具身智能是一种可以执行导航、操作和命令执行等任务的机器人，机器人可以是任何在空间中移动的实体智能机器，如自动驾驶汽车、吸尘器，或是工厂里的机械臂等。 ——斯坦福大学教授 李飞飞"Searching for Computer Vision North Stars"

国内	国外
具身智能是指一种基于物理身体进行感知和行动的智能系统,其通过智能体与环境的交互获取信息、理解问题、做出决策并实现行动从而产生智能行为和适应性。 ——上海交通大学教授 卢策吾 中国计算机学会"具身智能丨CCF专家谈术语"	人工智能的下一个浪潮将是具身智能,即能理解、推理、与物理世界互动的智能系统。 ——英伟达CEO 黄仁勋 ITF World 2023半导体大会
具身智能是以具身认知为指导的人工智能。具身智能指主体(机器)在自体、对象与环境等要素间相互作用(信息感知、转化和响应)的过程中建构符合各要素物理实存及其关系演化趋势的认知模型以达成问题解决或价值实现的人工智能方法。 ——中国科学院大学教授 吴易明 首届中国具身智能大会(CEAI2024)开幕式主旨报告《具身智能是智能科学发展的新范式》	具身智能是机器学习、计算机视觉、机器人学习和语言技术的集成,最终形成人工智能的"具身化":能够感知、行动和协作的机器人。 ——卡内基梅隆大学 REAL(Robotics, Embodied AI, and Learning)实验室官网介绍
通用人工智能(AGI)的未来发展需要具备具身实体,与真实物理世界交互以完成各种任务。 ——图灵奖得主,中国科学院院士 姚期智 2023世界机器人大会分享发言	具身智能将人工智能融入机器人等物理实体,使其具备感知、学习和与环境动态交互的能力。 ——美国计算机协会期刊 *Communications of the ACM* 文章

资料来源:中国信通院、北京人形机器人创新中心:《具身智能发展报告(2024年)》,2024年8月。

综上,各方对具身智能定义侧重点有所不同,一类,主要强调具身交互对智能的影响,另一类,强调具身交互对解决实际问题的作用。整体来看,具身智能概念内涵虽有所不同,但始终强调智能体与其物理形态和所处环境之间的密切联系,强调"建构""交互"在智能行为产生及适应性提升中发挥的重要作用,即感受物理世界→认知建模→模型推演→行动验证→环境反馈→模型优化与校正的过程。"知行合一"是具身智能的关键要素。具身智能的本质,是智能主体基于自身物理实在性进行感知、决策和行动,通过与环境

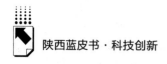

交互完善认知并执行任务，在自主达成目标的过程中实现智能的增长。①

比较分析发现，具身智能机器人与其他机器人有联系，更有区别。具身智能机器人是能够（拟人化）感知、使用传统工具/设备、在非结构环境下自主规划、自主决策、自主执行任务的智能机器人，可以实现各类应用场景中的"万能适配"。当前相关领域的机器人应用，已实现一定规模化应用的机器人，一类为工业级示教再现型机器人，该类机器人对外部环境没有感知，仅再现人类的示教动作，在重复性高、场景固定的制造领域替代工人进行机械的重复体力劳动，如汽车产线中的自动化装配机器人。还有一类是配备了特定结构化传感器（如力、距离等）的机器人，预置感知类型，感知过程不涉及对场景及对象的理解，按照预设指令执行任务。该类机器人在使用过程中面对场景变化适应能力弱，有些使用前还需要进行相应硬件设施的改造（铺设导航磁条等），如 AGV 搬运机器人。具身智能机器人相比传统机器人，是实现自主感知和理解、决策、规划、执行任务的智能化进阶，可适应非确定环境下的复杂作业，将使机器人逐渐渗透到军事、社会生产、生活的各个领域，发挥更大的作用。

（二）国内外具身智能科技创新及场景应用的趋势

目前，具身智能机器人发展受到了国内外广泛关注，学术界和产业界相继公布具身智能领域的布局和进展——按照技术实现路径分类，可分为以下四类。

第一类，大模型路径。该路径在翻译语言、协助协作等方面表现出色，主要代表为大语言模型（如 ChatGPT、Gemini 等），即输入语言，输出语言，虽然也有多模态模型，但仍局限于语言，即便有视频，也是基于二维的平面图像。该类模型只是在文本/二维图像的海量数据上训练，得到的概率分布结果，未实现"词语"与"世界"的联结，并不理解物理世界，存在根本性问题。

---

① 吴易明、梁晶：《何为具身智能?》，"具身智能机器人"微信公众号，2023 年 11 月 7 日。

第二类，以斯坦福大学李飞飞教授为代表的"空间智能"路径。该路径旨在开发出三维空间模型驱动模拟环境，通过收集行为和动作来训练计算机和机器人在三维世界中的行动。^① 李飞飞认为，目前人工智能科技发展在空间认知和理解方面表现比较初级，从其目前研究路径来看，虽意识到"视觉""空间"的重要性，但本质是依靠在虚拟环境中数据训练及标注的方式。

第三类，以图灵奖得主 Yann LeCun（杨立昆）为代表的"世界模型"路径。该路径提出联合嵌入预测架构（JEPA），基本思路是获取完整的图像及其损坏或转换的版本，训练预测器，根据损坏输入的表征来预测完整输入的表征。^② 杨立昆认为"LLM 大模型自回归方法很糟糕，注定要失败"，并强调构建能够观察、理解和预测世界演变的模型是人工智能发展的关键。但其提出的"世界模型"路径，本质上依赖于自监督学习方式，训练集中包含人工标注的数据类别标签。

第四类，中国科学院大学教授、西安中科光电精密工程有限公司董事长吴易明提出的"基于数学架构的空间三维信息语义化表征"路径。该路径旨在解决智能主体对空间的理解问题，通过重构视觉意识空间，让具身智能更具自主性。吴易明团队构建了一套全新的智能理论底层算法架构，解决了机器在视觉信息获取、抽象、表征、存储、激活等方面的系列问题，实现空间理解及经验实现对象、对象局部几何结构唯一性、精细辨识。该技术架构无须数据训练及大算力支撑，与神经网络技术架构有本质区别。该技术致力于具身智能根技术突破，让机器能够实现对感知信息真正语义化理解（对物体、结构、可操作性），消除当下大模型应用到物质生活、生产活动时语义模糊性，使得智能装备以及智能机器人在复杂多变的环境中实现自主识别、自主移动、自适应执行作业任务。

对比分析国内外代表性公司具身智能机器人产品（见表2）可以看出，

① 李飞飞：《有了空间智能，AI 将会理解现实世界》，TED 大会演讲，2024 年。
② 杨立昆：《目标驱动的人工智能：迈向能学习、记忆、推理和规划的 AI 系统》，哈佛大学学术演讲，2024 年 3 月 28 日。

表2　国内外代表性公司具身智能机器人产品对比分析

公司	谷歌	特斯拉	Figure AI	优必选	西安中科光电
产品	RT-2	Optimus（擎天柱）	Figure 02 人形机器人	Walker S 人形机器人	全人智能系列通用工业/特种机器人
技术路线	VLA 模型,端到端架构,以视觉—语言模型为基础,在机器人任务上微调,输出机器人行为字符	复用 FSD 算法,基于端到端的神经网络训练框架,基于 Transformer 及 Self-attention 机制,通过数据收集引擎不断优化神经网络	多层次技术架构,利用不同的神经网络进行训练,最终整合。三层级:顶层集成 OpenAI 的大模型,负责视觉推理和语理解、中间层是神经网络策略（NNP）,将视觉信息直接转换为动作指令、底层是全身控制器,负责提供稳定的基础控制	通过百度智能云千帆平台接入百度文心大模型,依靠侧端多模态感知模型获得信息后,交由文心大模型进行任务规划	原创的智能理论底层算法架构,基于空间理解及经验实现对象及对象精细结构的精准识别（机器人自主闭环控制的核心）。技术架构基础成分是数学,与神经网络架构有本质区别
数据及训练方式	海量的数据（550 亿参数模型）和算力来驱动,大规模互联网数据结合机器人数据,依靠训练覆盖一些基本任务,收集数据花费了上千万美元	在机器人场景应用中,训练数据通过人类操作员（全职）穿着动作捕捉服,戴着 VR 眼镜和手套远程操作收集,需要训练有素的人类每天进行多次轮班,以确保机器人始终处于忙碌状态	构建了与使用场景一致的模拟训练场景,在实验室厂房中进行数据采集与场景训练	大规模数据采集及人工数据标注,自然语言处理参数规模达到 2600 亿	无须数据训练及大算力支撑
实际应用情况	演示视频展示将足球移至篮球旁等任务,但应用场景局限为桌面任务,无法输出与训练数据高度差异较大的桌子上动作的能力	Demo 视频展示在特斯拉电池工厂训练后分装电池,未见量产应用报道。从技术路线及数据收集方式来看,从根本上来说无法扩展	Demo 视频展示是多模态大模型能力的直接体现,本质是将像素映射到动作,实际的泛化性尚未得到真正解决	大模型与人形机器人的结合还处于研发阶段,由于数据缺失,应用场景缺乏足够的验证,很难满足落地产品量产的要求	已成功应用于一些国家高端装备重要作业;同时,应用于智能焊接机器人标准产品,服务桥梁钢构、工程机械、压力容器、船舶制造等行业

资料来源:笔者根据公开资料整理,下同。

当前"主流"的技术路径均是基于"大模型"技术路线，依靠大数据支撑，人类演示、标记参与训练，强调通过"数据、算力"路径来实现"智能"突破，但目前在该路径指导下的具身智能机器人落地应用场景仍屈指可数。西安中科光电具身智能机器人已经通过实际应用场景检验，该技术能够实现智能装备和智能机器人自主识别、自主移动、自适应作业。

（三）具身智能场景创新的趋势

具身智能机器人是能够（拟人化）感知、使用传统工具/设备，在非结构环境下自主规划、自主决策、自主执行任务的智能机器人，可以实现各类应用场景"万能适配"。

1.工业及特种作业场景

我国正在推动制造业从传统制造向智能制造转型，需要大量的智能机器人来提高生产效率和产品质量。工业制造、物流、航空航天科研院所及单位等场景属于典型的离散型、非结构化环境。因作业对象不确定（多品种、小批量）、作业环境不确定且恶劣，当前即使已有相关机器人的应用，也是基于示教或人工预编程的，高度依赖人工参与（一台机器人需配一个高级操作工），关键在于"智能"技术没有本质突破，并未实现对复杂人工作业过程的完整替代，离散制造业是需要产业升级和技术创新支持的典型代表。具身智能机器人在核、危、化、害环境中，全自主闭环作业，可以实现对复杂人工作业过程的完整替代；在后端通信中断的情况下，在战场复杂环境下，具备自主推进、侦察识别、打击决策及执行的能力。具身智能机器人的研发及应用推进，可推动陕西省制造业以及各类军用场景向高端化与智能化发展。

2.高端家庭服务场景（如康养等）

目前服务机器人，以移动搬运、交流陪伴、扫地等低端单一功能消费型机器人为主，医疗领域也出现了康复训练机器人。以上进展基本都是单一智能特性进展在产业领域的落地应用案例，但是，本质上都没有突破智能科技

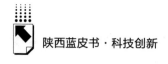

的核心环节，所以其产业应用局限性很大。

智能科技发展，必然首先应用于具有高附加值的产业领域。服务消费领域，对智能适应能力需求高于工业场景，对机器人产品的友好亲和性也高于制造业，所以，服务机器人发展，不但会带动智能科技进步，而且会极大地促进特种材料、MEMS 传感技术、高效清洁能源、功能器件和部件技术发展，具有最大的应用场景和最广泛的技术、产业带动力。基于对产业发展规律分析，高新技术需要高附加值的产业回报支撑，服务机器人产业发展的源头在医疗健康领域。针对未来康复护理和特殊人群服务护理需求的医疗康复机器人、家用服务机器人、养老助残机器人具有广阔的发展空间。机器人技术的智能化，带来在服务领域应用的机器人产品拟人化及超人化，是服务机器人发展的必由之路。具身智能机器人将属于全场景家庭助手，像汽车一样走进千家万户，成为每个家庭不可或缺的生活伙伴和帮手，如康复、完成家务类任务等。

二 陕西具身智能机器人科技创新及场景应用的现状分析

（一）陕西具身智能机器人科技创新现状

陕西具身智能典型研发团队，例如，西安交通大学团队认为，具身学习通过在虚拟环境中训练大模型（包含大量参数）得到常识表征，在具体场景中通过强化学习来完成模型进化，提出人在回路的人机协同决策，即通过嵌入式示教学习、模仿学习和交互学习引入人的作用使系统向人类学习。该团队研发的自动驾驶系统模型对道路场景进行预训练，生成导航路径，随后进行运动规划，生成驾驶行为。西北工业大学光电与智能研究院团队，提出一种大模型驱动的异构智能体协同控制算法框架，利用大模型调度多种智能体自主协作，利用国产大模型作为语义理解底座，以无人机集群、机器狗、机械臂三种异构智能体作为协同控制平台，实现联合控制。另外，西北工业大学光电与智能研究院团队开发出大模型离线具身智能导盲犬，机器狗搭载 1.8B 离线大模型，结合大模型量化压缩和加速推理技术，将大模型部署至机器狗低算力计算平台（内置 2Nano+INX 边缘算力），使用 Function Calling 机制自主编排动作序列，实现智能人机交互、乘梯引导、过街引导、室内引导等功能。西安电子科技大学人工智能研究院团队，提出后深度学习—认知建模，利用神经网络模型对人类的认知特征建模，设计具有稀疏性、选择注意、方向性等特点的单元，构建新型深度学习模型，通过认知特性建模提升对复杂数据表征、处理与信息提取能力。认知建模是对人脑认知过程中的微观、介观、宏观特性进行分析与模拟。在认知建模和稀疏性利用方面，将稀疏性表征和深度学习，以及考虑数据的随机性特征结合起来，提出了多种神经网络模型。

（二）陕西具身智能机器人场景应用现状

目前，具身智能正逐渐成为推动新质生产力发展的关键力量。陕西作为中西部发展"领头雁"，正在加速推进产业智能化进程。整体来看，得益于陕西雄厚的制造业基础、丰富的科研院所资源和技术创新潜力，具身智能机器人应用场景在智慧医疗康复、智能制造及特种装备三大领域发展较快。

1. 智慧医疗康复

通过结合先进的机器人技术和人工智能算法，提升医疗服务水准，帮助患者恢复运动能力，提供实时反馈优化康复过程，同时，提供日常护理服务，提高护理服务的效率和质量。例如，中航创世机器人（西安）有限公司是专注于机器人和智慧康复医疗领域的一家高新技术企业，该公司产品包括智慧化康复治疗产品，如上肢康复训练机器人、下肢康复训练机器人、下肢智能康复训练系统、脊柱康复训练与评估系统。该公司推出云榻免陪护自理机器人，是一款可辅助护理人员完成大部分繁重即时护理工作的智能床椅一体化康养设备。

2. 智能制造及高端装备

随着人工智能，特别是智能视觉技术发展升级，机器人像人一样实现作业对象识别和测量、环境识别、空间导航感知，必然促进制造领域全面的无人化时代到来。未来工业机器人将普及应用到各种场景，严苛多变的应用环境和高质量的生产标准将对机器人的灵活度、通用性、智能化等方面提出更高要求。陕西在高端科技领域拥有雄厚的基础实力，相关技术研发很好地服务于极端危险环境下的特种装备的智能化提升。2013年成立的西安中科光电精密工程有限公司，是专业从事高端智能机器人产品研发生产业务的一所高新技术企业。该公司于2019年采用现代数学方法突破立体视觉信息表征这一关键问题，2020年研创具身智能理论框架，并对"具身智能"商标进行注册，成功跻身中国人工智能产业发展联盟（AIIA），担任具身智能工作组副组长单位。该公司研发的颠覆性技术成果已在智能焊接机器人标准产品方向上实现应用落地及产品印证，并形成批量销售。同时，基于具身智能技术架构指导的视觉识别、智能测量、协同装配等技术成果已服务国家高端装备作业需求。此外，西安达升科技股份有限公司自主研发工业机器人硬件品种20余款。西安量子智能科技有限公司开发多款特种作业机器人。

三　陕西具身智能机器人技术创新及场景应用面临的问题

从技术到产业，从政策引导到商业落地，具身智能的时代正在到来，行业进入快速发展期。具身智能产业有望成为继计算机、智能手机、新能源汽车后的颠覆性产业，是未来产业的新赛道和经济增长的新引擎，将深刻变革人类生产生活方式。在具身智能产业发展中，虽然陕西占据基础先发优势，已建设并投用未来人工智能计算中心、国家超算西安中心等算力设施，在智能制造、智慧能源、智慧系统等场景应用上取得了一些突破性成果，但相比国内外人工智能发达地区，陕西具身智能发展仍面临一些问题。

（一）政策配套支持不足

面对具身智能发展机遇，国家出台了一系列支持具身智能行业发展的政策文件，如《"十四五"机器人产业发展规划》《"机器人+"应用行动实施方案》等，鼓励具身智能在各行业、各领域的创新应用，保持其在全球科技竞赛中的竞争力。国内一些发达地区出台相关支持机器人产业发展配套政策措施。北京、上海、广州、深圳、杭州作为国家新一代人工智能创新发展试验区，在推动人工智能创新发展方面先行先试，致力于打造全方位政策支撑体系，稳居全国第一梯队。2024 年以来，成都、合肥等市瞄准具身智能科技创新，强化科创企业培育、产学研融通创新体系打造等。相比而言，陕西具身智能相关政策推进实施较晚，并且政策侧重于支持成熟产业规模实力的提升，而支持策源技术研发、场景创新等方面政策相对缺乏。国内部分地区近期具身智能产业政策一览如表 3 所示。

表 3　国内部分地区近期具身智能产业政策一览

城市	序号	发布时间	政策名称
北京	1	2023 年 5 月	《北京市通用人工智能产业创新伙伴计划》
	2	2023 年 5 月	《北京市加快建设具有全球影响力的人工智能创新策源地实施方案（2023—2025 年）》
	3	2023 年 5 月	《北京市促进通用人工智能创新发展的若干措施》
	4	2023 年 10 月	《人工智能算力券实施方案（2023—2025 年）》
	5	2024 年 4 月	《北京市加快建设信息软件产业创新发展高地行动方案》
	6	2024 年 4 月	《北京市算力基础设施建设实施方案（2024—2027 年）》
	7	2024 年 4 月	《关于加快通用人工智能产业引领发展的若干措施》
上海	1	2023 年 11 月	《上海市推动人工智能大模型创新发展若干措施（2023—2025 年）》
	2	2024 年 2 月	《徐汇区关于加快推进具身智能产业发展的扶持意见》
	3	2024 年 3 月	《上海市智能算力基础设施高质量发展"算力浦江"智算行动实施方案（2024—2025 年）》
	4	2024 年 5 月	《上海市推进"人工智能+"行动，打造"智慧好办"政务服务实施方案》

续表

城市	序号	发布时间	政策名称
广州	1	2023年9月	《广州市进一步促进软件和信息技术服务业高质量发展的若干措施》
	2	2023年11月	《广东省人民政府关于加快建设通用人工智能产业创新引领地的实施意见》
	3	2024年2月	《天河区工业软件产业重点人才培育若干政策措施（征求意见稿）》
	4	2024年3月	《广州市支持海珠区建设人工智能大模型应用示范区实施方案》
	5	2024年5月	《广东省关于人工智能赋能千行百业的若干措施》
深圳	1	2023年5月	《深圳市加快推动人工智能高质量发展高水平应用行动方案（2023—2024年）》
	2	2023年12月	《深圳市前海深港现代服务业合作区管理局关于支持人工智能高质量发展高水平应用的若干措施》
	3	2024年3月	《南山区促进人工智能产业高质量发展专项扶持措施》
	4	2024年7月	《深圳市加快打造人工智能先锋城市行动方案》
陕西	1	2024年5月	《陕西省加快推动人工智能产业发展实施方案（2024—2026年）》
	2	2024年4月	《陕西省培育千亿级人工智能产业创新集群行动计划》

（二）高新技术投资引导不够

人工智能技术突破带来了新机遇，各地除了发布支持政策外，也在投资引导层面持续用力，推进产业基金、多样化金融服务整合使用，而陕西相关投资服务跟进相对滞后，突出表现在以下几方面。一是具身智能产业投资不足。如北京、上海、深圳均设立市级人工智能产业投资基金，上海、深圳两地人工智能产业基金规模均达到1000亿元。而陕西具身智能产业投资支持相对不足，至今尚未设立专项支持基金，缺乏高能级高体量的投资项目建设。二是人才引育支持不够。《中国人工智能区域竞争力研究（2024）》报告显示，北京人工智能产业从业人员规模在全国排名第一，特别是在人工智能相关企业中吸引聚集了大量海内外专业人才；上海积极推动一系列人才专项政策，如设立"东方硅谷"人才计划，提供包括创业资助、购房补贴、子女教育等优惠政策以吸引全球顶尖人工智能人才。相比而言，陕西省在具身智能发展中缺乏针对顶尖研究学者、创业优才、高技术人才的重磅招募和孵化扶持补贴配套政策。

（三）场景应用滞后

具身智能商业化落地离不开全产业链协同推进。具身智能产业链涉及环节多，上游为零部件供应商及基础设施，包括旋转执行器、传感器制造、灵巧手、控制与交互、动力系统、结构件、芯片、无线通信设备制造等，中游为机器人本体，下游为软件开发及系统集成，涵盖人工智能引擎、软件开发、机器人制造、场景训练等。其中，陕西本土的专项突出企业较少，尚未孵化出头部技术企业，特别是智能整机产品、关键部组件、专用软件研发等方面技术转化产业化水平低下，落地场景不多，极为缺乏人形机器人、自动驾驶、家庭服务、教育等消费型场景应用。

四 陕西推进具身智能机器人科技创新及场景应用的路径和策略

推广应用具身智能机器人，不仅能够提升生产力水平和工作效率，还可以带动提升投资、消费、制造综合发展能力，助力构建支撑有力的现代化产业体系。

（一）构建企业主导的产学研用创新联合体，强化关键核心攻关

一是引导科技型骨干企业发挥支撑引领作用。支持骨干企业牵头构建产学研用创新联合体，主动承担国家重大科技任务，开展关键核心技术攻关，加快产出原创性、突破性、引领性重大科技成果，推进产业链供应链上基础材料、关键设备、核心零部件或元器件的自主可控能力稳步提升。二是强化创新联合体能力建设。通过创新联合体鼓励企业与高校院所紧密联系，围绕特定领域开展关键技术联合攻关，支持建设具身智能机器人产业链中试平

台、中试公共服务机构，加速科技成果工程化、产品化和产业化，特别要在推进具身智能机器人整机、智能软件算法等核心模块的研发攻关及产业化协同创新项目中给予倾斜支持。鼓励各地加强与省内外优势高校和科研院所合作，引进落地或共建具身智能机器人高能级研发机构，布局建设制造业创新中心、重点实验室等创新平台。三是加强相关配套政策支持。将具身智能机器人列入省重大科技专项，支持企业和研发机构积极承担国家"具身智能机器人"重大科技项目和重点专项，推动创新要素包括技术、资金、人才等向技术型攻坚企业聚集。

（二）以强链补链为核心，推动产业培育集群化

一是打造具身智能优势产业链。联合各方力量，加强地方力量在智能、无人、特种装备技术上的预研工作，发挥综合科技创新实力，积极布局高端机器人项目。跟踪掌握具身智能机器人产业化和规模化应用进程，围绕机器人产业协同发展，提前规划生产基地，积极引进整机生产项目。通过链主企业带动、先进技术成果转化落地、招投联动等方式，精准招引产业链强链补链项目、专精特新企业和高端人才。建立技术引进、资本对接、项目落地、企业培育的全流程招引机制，省市县协同开展精准招引。鼓励各地将符合条件的具身智能机器人项目纳入重点项目予以支持，加强要素保障。二是培育壮大企业群体。瞄准高校院所和重点人才团队，加强技术成果转化对接服务，挖掘培育早期项目，超前开展企业孵化。梯次培育科技型企业和专精特新企业。加强高成长预期整机企业的培育支持，打造具有生态主导力和全球竞争力的人形机器人"链主"企业。开展企业成长潜力分级分类评价，探索差异化要素配置方式，加强人才、金融支持，落实税收优惠政策，提升企业创新能力，培育壮大具身智能机器人企业群体。三是建设未来产业先导区。发挥西安等地科创资源优势和整机企业带动作用，谋划建设具身智能机器人未来产业先导区，辐射带动全省具身智能机器人产业创新发展。鼓励各地结合产业基础和区位优势，依托孵化器、科技园、专业园区培育建设智能机器人专精特新产业园，打造项目承载地、协同配套生产基地和场景应用示

范地。通过先导区攻坚任务"揭榜挂帅"方式支持公共服务平台建设、技术成果产业化和场景示范应用等项目建设。四是完善公共服务体系。引育机器人检测认证机构，开发高效检测设备，鼓励与国内外知名检测认证机构合作，推动检测认证结果互认。建设具身智能机器人产业公共服务平台，围绕共享加工、知识产权、产需对接、技术培训等方面，集聚专业化服务机构，促进资源高效对接。

（三）以市场需求为导向，推动场景应用创新

一是积极推进具身智能场景创新。充分结合军工、航空航天领域等高附加值、高性能要求、小批量生产模式下对具身智能机器人的需求特点，聚焦智能制造领域，建设示范场景，深化典型制造场景的系统集成，分级分类打造示范产线、示范车间、示范工厂。把具身智能机器人应用场景建设纳入未来工厂评价内容，鼓励各地在生产方式转型、智能制造等项目中予以政策支持。大力拓展具身智能机器人在旅游服务领域的应用场景，推动其在养老陪护、家庭服务等多元化服务场景中的应用，依托服务中心、医疗康养中心等公共场所建设示范场景，鼓励在未来社区、示范街区建设中探索应用具身智能机器人。二是实施"具身智能机器人+"应用示范工程。面向制造、商贸、建筑、医疗、养老、应急、家政等领域，建立具身智能机器人场景需求清单和供给清单。建设"具身智能机器人+"体验中心，提升用户体验感和接受度。发展面向用户特定需求的定制化产品和服务。建立常态化供需对接机制，整合多方资源，汇聚用户需求，推动具身智能机器人应用落地。创新应用推广模式，通过短期租赁、共享服务、智能云服务等方式，加强应用推广。

（四）优化创新生态，推动科技创新和产业创新深度融合发展

一是加强统筹协调。建立具身智能机器人产业培育协同推进机制，推动跨区域、跨部门、跨层级协同联动，统筹推进技术攻关、项目招引、示范应用等工作。建立大协同发展机制，推动科创资源共享、应用场景开放和产业

链一体化布局。二是加强知识产权保护。切实优化知识产权保护的政策措施及法律环境，加强知识产权保护工作，激发技术创新的动力，促进经济增长方式的转变。三是加强金融支持。加大资金投入力度，关注具身智能技术领域专项基金拨付，依托专项基金支持有条件的地方组建具身智能机器人子基金，引导社会资本参与创新成果转化和产业化投资，加大具身智能机器人投资招引力度。引导金融机构加大对具身智能机器人企业的融资和保险支持力度，针对具身智能机器人企业特点，提供知识产权质押贷款等灵活多样的金融产品。四是加强人才保障。将具身智能机器人领域人才纳入紧缺人才目录，通过引才计划、布局海外研发机构、合作交流等方式，面向全球引进人形机器人战略人才、青年科学家和高层次人才团队。支持高校开设具身智能机器人相关专业，校企合作培养跨学科交叉复合型和工程型人才，在具身智能机器人领域优先支持培育认定一批卓越工程师。五是加强交流合作。利用好全球数字贸易博览会、世界人工智能大会、中国具身智能大会等重大展会平台，推动与重点地区及具身智能机器人头部企业的产业合作。鼓励相关企业"走出去"参加国际展会、申请境外专利授权、争取产品认证，提升国际化经营能力，推动新技术、新产品迈向国际市场。

参考文献

维科网行业研究中心：《2024年AI大模型推动新一代具身智能机器人产业发展蓝皮书》，2024年8月28日。

B.5
陕西低空经济科技创新供给能力
提升路径研究

陕西低空经济科技创新研究课题组*

摘　要： 随着低空经济战略价值和市场潜力增大，科技创新供给能力提升极为迫切。本报告通过分析解构科技创新供给能力的内涵及演进特征，剖析国内外通用航空、低空经济科技供给现状，研判分析陕西低空经济科技创新供给现状及能力提升面临的挑战，从加强技术攻关、推进企业科技创新、拓展应用场景、优化产业创新生态等角度提出科技创新供给能力提升的对策和建议。同时也展现了低空经济作为新兴产业方向和新质生产力典型代表之一，具有的独特性、创新性、融合性等特点。

关键词： 低空经济　科技创新　产业创新生态　陕西

在科技创新与经济格局深度调整大背景下，低空经济以其独特的战略价值和市场潜力，正逐步成为推动产业升级、培育经济增长点、提升国家竞争力的重要力量。党的二十届三中全会提出，发展通用航空和低空经济。科技

---

* 课题组组长：高永卫，西北工业大学航空学院教授，主要研究方向为空气动力学、飞行器空气动力学基础布局等。副组长：余文亮，原中国民用航空西北地区管理局巡视员、陕西西北通用航空协会理事长，主要研究方向为通用航空、低空经济产业发展趋势。成员：董彦非，西安航空学院飞行器学院教授；徐涛，西北工业大学陕西省风机泵工程技术研究中心高工；白雪，西安阎良国家航空高技术产业基地工程师；李继广，西安航空学院飞行器学院副教授；宿奉祥，西安交通大学机械工程学院博士研究生；白峰涛，西安阎良国家航空高技术产业基地工程师；毛鲁刚，西部通用机场有限公司高工；刘星辰，西部通用机场有限公司工程师；王鼎圣、刘艳、马丁、周宇航，西北工业大学陕西省风机泵工程技术研究中心科研人员。

创新是低空经济发展的核心驱动力，科技成果嵌入低空经济产业链条，不仅助力飞行器的性能提升、运营成本降低，而且促进相关上下游产业深度转型升级，激发竞争新优势。当前我国低空经济科技创新供给能力不高，关键技术受制于人，制约着低空经济高质量发展行稳致远。陕西低空经济资源丰富、科技创新综合实力雄厚，本报告研究分析陕西低空经济科技创新供给现状、面临的挑战，旨在着力破解制约低空经济科技创新供给能力提升的堵点卡点，探寻低空经济高质量科技创新供给新路径，更好地服务国家高水平科技自立自强、现代化建设。

一　科技创新供给能力的内涵特征

当前，技术创新进入前所未有的密集活跃期，人工智能、量子技术、生物技术等前沿技术集中涌现，引发链式变革。与此同时，科技革命与大国博弈相互交织，高技术领域成为国际竞争最前沿的主战场，深刻重塑全球秩序和发展格局。科技创新供给能力已成为衡量一个国家或地区综合发展实力的关键。从系统的视角分析，科技创新供给能力是一个涉及多个方面的综合系统，包括科技创新成果的产出、创新机制的配置、创新活动的组织、创新环境营造等。随着科技创新从领域竞争走向体系对抗，科技创新供给能力向更高能级演进，集中表现为高水平科技攻关、高活力创新主体培育、高效率科技成果转化、高安全创新生态营造，具体包括以下几方面。

（一）高水平科技攻关

技术是科技创新的核心驱动力，其发展直接影响到科技创新的速度和方向。当前核心技术竞争加剧、产业主导权争夺激烈，持续加大研发投入，跟踪新科技、新技术演进趋势，以保持技术领先。强化产学研深度融合，推进高水平科技攻关，提升产业链供应链的韧性和安全水平。

（二）高活力创新主体培育

创新主体是科技创新活动的组织者、推动者。创新主体包括企业、高校、科研院所、政府机构及各类中介等。随着新技术新业态新模式带来的产业迭代浪潮兴起，新物种、新型研发机构大量出现。这些新型组织机构呈现高速扩张、高效增值、高重置成本和定价权等高价值性，迸发出高能创新活力。优化资源配置方式，打通要素流动融合的障碍，引导各类先进优质资源跨部门、跨区域融通组合，向各类创新主体集聚，培育发展科创领军企业、专精特新、"独角兽"、产学研创新联合体等高活力创新主体，激发创新内生动力。

（三）高效率科技成果转化

科技成果转化是科技创新价值链显化的关键环节，它直接决定着科技创新活动的经济效益和社会效益。通过将科技成果转化为实际产品或服务，可以反哺科技创新，为其提供实践反馈和市场需求信息，进一步引导和激发新的科技创新活动。要持续优化改善科技创新环境，建立全链条科技成果转化服务体系，提升高效率科技成果转化能力，促进科技创新成果有效转化为实际生产力，支撑经济社会发展。

（四）高安全创新生态营造

创新生态是由多个创新要素相互依存、竞合共生所形成的组织体系。创新生态通过多方参与者的协同合作，优化资源配置，形成可持续的创新发展模式。随着技术交叉融合、供应链日益复杂多样，科技创新和产业创新发展面临的风险挑战加剧，加快构建自主可控、安全可靠、竞争力强的创新生态，以更好应对复杂多变的环境，保障科技创新安全稳定纵深推进，赢得发展主动权。

综上所述，科技创新供给能力提升是一个系统工程，需要从科技创新的多个方面入手，实现科技供给能力质的飞跃。

二 低空经济科技创新供给现状分析

低空经济作为一种新兴的综合性经济形态，以 3000 米以下低空空域的飞行活动为核心,涵盖无人飞行器、电动垂直起降飞行器(eVTOL)、浮空器等多个产业领域,引领交通、物流、巡检、农林植保、应急救援等多业态变革。低空产业链条长、技术资金密集度高、服务领域广、带动作用强,经济和社会价值巨大,正在成为国际社会科技创新和投资发展的新赛道。

(一)国内外低空经济科技供给现状

欧美、日本等发达国家和地区低空经济发展起步较早,技术水平相对先进。例如,工业无人机领域,欧美国家拥有众多世界知名的航空企业和科研机构,这些机构在无人机设计、制造、控制、通信等方面拥有先进的技术和丰富的经验,其中美国研发的高端军用无人机占全球70%的市场份额。欧美国家的工业无人机在性能、稳定性、安全性等方面都具有较高的水平。日本拥有一些实力强大的eVTOL企业,如SkyDrive,以及积极参与空中交通领域的本田、丰田等汽车企业。此外,日本宇宙航空研究开发机构(JAXA)也在联合企业共同推进eVTOL的研发。"十四五"以来,我国通用航空、无人机等领域科技创新活跃,全国通用航空产业完成飞行作业已达到458.8万小时,年均增长5.2%,特别是民用无人机、航空材料等领域产业基础和技术积累雄厚,发展潜力巨大。梳理和总结低空经济科技创新发展趋势特征,具体如下。

第一,人工智能等新技术引领创新供给。人工智能(AI)、视觉导航、先进导航与控制等新技术在低空经济领域日益广泛应用,显著提升了低空飞行器的计算能力、运行效率、安全性能,增强了低空飞行器的智能化水平和自主飞行能力,为低空产业创新和高质量发展注入强劲动力。

第二,多传感器技术融合创新。越来越多的低空飞行器采用多传感器融合技术,以获得更加准确和全面的环境信息,提高环境感知能力和决策准确性。例如,低空飞行器可以同时搭载激光雷达、红外传感器、超声波传感器和摄像头等多种传感器,通过数据融合算法将这些传感器的数据进行集成和处理,获得更加准确和全面的环境信息,低空飞行器的环境感知能力和飞行安全性得以提升。

第三，核心科技竞争更加激烈。国际社会围绕动力设备、能量控制、装备安全、精准定位等核心技术的竞争异常激烈，争夺发动机、航电系统、机载等核心部件项目布局。同时，欧美发达国家遏制发展中国家高端装备包括民机装备产业发展，民机适航取证走向世界的技术壁垒增加，挑战依然艰巨。

第四，多元化主体协同创新。各类新型研发机构不断涌现，产学研多元研发主体构建了开放式科技创新网络，加速聚集整合全球研发资源，联合攻关，增强应用导向的科技供给，促进低空先进技术体系化、群体化变革。

（二）陕西低空经济科技供给现状

陕西低空经济资源丰富，无人机、通用航空等方面科研教育基础和工业制造能力突出，科技供给实力雄厚，具体表现如下。

其一，科技创新供给潜力巨大。陕西拥有航空研发制造完整的供应链条，高校、科研院所及相关航空企业集聚融合发展，在航空器的研发、设计、制造、维修、试验试飞、适航认证等方面研发实力雄厚。如在光动无人机方面的研究取得突破性进展，成功实现了对无人机的全天时智能视觉跟瞄和自主远程能量补充；首架液氢无人机样机研制成功并顺利完成了飞行测试等。国家低空经济融合创新中心 2024 年 9 月发布的《中国上市及新三板挂牌公司低空经济发展报告（2024）》中提到陕西与低空经济相关的公司已达 24 家。

其二，低空产业链关键技术有所突破。在无人机研发制造技术方面，陕西拥有爱生集团、羚控科技、西飞民机、华兴航空、安航航空等无人机设计制造单位约上百家。在通航直升机技术、卫星通信技术、数字化仿真技术等方面研发实力突出，为低空经济多元化应用提供了坚实技术支撑。

其三，科研供给环境有所改善。近年来，陕西加强创新资源统筹和力量组织，集聚创新资源、会聚创新人才，积极推进企业、高校、科研机构产学研深度融合，融通创新。建设秦创原创新驱动平台，推进包括航空制造在内的重点产业链关键技术攻关；深入推进科技成果转化"三项改革"，着力破

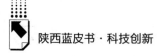

解科技成果转化中"不敢转""不想转""没钱转"难题,促进科技成果转化通道更加畅通、科教资源配置机制更加优化、创新创业创造活力充分释放。

三 陕西低空经济科技创新供给能力提升面临的挑战

与国内外先进水平相比,陕西低空经济科技创新供给方面仍存在一定差距,低空经济科技创新供给能力提升面临艰巨挑战,主要表现在以下几个方面。

(一)关键核心技术突破不够

陕西在精准定位、感知避障、自主飞行、智能集群作业等核心技术上还存在攻关能力薄弱、发展优势不明显等问题,尤其在固定翼飞机、无人机、eVTOL、飞行汽车等整机整车制造及动力系统、机载系统、飞控系统等关键系统、零部件,推进轻质、高强比材料开发等关键领域还需要继续发力。例如,无人机飞控系统生产所需的高端单片机、陀螺仪等产品进口依赖度依然较高,自主研发水平低,多数高端产品依赖国外厂商。无人机飞控系统上游原材料行业产品定价权多由国外厂商掌握,无人机飞控系统生产企业的议价能力较弱,造成产业链不可控,存在被"卡脖子"的风险。

(二)资源整合能力亟待加强

尽管陕西在无人机制造方面具有强大的制造能力和成本优势,但缺乏具备生态整合能力的龙头企业和产业组织,导致产业链中的企业更多地处于单打独斗的状态,低空核心零部件及关键材料的研发能力存在短板,整体发展势能不足。

(三)企业科技创新实力有待提升

近年来,陕西低空领域企业注册较多,普遍规模实力较弱,研发投入强度不高。从企业参与研发的类型和环节来看，企业的创新活动主要集中在试验开发，基础研究占企业研发投入较少，企业科技创新发展后劲不足。

（四）创新生态有待进一步改善

陕西在空域飞行、安全监管、激励与评价等方面政策配套建设滞后，与发展日益活跃的低空经济场景需求不匹配。同时，低空资源多数掌握在央企、军工企业、科研院所手里，由于体制差异、融合机制不畅，低空资源碎片化严重，资源配置效率不高。查询通用机场信息管理系统发现，截止到2024年1月，陕西已建成的通用机场占西北地区（含新疆）的32.5%，仅占全国的2.88%。

四 陕西低空经济科技创新供给能力提升的路径与策略

（一）加强关键核心技术攻关

低空经济的发展依赖关键核心技术的突破，这些技术不仅是低空飞行器制造和应用的基础，也是提升区域竞争力的关键所在。紧密结合区域低空产业发展基础和应用需求，对标国际领先水平，瞄准整机研发、关键零部件、核心系统，组织关键核心技术攻关。一是空地协同控制技术。空地协同控制技术是低空经济中一项关键技术，其有效性直接影响低空飞行的安全性和效率。加强空地协同控制技术的研发投入，实现复杂的空域环境中高效、可靠的协同控制。二是无人驾驶技术。低空经济发展离不开无人驾驶航空器的应用，持续加强无人机前沿技术研发，鼓励无人机企业与相关产业的合作与融合，提升无人机续航能力、载荷能力和环境适应性。三是通信技术。低空通信技术是保障低空飞行器安全、高效运行的基础。加快先进低空通信技术研发，提升通信的可靠性和安全性，提升复杂电磁环境下的通信效果。四是低空检测与监视技术。低空检测与监视技术是保障低空空域安全、提高低空飞行器运行效率的重要手段。加强低空检测与监视技术的研发，优化监视网络，提升监视的实时性和准确性。五是低空交通管理技术。加强低空交通管理技术的研发，提升交通管理的智能化水平，实现复杂空域环境的高效、安全管理。

（二）积极推进企业科技创新

企业能够有效连接技术和市场，以最快速度和最大力度将科学发现和技术发明转化为生产力，科技创新供给能力提升要充分发挥企业主体作用。一是培育发展科技创新企业。高技术企业、专精特新企业在科技创新、市场竞争力和产业链带动方面具有显著优势，是推动低空经济高质量发展的重要力量。应支持企业在技术研发、市场开拓和产业链整合等方面的投入。同时，搭建创新平台，促进技术研发和资源共享，培育发展更多的专精特新企业、高活力创新企业，发挥低空产业创新内生动力。二是强化以企业为主导的产学研融通创新。企业是创新的主体，制定和实施相关激励措施，支持引导企业与高校、科研机构合作，建立以企业为主导的联合研发中心，共同开展关键核心技术的攻关和应用，加速技术创新和产品研发转化，提升低空经济领域企业竞争力。三是促进科技成果转化。支持行业上下游头部企业联合高校、科研院所，开展产业链协同创新和模式创新，建立低空产业研发平台，开发满足不同行业、不同领域、不同层次的航线和低空消费产品，扩大低空经济的市场规模。同时，围绕现实痛点拓展空间，精心绘制产业图谱，广泛发掘能与低空经济产生化学反应的潜在场景，以创新赋能产业链再造、价值链提升。

（三）大力拓展应用场景创新

应用场景是牵引科技成果转化的驱动力，大力拓展低空应用场景创新，辐射带动低空产业发展。一是丰富低空文旅消费应用。推进陕西历史古迹、红色资源、自然人文资源创造性转化、创新性发展，通过低空运用模式和核心塑造，打造观赏型、体验型、消费型等多元化产品体系，形成低空游览、飞行培训、节庆赛事、空中航拍、医疗救护、航空科普等各类衍生产品，实现"低空旅游+"多业态发展。二是拓展公共服务应用场景。加大低空航空器在国土勘察、生态治理、农林植保、气象干预、抢险救灾、电力巡线、管网巡查、城市治堵、城市治安等场景的应用力度。三是大力发展低空物流应用场景。积极探索无人机在城市人口密集地区的末端物流配送模式，完善物流各环节数字化功能。四是推动以电动垂直起降飞行器（eVTOL）为主的新兴航空器应用。探索城际出行、联程接驳、空中通勤等空中交通场景，培育低空载人新业态。

（四）持续优化产业创新生态

低空经济的发展需要构建政策法规与标准体系、基础设施支撑体系、技术创新与人才培养体系，优化产业创新生态，强化保障支撑。一是完善相关配套政策。探索推进"先投后股、适时退出"的市场化机制、存量专利成果"先用后转"、科研团队"技术入股+现金入股"等先进模式，支持低空经济科技创新、产品创新、应用创新和服务创新。探索设立低空经济产业基金，鼓励金融机构开发多样化的低空金融产品；鼓励保险机构开发针对物流、载人、城市管理等的低空商业应用险种，提高商业场景契合度。支持低空经济企业通过上市融资、战略投资、兼并重组等方式做大做强，引导关联产业、上下游配套企业集聚，促进低空产业规模化、集群化发展。支持飞行管理、无人适航、安全保障等领域相关标准体系建设，积极争取一批地方低空标准上升为行业标准、国家标准和国际标准。二是加强数字基础设施建设，提升低空飞行的监控和管理水平。数字基础设施不仅包括通信网络和感知网络，还包括大数据中心、云计算平台等。积极构建"数字大脑"，融合发展5G、人工智能、大数据、天基互联网、云计算等前沿技术，以陆、海、天、网"一张图"管理基础设施、载具载荷等低空经济组成要素，以典型场景应用带动"路空一体"产业规模化、网络化、智能化发展。推进低空经济与物联网、大数据、人工智能、新能源等技术和产业融合发展，建立低空经济数字孪生系统，形成支撑低空经济的设施网、空联网、航路网、服务网，提高低空飞行器的监控和管理效率。三是强化人才支撑。随着低空经济发展不断提速，行业人才需求不仅数量增加，而且种类也在不断增长。据人社部报告预测，未来 5 年我国无人机装调检修工需求量约 350 万人、eVTOL 行业人才需求快速增长。为此要加强航空器生产企业与高校深度合作，推进职普融通、产教融合、科教融汇，在无人机工艺制造、操控、装配、调试、场景运营、飞行器维修服务等方面培养更多人才。建立完善人才引进机制，优化人才发展环境。四是提升智能管控水平。低空经济科技创新供给能力提升不仅关乎技术与产业的融合，还涉及低空空域的管理与优化。通过优化低空空域管理，提高空域资源配置效率，确保飞行器飞行的安全性和顺畅性。进一步建立完善相关法律制度，探索建立无人机使用申报、禁止事项清单，依法规范无人机使用，杜绝无序状态。同时，加强国际合作，引进国外先进的技术和管理经验，提升低空经济的国际竞争力。五是深化空域管理改革。空域是低空经济发展的空间载体，当前，我国低空空域资源使用面临审批流程复杂、资源利用不足等问题。为此，要简化审批流程、提高空域利用效率，加强跨部门协调，建立健全低空空域协同管理机制，及时研究解决重大事项和问题。积极参与国际空域管理交流与合作，借鉴国际先进经验，推动我国低空空域管理改革，提升我国在国际低空经济领域的地位和影响力。

参考文献

中国民用航空局：《"十四五"通用航空发展专项规划》，2022 年 6 月 13 日。

国家低空经济融合创新研究中心：《中国上市及新三板挂牌公司低空经济发展报告（2024）》，2024 年 9 月。

西安市重点产业链提升工作领导小组办公室：《西安市航空产业链提升方案（2022—2024）》。

前瞻产业研究院：《2024 年中国低空经济报告——蓄势待飞，展翅万亿新赛道》，2023 年 12 月 26 日。

36 氪研究院：《2024 年中国低空经济发展指数报告》，2024 年 9 月。

B.6
陕西制造业颠覆性技术创新阻抑因素
分析及应对策略研究

杨瑾 同智文*

摘 要： 在加快构建新发展格局大背景下，如何在外部技术来源不确定以及国家竞争加剧的条件下，探究陕西制造业颠覆性技术创新的规律，厘清颠覆性技术创新的阻抑因素和作用机理，并提出破解对策已成为一个重要的问题。本文从现有研究中归纳出对制造业颠覆性技术创新的影响方向存在矛盾的因素，进一步通过模糊集定性比较分析方法探究必要条件和因果复杂机制，结果发现：①陕西省制造业颠覆性技术创新是多个因素作用的复杂结果；②陕西省制造业存在两种亟待突破的颠覆性技术创新困境——"环境安逸型"与"市场迷信型"，以及两种示范性路径——"政府推动型"和"企业主导型"，为陕西制造业有效开展颠覆性技术创新活动提供决策依据。

关键词： 颠覆性技术创新 制造业 陕西

创新是引领发展的第一动力，是建设现代化经济体系的战略支撑。当前陕西综合科技创新水平指数低于全国平均水平，与上海、北京、广东等省市差距更大，加快建设高水平科技强省，亟待提升科技创新和科技成果转化实力。从产业角度来看，制造业已经成为陕西高质量发展重要引擎，更是陕西科技创新体系建设和科技强省建设的核心领域。然而，陕西制造业虽然规模

---

* 杨瑾，西北工业大学公共政策与管理学院教授，博士生导师，主要研究方向为制造业技术创新等；同智文，西北工业大学管理学院博士研究生，主要研究方向为技术创新管理。

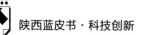

大、门类多，但产业层次总体偏低，产业结构偏重偏传统，整体处于产业链和价值链的中低端，创新能力有待提升。

颠覆性技术创新是实现关键核心技术自主可控的突破口，通过科学技术发现、重大核心技术的突破、现有技术的交叉融合，抑或现有技术在新场景的创新应用，另辟蹊径引领产品和服务发展，并重新配置价值体系，带来产业技术架构与组件的双重变革和市场颠覆，直接推动产业转型升级，引领技术及产业发展方向，为陕西制造业加快技术追赶、实现转型升级提供了新的路径选择。

挖掘制约当前制造业颠覆性技术创新的主要原因，把握颠覆性技术创新演进规律，营造有利于颠覆性技术创新的政策环境，推动陕西制造业转型升级和高质量发展，已成为陕西推动科技创新，加快关键核心技术攻关，推动产业链、创新链"两链"融合的核心任务之一。然而，对制造业颠覆性技术创新的研究尚处于初级阶段，缺乏来自中国制造业的实证分析。这集中反映在对制造业颠覆性技术创新产生过程的认识不够全面、深入，尤其是对多种因素交互作用引致的阻滞机理知之甚少，从而无法有效提出制造业颠覆性技术创新困境的破解对策。

据此，本文结合陕西制造业发展实际，通过文献研究和模糊集定性比较分析法（fsQCA），探究陕西制造业颠覆性技术创新的阻抑因素，确定导致颠覆性技术创新成功及失败的因素组态及相应的破解对策，为陕西制造业开展有组织的颠覆性技术创新活动并规避失败提供决策依据；同时，也可为有关决策部门制定促进陕西制造业创新驱动发展的相关产业政策提供决策参考。

一　陕西制造业创新能力发展现状

2021年以来，陕西省委、省政府部署推动秦创原创新驱动平台建设、深化科技成果转化"三项改革"，加快制造业核心技术攻关和产业化应用推广，鼓励企业牵头组建创新联合体，加速创新成果转化。推进实施"登高、升规、晋位、上市"四个工程,科技型企业培育实现量质双升。截至 2024 年 8 月,建成国家级制造业创新中心 1 家,省级制造业创新中心认定挂牌 21 家,国家认定企业技术中心 41 家,全省高新技术企业达到 1.61 万家,科创板上市企业达到 14 家。

2021 年 3 月,陕西省正式开启建设秦创原创新驱动平台(简称秦创原)——陕西目前最大最重要的孵化器和科技成果转化区。凭借秦创原,陕西科创发展的引擎不断增强。陕西省科技厅统计数据显示,在秦创原的带动下,三年来,陕西省科技型中小企业、高新技术企业、规模以上高新技术企业、"专精特新"企业数量分别达到 23940 家、16754 家、2426 家和 1408 家,分别是 2020 年的 2.96 倍、2.66 倍、2.05 倍和 2.43 倍。[①] 陕西省属企业研发经费投入增长了 2.57 倍,投入强度增长了 1.9 倍。陕西省发明专利拥有量突破 10 万件,万人高价值发明专利拥有量达到 9.96 件、居全国第 7 位。获批 3 个国家级创新型产业集群、6 个国家级中小企业特色产业集群和 1 个国家先进制造业集群。省级以上高新区达到 36 家,生产总值占全省的比重近 30%。[②] 制造业创新成果转化能力、科技成果产业化水平显著提高,研发出诸如国产大飞机、北斗导航系统、数控锥齿轮磨齿机、高速数控车削中心、特高压直流输变电设备、石油机械 2000~12000 米系列自动化钻机、石油钢管大口径螺旋焊管、8.8 米超大采高智能化采煤机、GTC-80 型钢轨探伤车、大功率定向钻机、3D 打印等一批拥有自主知识产权的新产品,国际市场占有率较高。

2021 年,陕西根据产业实际,围绕六大支柱十四个重点产业领域,同时考虑产业规模、现有优势、发展潜力等因素,筛选出航空、新能源汽车、数控机床和增材制造业等 24 条重点产业链。2024 年 3 月,陕西省委办公厅、省政府办公厅印发了《关于建立省重点产业链"链长制"工作机制的通知》,将 24 条省级重点产业链优化拓展为 34 条,积极构建产业链梯度培

---

① 关颖:《秦创原第一个三年行动计划全面超额完成》,《西安日报》2024 年 4 月 25 日。
② 关颖:《秦创原第一个三年行动计划全面超额完成》,《西安日报》2024 年 4 月 25 日。

育体系，推动产业链扩面提质，累计培育产业链专精特新企业 1126 家、产业链制造业单项冠军企业 61 家、省级链主企业 120 家；建立产业链"一链一清单"，确定投资 1 亿元以上产业链项目 300 个。①

然而，陕西制造业领域技术"卡脖子"状况依然较为严重，突出表现为陕西制造业整体创新研发能力仍然偏弱，如机床整机及关键部件领域，缺乏高速高精、多轴联动、复合加工等关键核心技术；又如 3D 打印技术的研发和应用面临打印材料的种类和性能、打印过程的精度控制等技术瓶颈；在材料科学与应用领域，面临高性能材料研发、材料力学行为表征与评价等挑战；能源化工产业虽然是陕西支柱产业，但省内研发能力不足，核心技术大部分来自省外研究机构。

上述关键核心技术尚未突破，意味着陕西制造业核心技术研发攻关能力，尤其是颠覆性技术创新能力亟待加强。因此，为了促进陕西制造业颠覆性技术创新能力提升，本文通过 fsQCA 等定性与定量相结合的研究方法，在对陕西典型案例企业颠覆性技术创新过程中的关键阻抑因素进行系统梳理和归纳的基础上，探索不同层面阻抑因素之间的组态效应对陕西制造业颠覆性技术创新的影响，厘清其中的作用机理，为破解陕西制造业颠覆性技术创新阻抑因素的路径选择提供决策依据。

二 颠覆性技术创新

颠覆性技术（Disruptive Technology）的概念最早由 Bower 和 Christensen 提出，界定为通过改变已有技术范式，替代现有主流技术，产生新的产品和服务功能，对产业或市场格局具有破坏性、颠覆性影响的一类技术。随后，Ganguly 等认为颠覆性技术可以是一系列已有技术的组合，也可以是一种全新技术，并提出了技术颠覆作用的基本过程。② 黄鲁成等则进一步强调颠覆

---

① 《陕西以"链长制"推动制造业高质量发展》，《陕西日报》2024 年 7 月 8 日。
② Ganguly A, Nilchiani R, Farr J V, "Defining a set of metrics to evaluate the potential disruptiveness of a technology", *Engineering Management Journal* 2010, 22（1）：34-44.

性技术遵循自下而上的性能轨道，以新技术属性集为依据引入新竞争平台，替代现有技术范式，改变企业技术竞争态势。① 概括而言，颠覆性技术能提供全新功能、不连续的新技术标准以及新所有制形式，并且可以改变市场标准和消费者期望，具有异轨性、覆盖性、创造性、抵抗性和替代性等五大特征。

在颠覆性技术概念的基础上，Christensen 提出了颠覆性创新（Disruptive Innovation）的概念，他认为颠覆性创新并非沿主流市场需求维持或持续改进，而是通过非连续性创新给现有市场带来新价值并拓宽市场。② 此后，学者们分别从颠覆性创新的内涵、特征、策略与路径等方面做了许多探索性研究，研究的切入点也呈现从单一技术突破逐步拓展至价值网络的演化趋势。颠覆性技术创新的多来源、有结构、有跨度、有尺度、有层次、多路径等内涵特征得到了广泛认可。③

颠覆性技术创新可以为后发企业在技术、产业和商业模式等方面带来竞争优势④，尤其是相对于自主创新和模仿式创新，优势不明显的企业通过颠覆性技术创新对于自身实力更具有提升效果。黄宁和张国胜也指出后发企业或国家只有在"机会窗口"时期率先进入新的技术轨道或创造另一个技术轨道才有实现赶超的可能⑤，而成功的超越依赖于关键部分的颠覆性技术创新。随着学界对颠覆性技术创新内涵的不断扩展深化，颠覆性技术创新由低端颠覆（与现有技术具有相似特点但成本更低的技术引发低端颠覆性技术创新）逐步扩展为高端颠覆（创造全新市场需求的新技术引致高端颠覆性技术创新），后者的技术激进性远强于前者。此外，根据技术

---

① 黄鲁成、成雨、吴菲菲、苗红、李欣：《关于颠覆性技术识别框架的探索》，《科学学研究》2015 年第 5 期。

② CHRISTENSEN CM., The innovator's dilemma: When new technologies cause great firms to fail (Boston: Harvard Business School Press，1997).

③ 刘安蓉等：《颠覆性技术概念的战略内涵及政策启示》，《中国工程科学》2018 年第 6 期。

④ 樊志文等：《营销能力对后发企业颠覆性创新影响研究——IT 能力的调节作用》，《财经论丛》2020 年第 1 期。

⑤ 黄宁、张国胜：《演化经济学中的技术赶超理论：研究进展与启示》，《技术经济》2015 年第 9 期。

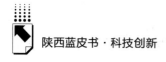

来源，还分为原始技术型、技术交叉融合型和技术交叉应用型颠覆性技术创新。

本文认为制造业颠覆性技术创新是打破传统制造技术体系和认知模式，以新技术和新场景应用为突破口，通过非主流技术的突破和迅速应用，引发部分替代或颠覆现有主流技术从而实现跨层次、跨领域的技术轨道跃迁或场景创新应用的非线性过程。它可以另辟蹊径攻克关键技术难题或触发新的、超过客户预期的性能和价值主张，进而带来工具设备、生产方式、交易模式和运维服务等各方面的根本变革。

颠覆性技术创新是一个包含诸多因素的复杂动态过程，因素间的多元联动已成为分析颠覆性技术创新过程中不可忽略的理论事实。虽然已有学者意识到颠覆性技术创新的复杂多维前因问题，然而受制于传统定性和定量研究方法，无法有效解释和厘清多个因素间交互影响的理论内涵及其对制造业颠覆性技术创新的作用机理。

三　模型建构

基于已有研究成果及"结构—战略—环境"理论框架，构建颠覆性技术创新影响因素的理论模型，探索促进和阻抑颠覆性技术创新的因果复杂机制。

（一）结构层面

从资源基础观出发，资源配置惯性的存在会使企业将资源更多配置于投资回报率更高的活动中[1]，因而更倾向于选择面向主流市场的渐进性技术创新活动，从而忽视颠覆性技术创新。此外，由于颠覆性技术创新和渐进性技术创新在流程、价值观以及认知机制等方面存在较大差异，在组织内同时管理主流业务和颠覆性业务的企业往往会走向失败，建立专门进行颠

---

[1]　尚甜甜等：《资源约束下颠覆性创新过程机制研究》，《中国科技论坛》2021 年第 1 期。

覆性技术创新的独立组织则有助于打破原有流程和价值主张从而摆脱"创新者窘境"。[①] 但将孵化颠覆性技术创新的组织与原有组织分离，尽管可能会保护颠覆性技术创新项目免受原有组织的干扰，然而代价是组织之间的协同效应不复存在，开展颠覆性技术创新不可或缺的知识、能力和资源来源一定程度上也会被阻断，因此建立专门开展颠覆性技术创新组织的企业最终仍可能会面临创新失败。产生以上分歧的原因可能是，建立独立组织并非影响颠覆性技术创新的唯一因素，将其与不同因素组合可能会导致不同的结果发生。

（二）战略层面

企业价值观、外部资源获取、资源配置已成为影响颠覆性技术创新的公认因素。鉴于战略导向不仅可以引导企业特定价值观的形成，还能指引企业对外部资源的搜寻，以及决定资源配置的方向和方式[②]，本文在战略层面关注战略导向对颠覆性技术创新的影响，聚焦市场导向和技术导向。

市场导向提倡迅速捕捉市场信息，进而制定并实施战略计划，反映"需求拉动"理念。市场导向不仅包含满足客户已表达的需求，还致力于理解和满足客户的潜在需求，一定程度上有助于颠覆性技术创新。然而，相较于当前市场，管理者对潜在市场的预测偏差往往较大，因而致力于满足潜在需求存在较大风险性。因此，以市场为导向的企业实际上会将大量资源用于直接解决现有客户未满足的需求，往往是对现有产品、服务和信息组合的优化，而不太可能倾向于满足未知需求，即有利于渐进性技术创新而不利于颠覆性技术创新。由此发现，市场导向对颠覆性技术创新的影响方向有待进一步厘清。

技术导向指企业致力于通过引进或探索新技术，获取技术领先优势进而创造新需求和新价值的倾向，反映"技术推动"理念。技术导向型企业认

---

① Govindarajan V , Kopalle PK, "The usefulness of measuring disruptiveness of innovations Ex Post in making EX Ante predictions", *Journal of Product Innovation Management* 2006, 23（1）: 12-18.

② 王炳成等：《互联网服务型企业商业模式创新的组态研究——基于战略和资源视角》，《管理学刊》2022年第2期。

为技术知识是竞争优势的关键来源[1]，因而有强烈的动机与科研院所等机构合作研究新技术，在此过程中技术灵活性、探索式创新能力得以增强，更有可能通过引入新的价值主张"重新定义"市场，实现颠覆性技术创新。然而，技术导向型企业的重心往往是对新资源的探索，而不是对现有资源的重新利用，更倾向于以高端技术为偏好研制出更优质的产品[2]，反而忽略了"足够好"的低端颠覆性技术创新。因此，技术导向能否助力企业的颠覆性技术创新仍需进一步探究。

（三）环境层面

环境动态性反映环境的变化速度和不稳定程度。环境动态性越强，越容易出现新兴的或未被发现的利基市场，为企业提供了打破当前市场的机会，有助于企业打破组织惯例，从而推动颠覆性技术创新。但与此同时，实施颠覆性技术创新尤其是"0到1"的颠覆性技术创新面临很大的风险，动态环境也导致技术、需求等不断变化，进一步加大了开展颠覆性技术创新的不确定性。因此处于高动态环境下的企业开展颠覆性技术创新的意愿可能并不强。总之，高度变化的环境在带来颠覆性技术创新机会的同时也隐藏着创新威胁，环境动态性因此成为影响颠覆性技术创新的重要因素。

在实际经济活动中，脱离政府干预的颠覆性技术创新少之又少。颠覆性技术创新在短期内往往不易实现，存在诸多风险。而政府创新干预不仅可以弥补颠覆性技术创新激励不足，还可以降低企业进行颠覆性技术创新的风险，从而提升颠覆性技术创新意愿和效率[3]，成为颠覆性技术创新的关键。然而，并非所有的政府创新干预都能达到预期创新效果，政府创新干预在开

[1] Schulze A, Townsend J D, Talay MB, "Completing the market orientation matrix: The impact of proactive competitor orientation on innovation and firm performance", *Industrial Marketing Management* 2022, 103: 198-214.

[2] 周琪等：《战略导向对企业绩效的作用机制研究：商业模式创新视角》，《科学学与科学技术管理》2020年第10期。

[3] 周珊珊、孙玥佳：《政府补贴与高技术产业持续适应性创新演化》，《科研管理》2019年第10期。

展颠覆性技术创新活动的过程中具备"双重"身份。[①]

基于结构—战略—环境框架的主要因素与颠覆性技术创新关系的探讨，不难发现这些因素之间以及因素与颠覆性技术创新之间并非基于简单对称且恒定的线性关系，而是以交互甚至相互矛盾的方式结合在一起。据此，本文基于系统整体观和组态视角，构建了制造业颠覆性技术创新的理论模型，如图1所示。在此基础上探究上述因素之间如何匹配会促进或阻抑制造业实现颠覆性技术创新。

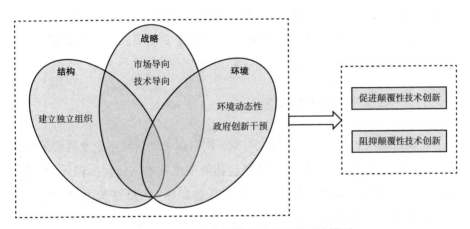

图1　促进及阻抑颠覆性技术创新的理论模型

注：笔者根据相关文献整理汇制。

四　实证研究

（一）研究方法

基于以上分析可知，颠覆性技术创新涉及结构、战略和环境3个层面的5个因素，因素之间存在相互依赖关系并且因素与结果之间存在非对称因果

---

① 孟凡生、赵艳：《智能化发展与颠覆性创新》，《科学学研究》2022年第11期。

关系。假定解释变量之间相互独立的传统回归方法无法解决此类复杂因果问题，而基于组态理论的定性比较分析法（QCA）提供了解决此类问题的研究工具，有助于理解多个因素如何相互作用进而促进或制约颠覆性技术创新。另外，由于 QCA 方法是案例导向而非变量导向，因而可以从源头上规避传统回归方法存在的遗漏变量偏差等问题。此外，上述条件和结果多为连续变量，相较于清晰集定性比较分析（Crisp-set Qualitative Comparative Analysis，csQCA）和多值集定性比较分析（Multi-value Qualitative Comparative Analysis，mvQCA），模糊集定性比较分析（Fuzzy-set Qualitative Comparative Analys，fsQCA）可以处理关于程度变化以及部分隶属的问题，具有较高的数据精度，更适用于本研究。

（二）样本选择与数据来源

以陕西制造业上市企业为研究对象，同时保证所选样本企业既要包括颠覆性技术创新程度较高的样本，又要包括颠覆性技术创新程度较低的案例，以满足 QCA 方法对样本差异性的要求；确定 2018~2023 年为本研究的样本期，前因条件和结果均使用 2018~2023 年数据；剔除在样本期内被标注为 ST 或 *ST 的经营状态异常的企业；剔除存在严重数据缺失的企业。最终，样本企业共计 22 家，符合 QCA 方法对样本量至少为 2^{n-1}（n 为前因条件的个数）的要求，样本企业如表 1 所示。所有数据来源于中国研究数据服务平台 CNRDS、国泰安 CSMAR 数据库、上市公司企业年报、企业官网新闻、中国知网等学术文献数据库上公开发表的研究文献以及权威媒体有关案例企业的新闻报道。

表 1　样本企业基本情况

行业	样本企业简称
计算机、通信和其他电子设备制造业	烽火电子、中航电测、天和防务、晨曦航空、派瑞股份、彩虹股份

行业	样本企业简称
铁路、船舶、航空航天和其他运输设备制造业	炼石航空、三角防务、航发动力
通用设备制造业	秦川机床、达刚控股、铂力特
电气机械和器材制造业	保力新、宝光股份、隆基绿能、中国西电、陕鼓动力
专用设备制造业	中环装备、标准股份、航天动力、建设机械、三达膜

（三）测量和校准

1. 结果变量

颠覆性技术创新（DTI）：借鉴孟凡生和赵艳的研究，采用当年发明专利申请量衡量颠覆性技术创新。

2. 前因条件

建立独立组织（EIO）：企业可采取独立公司、自主事业单位、技术创新中心或创意团队等形式来建立相对独立于主流业务的组织，故使用四值赋值法（0，0.33，0.67，1）衡量建立独立组织，其中"1"代表完全隶属，"0.67"代表偏隶属，"0.33"代表偏不隶属，"0"代表完全不隶属。赋值标准为：为开展颠覆性技术创新而建立独立公司赋值为1；建立自主事业单位赋值为0.67；建立技术创新中心或创意团队赋值为0.33；未建立任何独立组织赋值为0。

市场导向（MO）和技术导向（TO）：借鉴 Thomas 等[①]的做法，使用营销密集度和研发密集度分别作为市场导向和技术导向的代理变量，即用销售费用与总销售额的比值衡量市场导向，用研发费用与总销售额的比值衡量技术导向。

环境动态性（ED）：用企业过去5年销售收入的标准差衡量环境动态

---

① Thomas A S, Litschert RJ, Ramaswamy K., "The performance impact of strategy-manager coalignment: An empirical examination", *Strategic Management Journal* 1991, 12 (17): 509 - 522.

性，销售收入波动幅度越大，表明企业所处的环境动态性越强。[1]

政府创新干预（GII）：遵照郭玥[2]的研究，使用关键词检索的方法对企业年报披露的政府补助具体项目名称进行筛选，将与技术创新及其成果、政府科技支持创新政策、创新人才及技术合作、新兴技术或战略性新兴产业领域的专有名词相关的政府补助项目确定为政府创新补助项目，然后汇总所有政府创新补助的项目金额，最终用政府创新补助金额/企业总资产衡量政府创新干预。

条件和结果的说明及描述性统计见表2。其中，颠覆性技术创新最小值为0，最大值为598，标准差为125.4341，表明样本企业的颠覆性技术创新实现程度存在较大差异，为后续组态研究提供了解释空间。

表2 条件和结果的说明及描述性统计

条件和结果	说明	数据来源	描述性统计			
			均值	标准差	最大值	最小值
颠覆性技术创新	发明专利申请量	中国研究数据服务平台、国泰安数据库、企业年报	43.7727	125.4341	598	0
建立独立组织	使用四值赋值法衡量	企业年报、企业官网新闻、研究文献以及权威媒体新闻报道	—	—	1	0
市场导向	销售费用/总销售额	中国研究数据服务平台	0.031	0.0215	0.0837	0.0048
技术导向	研发费用/总销售额	中国研究数据服务平台	0.0473	0.0415	0.1655	0.0014
环境动态性	2016~2020年销售收入的标准差	中国研究数据服务平台	147833.5	327459.6	1531069	3697
政府创新干预	政府创新补助金额/企业总资产	企业年报、中国研究数据服务平台	0.0069	0.0121	0.0536	0.0001

[1] 王新成等：《环境动态性与创新战略选择——企业创业导向和技术能力的调节作用》，《研究与发展管理》2021年第4期。

[2] 郭玥：《政府创新补助的信号传递机制与企业创新》，《中国工业经济》2018年第9期。

在进行 fsQCA 分析之前，需要对已收集的数据进行校准，即将建立独立组织、市场导向、技术导向、环境动态性、政府创新干预和颠覆性技术创新都分别视作一个集合，为样本在每个集合维度上赋予 0~1 的数值，以此评估每个样本隶属于每个集合的程度。使用四值模糊集校准法校准数据，即将 25、50 和 75 分位数分别作为完全不隶属点、交叉点和完全隶属点，各校准锚点如表 3 所示。

表 3　条件和结果的校准锚点

条件和结果	完全隶属点	交叉点	完全不隶属点
颠覆性技术创新	84.25	11	0.1
市场导向	0.074	0.0265	0.0065
技术导向	0.1465	0.0371	0.0064
环境动态性	385409.2	42085	6442.25
政府创新干预	0.0224	0.002	0.0002

注：由于"建立独立组织"采取四值赋值法衡量，无须进行校准，故不在表 3 中。

（四）单个条件的必要性分析

在进行组态充分性分析之前，首先应该进行单个条件及其非集的必要性检验，以探究是否存在驱动或者阻碍颠覆性技术创新的必要条件，当一致性水平大于 0.9 时，则可认为该前因条件是结果的必要条件，结果如表 4 所示。

表 4　必要性分析

条件	颠覆性技术创新		~颠覆性技术创新	
	一致性	覆盖度	一致性	覆盖度
建立独立组织	0.8602	0.5541	0.6163	0.5492
~建立独立组织	0.3001	0.3611	0.4996	0.8318
市场导向	0.6251	0.5591	0.5740	0.7103
~市场导向	0.6761	0.5342	0.6437	0.7038

续表

条件	颠覆性技术创新		~颠覆性技术创新	
	一致性	覆盖度	一致性	覆盖度
技术导向	0.6674	0.6235	0.5662	0.7318
~技术导向	0.7129	0.5429	0.7087	0.7467
环境动态性	0.7259	0.7082	0.4558	0.6152
~环境动态性	0.6056	0.4458	0.7839	0.7982
政府创新干预	0.5363	0.5215	0.5545	0.7461
~政府创新干预	0.7389	0.5452	0.6444	0.6578

注：~表示逻辑运算的非。

由表4可知，所有前因条件及其非集的一致性水平均低于0.9，说明各前因条件不是促进或阻抑颠覆性技术创新的必要条件，即颠覆性技术创新实现与否是多个因素交互作用的结果，而非由单个因素主导。因此需要进一步对上述5个前因条件和结果进行组态充分性分析，从而剖析促进及阻抑颠覆性技术创新的条件组合。

（五）组态充分性分析

分别对结果"颠覆性技术创新"和"~颠覆性技术创新"进行充分性分析，以探究促进和阻抑颠覆性技术创新的前因组态。参考现有研究，将一致性阈值设置为0.8，PRI一致性阈值设置为0.7[①]，鉴于案例数量为22个，属于中小样本，故将案例频数阈值设定为1。

运用fsQCA3.0软件对模糊集数据进行分析，即假设5个前因条件"出现与否"都有可能促进或阻抑颠覆性技术创新，最终得到不包含逻辑余项的复杂解、包含部分符合理论或实践的逻辑余项的中间解，以及包含所有逻辑余项的简约解。一般而言，同时出现在简约解和中间解中的为核心条件，仅出现在中间解中的为边缘条件，结果如表5所示。

---

① 杜运周等：《什么样的营商环境生态产生城市高创业活跃度？——基于制度组态的分析》，《管理世界》2020年第9期。

表5 促进／阻抑颠覆性技术创新的组态

条件	促进颠覆性技术创新的组态		阻抑颠覆性技术创新的组态			
	S1	S2	NS1a	NS1b	NS2a	NS2b
建立独立组织	⊗	●	⊗	⊗	●	⊗
市场导向	⊗	●	⊗	•	●	●
技术导向	⊗	●	•		⊗	⊗
环境动态性	●	●	⊗	⊗	⊗	•
政府创新干预	●	⊗		•	⊗	⊗
一致性	1.0000	0.9260	0.9663	0.9124	0.9484	0.9432
原始覆盖度	0.1343	0.3120	0.2467	0.1794	0.3023	0.1300
唯一覆盖度	0.0791	0.2568	0.1104	0.0338	0.1973	0.0627
总体解的一致性	0.9401	0.9507				
总体解的覆盖度	0.3911	0.5733				

注："●"代表核心条件存在，"•"代表边缘条件存在，"⊗"代表核心条件缺失，"⊗"代表边缘条件缺失，空白表示条件既可存在也可不存在。

促进颠覆性技术创新的2种组态的一致性分别为1.0000和0.9260，总体一致性为0.9401，均高于一致性阈值0.8，表明这两种组态均为促进颠覆性技术创新的充分条件，且两种组态总体上也构成了促进颠覆性技术创新的充分条件；总体覆盖度为0.3911，表明这两种组态对颠覆性技术创新的实现机制有实质解释力。阻抑颠覆性技术创新的组态有4种，单个组态的一致性分别为0.9663、0.9124、0.9484和0.9432，4种组态的总体解的一致性为0.9507，同样均高于一致性阈值0.8，表明这4种组态中的每一种均为阻抑颠覆性技术创新的充分条件，且4种组态总体上也构成了阻抑颠覆性技术创新的充分条件；总体覆盖度为0.5733，表明这4种组态对颠覆性技术创新的阻抑机制具备较好的解释力。

1. 促进颠覆性技术创新的组态分析

政府创新干预是政府行为，建立独立组织、市场导向和技术导向是企业行为，故将S1和S2分别命名为政府推动型组态和企业主导型组态。

（1）政府推动型。组态S1是指在高动态性的环境中颠覆性技术创新主要由政府驱动。动态环境虽然为颠覆性技术创新提供了资源基础和开展动机，但与此同时也加大了进行颠覆性技术创新的风险，而政府创新干预则有助于突破颠覆性技术创新活动所面临的资源瓶颈，作为环境动态性的对冲力量抵御风险，助力企业实现颠覆性技术创新。

（2）企业主导型。组态 S2 是指在动态环境中颠覆性技术创新主要受企业自身驱动。当企业所处环境高度变化且政府创新干预不足时，往往会产生强烈的危机感，形成迫切追求颠覆性技术创新的动力。适宜的战略导向有助于企业把握颠覆性技术创新机遇，有助于技术合作的开展，获取开拓新市场的先发优势。此外，技术导向与市场导向的结合鼓励企业打破既定框架，摆脱只关注既有市场的短视行为。从原组织中剥离出专门孵化颠覆性技术创新的组织，或者新建拥有自主价值观、资源、流程和盈利模式的颠覆性技术创新组织，可以避免原组织对颠覆性技术创新活动的干扰，推动颠覆性技术创新。

2. 阻抑颠覆性技术创新的组态分析

当前，陕西制造业颠覆性技术创新能力有待提升，分析阻抑颠覆性技术创新的条件组态更具战略意义。将表 5 中得到的 4 种阻抑陕西制造业颠覆性技术创新组态合并归纳为 2 种典型组态。

（1）环境安逸型。组态 NS1a 以市场导向缺失和技术导向存在为边缘条件，政府创新干预则无关紧要，表示在相对平稳的环境下，未进行组织结构变革的技术导向型企业无论是否受到政府的创新干预，都难以实现颠覆性技术创新。组态 NS1b 以市场导向和政府创新干预为边缘条件，而技术导向则无关紧要，表示在相对平稳的环境下，未进行组织结构变革的市场导向型企业即便受到了政府重视，也无法实现颠覆性技术创新。二者均显示在相对安逸的环境下，企业面临的外部压力较小，主营业务往往表现良好，降低了企业的颠覆性技术创新意愿，也加剧了技术创新的路径依赖性，企业主动进行组织结构变革的动力不强，进一步加大了颠覆性技术创新难度，因此将NS1a 和 NS1b 归纳为环境安逸型组态。

（2）市场迷信型。NS2a 以建立独立组织和~环境动态性为边缘条件，表示在相对平稳的环境中，若市场导向型企业缺乏政府创新支持，即使建立了专门孵化颠覆性技术创新的组织也不易实现颠覆性技术创新。NS2b 表示当面临政府支持不足及环境高度变化的双重压力时，企业开展颠覆性技术创新的风险成倍增大，无心且无力实行市场—技术双元战略导向以及建立独立组织等结构变革，倾向于维持原有组织结构以及实施单一的市场导向战略，阻碍了企业追求满足未知需求的步伐，制约了颠覆性技术创新。二者均显示出处于环境压力下的企业若仅重视市场而轻视技术，颠覆性技术创新就会受到制约，故将其归类为市场迷信型组态。

3. 组态间分析

（1）单个条件分析。虽然 5 个前因条件均不单独构成颠覆性技术创新的必要条件，但环境动态性作为核心条件同时出现在促进颠覆性技术创新的 2 个组态中；而在 4 条阻抑颠覆性技术创新的组态中，缺失环境动态性的有 3 条，环境动态性对颠覆性技术创新的阻抑作用在另 1 条组态中也得到了明确体现，说明环境动态性是陕西制造业实现颠覆性技术创新的关键因素。

（2）条件间的替代关系分析。若两个因素（或因素组合）分别与同一种因素（或因素组合）结合会导致同一结果发生，则认为二者存在互替性。① 首先，对比 S1 和 S2，发现在动态环境下，"～建立独立组织、～市场导向、～技术导向、政府创新干预"的因素组合可以和"建立独立组织、市场导向、技术导向、～政府创新干预"的因素组合相互替代，表明在一定条件下，政府和企业都可作为颠覆性技术创新的主要推动力量，与环境动态性协同匹配，通过殊途同归的方式实现颠覆性技术创新。其次，对比 NS1a 和 NS1b，发现在特定情境下，"～市场导向、技术导向"的因素组合与"市场导向、政府创新干预"的因素组合之间存在替代关系，说明对于平稳环境下已建立相对独立的颠覆性技术创新组织的企业来说，重技术、轻市场的策

---

① 张驰等：《定性比较分析法在管理学构型研究中的应用：述评与展望》，《外国经济与管理》2017 年第 4 期。

略与重市场、取得政府创新支持的策略会以不同的方式对颠覆性技术创新产生同样的阻抑作用。

如果两个因素（或因素组合）无法共存于任何一个引致结果的组态中，也可认为这两个因素（或因素组合）之间存在互替性。对比 S1 和 S2，发现技术导向和政府创新干预在 S1 和 S2 中均未同时出现，说明技术导向和政府创新干预可以通过等效替代的方式分别与其他因素组合最终实现颠覆性技术创新。此外，对比 NS1a、NS1b、NS2a 和 NS2b，发现建立独立组织与环境动态性均未同时出现，说明二者在阻抑颠覆性技术创新的过程中存在替代性，意味着对于重市场、轻技术并且未获得足够政府创新支持的企业，即使建立独立组织也无法实现颠覆性技术创新。同样，市场导向和技术导向均未在一个组态中同时出现，体现了二者在阻抑颠覆性技术创新机制中的替代性，说明单一战略导向是阻碍陕西制造业颠覆性技术创新的关键原因。

（3）条件间的互补关系分析。如果两种因素在所有组态中同时出现或者同时不出现，则认为二者之间存在互补关系。对比 S1 和 S2，发现市场导向和技术导向在 S2 中同时出现，在 S1 中同时不出现，说明市场导向和技术导向在促进颠覆性技术创新的过程中具有互补性，意味着市场导向与技术导向双轮驱动，在组织结构变革的有力支持下，与动态环境良性耦合，能够有效促进颠覆性技术创新。

五　结论与政策建议

（一）研究结论

第一，根据必要性检验结果，陕西制造业颠覆性技术创新并不依赖于结构、战略、环境层面的单个因素，需要同时关注多因素的综合作用。

第二，存在"政府推动型"和"企业主导型"两种促进颠覆性技术创新的组态，以及"环境安逸型"和"市场迷信型"两种阻抑颠覆性技术创新的组态。

第三，所得组态体现了陕西制造业颠覆性技术创新的多重实现和阻抑方式。阻抑颠覆性技术创新的原因（NS1a、NS1b、NS2a、NS2b）并非促进颠覆性技术创新的条件（S1、S2）的简单取反，反映了制造业颠覆性技术创新的复杂性。

第四，在推动颠覆性技术创新的过程中，"～建立独立组织、～市场导向、～技术导向、政府创新干预"的因素组合与"建立独立组织、市场导向、技术导向、～政府创新干预"的因素组合、"技术导向"与"政府创新干预"在特定条件下存在相互替代关系；另外，在特定情况下，"～市场导向、技术导向"与"市场导向、政府创新干预"、"建立独立组织"与"环境动态性"、"市场导向"与"技术导向"会通过等效替代的方式分别与其他因素组合对颠覆性技术创新起到阻抑作用。

第五，市场导向和技术导向在特定条件下存在互补关系，二者相互结合有助于企业应对复杂环境，以"1+1＞2"的效果推动颠覆性技术创新的实现。

（二）政策建议

第一，结构—战略—环境三重条件的组合通过殊途同归的方式促进或阻抑颠覆性技术创新，充分反映了制造业颠覆性技术创新的复杂性，说明促进或阻抑颠覆性技术创新的路径绝非千篇一律，政府或企业在资源约束下不可能同时兼顾所有条件，意味着政府部门和制造企业要立足实际，依托当地环境和自身禀赋选择适合的创新路径，重视关键力量的匹配。政府有关部门在制定相关政策时，对各因素与颠覆性技术创新关系的思考不能进行非此即彼的简单判断，既不能简单地认为促进颠覆性技术创新经验的反面就是颠覆性技术创新表现不佳的教训，也不能盲目认为只要彻底改变阻抑制造业颠覆性技术创新的因素就能激发颠覆性技术创新，而应从系统视角出发整体考虑各项因素的组合匹配，制定推动陕西制造业颠覆性技术创新的政策组合拳。

第二，鉴于环境动态性对颠覆性技术创新的重要作用，政府相关部门应科学研判环境动态性的合理范围，在厘清环境动态发展特征的基础上适时适当加以精准调控，塑造支持颠覆性技术创新的技术和市场环境，充分发挥动态环境对颠覆性技术创新的催化和引导作用。在动态环境中，政府创新干预虽然能够帮助企业减小颠覆性技术创新风险，但当企业自身有充足资源且实施市场和技术双元战略，并将从事颠覆性技术创新的部门与原有组织分离时，较少的政府创新干预反而会促进制造企业颠覆性技术创新。这表明政府有关部门在对制造企业进行创新干预时，应考虑作为颠覆性技术创新驱动主体的企业和政府之间的替代关系，针对特定行业、特定类型的制造企业制定差异化政策亦可促进企业构筑颠覆性技术创新优势。

第三，陕西制造企业应保持对前沿技术和环境变化的敏锐性，及时捕捉技术发展和市场环境的变化情况，把握动态环境带来的机遇和挑战，将其转化为促进企业颠覆性技术创新的动力源；同时，应警惕平稳环境可能引发的组织惰性对企业颠覆性技术创新的阻碍作用，陕西制造企业应结合行业技术发展趋势以及企业自身发展战略，加强未来技术研判，未雨绸缪，构建灵活的研发组织结构，有效配置资源，持续开展企业颠覆性技术创新活动。

第四，鉴于技术导向和政府创新干预的替代性以及企业对政府创新干预的不可控性，陕西制造企业应意识到颠覆性技术创新的关键在于技术导向战略，尤其是对未能获得政府创新支持的制造企业，更应采取技术导向战略，加大研发投入力度，同时结合其他因素协同推进企业颠覆性技术创新。此外，陕西制造企业开展颠覆性技术创新的过程中，要充分重视市场导向战略与技术导向战略的互补关系，平衡并融合市场和技术两种战略导向，避免单一战略导向对企业颠覆性技术创新的阻抑作用。

参考文献

Christensen C M, Bower J L., "Customer power, strategic investment, and the failure of leading firms", *Strategic Management Journal* 1996, 17（3）: 197-218.

Christensen C M., *The innovator's dilemma：When new technologies cause great firms to fail*（Boston：Harvard Business School Press，1997）.

黄鲁成、成雨、吴菲菲、苗红、李欣：《关于颠覆性技术识别框架的探索》，《科学学研究》2015 年第 5 期。

孟凡生、赵艳：《智能化发展与颠覆性创新》，《科学学研究》2022 年第 11 期。

Fiss P C，"Building better causal theories：A fuzzy set approach to typologies in organization research"，*Academy of Management Journal* 2011，54（2）：393-420.

〔比〕伯努瓦·里豪克斯、〔美〕查尔斯 C. 拉金编著《QCA 设计原理与应用：超越定性与定量研究的新方法》，杜运周、李永发等译，机械工业出版社，2017。

产业创新篇

B.7
陕西因地制宜发展新质生产力的路径研究

陕西省社会科学院课题组*

摘　要： 发展新质生产力是推动高质量发展的内在要求和重要着力点。本文在系统考察新质生产力发展的关键及实践要求的基础上，对陕西发展新质生产力具备的基础条件和面临的挑战进行研判分析。结果发现，一些领域关键核心技术取得革命性突破、新产业新模式新动能稳步壮大、高活力企业群体加快成长等为陕西发展新质生产力创造了良好的基础条件。同时，高质量科技供给能力不足、科技成果转化能力偏弱、要素配置效率不高等成为陕西发展新质生产力面临的主要问题。针对上述突出问题，本文研究提出要统筹推进科技创新、产业创新、模式创新、体制机制创新，努力探索出一条符合实际发展理念的先进生产力质态发展道路。

---

* 课题组组长：吴刚，陕西省社会科学院经济研究所研究员，主要研究方向为工业经济、新兴产业及科技创新。成员：刘晓惠，陕西省社会科学院助理研究员，主要研究方向为区域经济与高质量发展；协天紫光，陕西省社会科学院助理研究员，主要研究方向为技术经济学；刘立云，陕西省社会科学院副研究员，主要研究方向为国民经济、产业发展。

关键词： 新质生产力 高质量发展 陕西

习近平总书记关于发展新质生产力的重要论述，开辟了马克思主义生产力理论中国化时代化新境界，为抢占新一轮全球科技革命和产业变革制高点、建设现代化强国提供理论指引和行动指南。党的二十届三中全会审议通过的《中共中央关于进一步全面深化改革 推进中国式现代化的决定》要求"健全因地制宜发展新质生产力体制机制"。陕西科教人才实力强劲、国家战略腹地作用突出，应抓住战略机遇，因地制宜发展新质生产力，努力开创科技强到企业强、产业强、经济强的新路子，更好服务构建新发展格局，推动高质量发展。

一 深刻把握新质生产力发展的关键及实践要求

新质生产力代表科技革命和产业变革的新趋势，是符合新发展理念的先进生产力，具有高科技、高效能、高质量特征。因地制宜发展新质生产力，要推动以科技创新为核心的全面创新，在创造新技术、加快科技成果转化的同时，协同推进产业、模式、体制等方面全面创新。

（一）科技创新是发展新质生产力的核心要素

科技创新能够催生新产业、新模式、新动能，其对生产力的作用不仅在于提升产业的科技含量，更体现为由量变到质变所产生的科技质态，即具有技术革命性突破。正如当前人工智能、新能源、生物技术等一系列策源性、颠覆性技术不断涌现并快速发展，催生更多的应用场景，深刻改变劳动者、劳动资料和劳动对象。劳动者不仅需要具备扎实的专业知识和技能，更需要具备跨领域的综合素质和创新能力。对生产资料的现代化水平更高，数字化、智能化生产工具需求增多。此外，随着新材料、新科技的迅猛发展，劳动对象的范围不断扩大，突破了传统的物质空间，延伸到深空、深海、虚拟网络等空间。为此，引发技术系统、产业单元、组织形式深刻变革，促进生产力质态跃升，朝着新质生产力方向发展。发展新质生产力，必须加强科技创新特别是原创性、颠覆性科技创新，打好关键核心技术攻坚战，筑牢产业安全根基。

（二）现代化产业体系是发展新质生产力的实践载体

科技成果赋能产业创新是生产力形成的关键环节，决定着生产力的质态。生产力的变革过程也是产业迭代升级、结构优化的过程。现代化产业体系代表着产业迭代、结构升级的主方向，是新质生产力发展的落脚点和方向。现代化产业体系是以科技创新为核心，新型经营主体、现代产业、现代金融、人力资源、基础设施等各类先进生产要素高效配置、协同联动的生态体系。现代化产业体系是适应中国式现代化需要的现代化产业体系，包括现代农业、现代工业和现代服务业等各类现代产业。智能化、绿色化、融合化为现代化产业体系的突出特征，而完整性、先进性、安全性则为现代化产业体系的核心要求。为此，要及时将科技创新成果应用到具体产业和产业链上，改造提升传统产业，培育壮大新兴产业，布局建设未来产业，构建支撑有力的现代化产业体系，供给更高质量产品和服务，持续增进民生福祉。

（三）绿色转型是发展新质生产力的价值取向

新质生产力本身就是绿色生产力。传统生产力主要依靠生产要素大量投入来推动经济增长，这种增长模式不仅会引致能源资源枯竭、环境污染等问题，而且会阻碍生产力发展，使经济陷入不可持续的低质量发展状态。知识、数据、信息等先进生产要素在新质生产力的形成过程中起到关键作用，这些要素打破了传统生产要素在时间、空间、形态上的限制，重塑生产组织全过程各环节，促进生产方式高效化、精准化、智能化、柔性化、协同化，从而改变生产函数，全面提升全要素生产率，在同等投入条件下能够最大限度的减少资源消耗和污染排放，进而推动产业结构、能源结构、交通运输结构等调整优化，促进生产、流通、消费向节约集约、绿色低碳转型。发展新质生产力，必须牢固树立和践行绿水青山就是金山银山的理念，将绿色转型的要求融入经济社会发展全局，全方位、全领域、全地域推进绿色转型，通过健全绿色低碳发展机制，促使经济增长方式由依靠资源、资本等传统要素驱动转向知识、技术、数据等先进生产要素驱动，推动发展方式创新和发展动能变革，加快构建绿色低碳循环发展经济体系，实现更高质量、更有效率、更加公平、更可持续、更为安全的发展。

（四）体制机制创新是发展新质生产力的基础保障

先进的生产力总是不断呼唤更加先进的生产关系。随着新一轮科技革命与产业变革深入推进，以人工智能、新能源等为代表的新兴技术和产业，驱动生产方式、发展模式和企业形态发生根本性变革，例如，智能算法优化生产流程、生产模式、管理方式，促进企业生产、组织方式变革，实现精益生产、敏捷制造、精细管理和智能决策等。科技与经济深度融合发展的趋势更加明显，使得以物质生产为主体的生产力正在升级为以科技劳动为主体的生产力，原创能力不强、要素供需不匹配、产供链安全挑战、资源环境约束加剧等问题愈发束缚高质量发展。根据生产关系一定要适应生产力状况的规律，加快构建与新质生产力相适应的新型生产关系，要深化经济体制改革、科技体制改革等，打通束缚发展的堵点卡点，营造良好生态，协同提升科技策源、产业创新、绿色发展、资源要素配置等能力，推动新质生产力加快发展，更好支撑和服务中国式现代化。

二 陕西发展新质生产力具备的基础条件和面临的挑战

近年来，陕西推进实施创新驱动发展战略，深化科技成果转化"三项改革"、打造优势特色产业集群，厚植发展新优势新动能，为发展新质生产力创造了良好的基础条件。

（一）一些领域关键核心技术取得革命性突破

陕西优化重大科技创新组织机制，以西安"双中心"和秦创原创新驱动平台建设为依托，加强创新资源统筹和力量组织，陆续攻克了国产大飞机、北斗导航系统、特高压、3D打印、能源清洁利用、分子医学等领域一些关键核心技术，破解了一些行业"卡脖子"难题，提升了重点产业链供应链韧性和安全水平。

（二）新产业新模式新动能规模稳步壮大

陕西深入推进高质量项目建设，加大力度布局建设西汉蓉航空产业带、榆林氢能产业示范区、西安奕斯伟硅产业基地扩产、隆基绿能光伏产业园、比亚迪扩产、先进光子器件创新平台等项目；坚持链式布局、集群化发展，以科技创新引领重点产业链打造。2023年陕西制造业重点产业链产值突破1万亿元，同比增长10.4%[①]；战略性新兴产业增加值突破3500亿元[②]，同比增长3.3%[③]。

（三）高活力企业群体快速成长

陕西统筹推进科技成果转化、企业孵化，2023年全省技术合同成交额达4120.76亿元，同比增长34.95%。全省入库科技型中小企业2.18万家、高新技术企业1.61万家，同比分别增长37%、33%。[④] 培育形成了航天民芯、华秦科技、天隆科技、中航电测、莱特光电等一批在细分领域掌握独门绝技的"单打冠军"和"配套专家"，创新氛围浓厚，攻关能力突出。

（四）国家战略腹地作用突出

陕西是构建新发展格局的重要支点，在维护国家安全、锻造大国重器、促进文化交流等方面发挥着举足轻重的作用。此外，陕西地处中国的地理中

---

① 《工业经济运行回升向好》，《陕西日报》2024年2月6日。
② 《战略性新兴产业快速发展 引领带动作用凸显——新中国成立75周年陕西经济社会发展成就系列报告之十九》，陕西省统计局网站，2024年9月30日。
③ 马昭：《全省经济呈现回升向好结构优化等特点》，《西安日报》2024年3月27日。
④ 张梅等：《逐梦秦创原》，《陕西日报》2024年3月4日。

心，肩负着建设内陆改革开放高地和丝绸之路经济带的重大任务，也正为构建陆海内外联动、东西双向互济的开放格局贡献着自身力量。当前，国家加强建设战略腹地和关键产业备份，陕西在提升国家战备能力、保障国家经济安全、优化区域经济布局等方面的优势将更加突出。

此外，也需要清楚地看到，陕西科技创新这个"关键变量"并没有充分转化为"最大增量"，陕西因地制宜发展新质生产力也面临一系列挑战。一是高质量科技供给能力不足。陕西原创性、颠覆性和带动性科技创新能力不足，仍然没有攻克部分领域的"卡脖子"技术难题。二是科技创新成果转化能力偏弱。目前，陕西科技创新催生新产业、新模式、新动能实力偏弱，新质生产力引擎作用发挥不足。2023年陕西战略性新兴产业增加值仅占到全省GDP的10.4%[1]，较上年同期下降1.6个百分点；[2]另外，类脑智能、量子信息、基因技术、未来网络、氢能与储能等未来产业项目布局较少、发展缓慢。三是产业链供应链韧性和安全不容忽视。陕西产业链供应链自主可控能力薄弱，一些领域核心零部件、关键材料和设备进口依赖性较强。本地供应链龙头企业较少，省内配套率较低，部分产业链供应链韧性不足、潜在断链风险较大。四是要素配置效率不高。陕西技术、知识、数据等生产要素价值创造能力偏弱，"四链融合"的创新生态尚未形成；高校、科研院所、军工、央企等部门的资源要素联动协同能力不足，产学研用协同创新效益不高。

三 陕西因地制宜发展新质生产力的路径与策略

因地制宜发展新质生产力是一项长期任务、系统工程，要统筹推进科技创新、产业创新、模式创新、体制机制创新，努力探索出一条符合实际发展的先进生产力质态发展道路。

---

① 《战略性新兴产业快速发展 引领带动作用凸显——新中国成立75周年陕西经济社会发展成就系列报告之十九》，陕西省统计局网站，2024年9月30日。

② 根据陕西统计局2023年2月20日《2022年全省战略性新兴产业发展情况》相关数据计算而得。

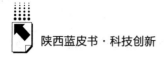

（一）打好关键核心技术攻坚战，筑牢产业安全根基

瞄准国家战略和经济社会发展现实需要，全面梳理重点产业链短板、重大关键核心技术清单，实施产业关键核心技术攻坚行动，迭代升级科技创新引擎，筑牢产业安全根基。一是提升科技创新策源能力。积极争取国家战略科技力量和战略性项目布局，统筹实施创新策源牵引、前沿技术创新、科技成果转化加速、全球创新网络融入等工程，努力在空天动力、前沿新材料、人工智能、新型储能等领域打造更多"国之重器"。聚焦重点产业链建设，靶向部署科技重大专项和关键核心技术研发计划，着力突破一些领域的"卡脖子"难题。提早开展"十五五"重大科技基础设施预研和布局，催生一批原创性、颠覆性成果和前沿性、引领性技术，筑牢发展新质生产力的基座。二是建立以"链主"企业为主导的产业链协同创新机制。积极构建大中小企业融通发展的良好生态，支持"链主"企业充分发挥精准把握产业共性需求、集成产业链各类创新要素协同攻关、引领商业化应用场景创新的优势，加快形成以"链主"企业为牵引，上下游企业、科研机构共建的创新联合体，引领产业链协同创新，促进整个产业链深度转型升级。三是推进科技成果转化机制创新。发展新质生产力的关键在于实现样品到产品、再到商品的转化。以深化科技成果转化"三项改革"为牵引，聚焦科技成果转化、孵化、产业化的关键环节，谋划建设全链条全要素的科技成果转化体系，畅通科技成果转化渠道。持续完善领军企业出题机制，建立以企业为主体的科研项目立项、组织实施、评价等机制，深入推进科创平台、高等院校、产业园区、科创企业紧密对接，进一步提高科技成果的创造能力和转化效率。

（二）以科技创新引领产业创新，持续提升产业能级

产业创新是促进各类优质资源要素向高效率、高质量、高能级方向汇聚的过程，为发展新质生产力注入强劲动力。紧扣国家所需、立足陕西所能，围绕发展新质生产力布局产业链，以科技创新引领产业创新，提升产业能

级，构建支撑有力的现代化产业体系。一是巩固传统优势产业领先地位。传统产业是现代化产业体系的根基，在产业链供应链中扮演着不可或缺的关键角色。发展新质生产力不是忽视、放弃传统产业，而是推动传统产业迭代升级、焕新蝶变。陕西汽车制造、集成电路、输变电装备、能源化工等传统产业资源禀赋突出、行业领先地位明显。要抓住国家安排专项资金支持大规模设备更新和消费品以旧换新的机遇，统筹推进设备更新、工艺升级、数字赋能、管理创新，推动传统产业朝着高端化、智能化、绿色化、融合化的方向发展，持续巩固传统优势产业的领先地位，让传统优势产业焕发新的生机。二是积极开辟新领域新赛道。新兴产业知识技术密集、物质资源消耗少、成长潜力大、综合效益好，是形成新质生产力的主阵地。陕西航空航天、人工智能、新材料等新兴产业是培育发展新动能、获取竞争新优势的关键领域。应推进新技术在场景中示范、验证、迭代，催生新产业新模式新动能，加快打造卫星应用、无人机及通航、人工智能、增材制造、高端医疗、生物制造等一批新的增长引擎，推动产业聚链成群、集群突破。未来产业代表着新一轮科技革命和产业变革方向，是发展新质生产力的先导力量。应加强前瞻谋划和政策指导，构建创新策源、转化孵化、应用牵引、生态营造的产业培育链条。布局发展激光制造、卫星互联网、基因与细胞诊疗、新型储能、人形机器人等未来产业，强化技术熟化、工程化放大、原型制造、可靠性验证等转化服务能力，加快推动技术产品化、产品产业化、产业规模化，抢占未来发展先机。三是做大做强"土特产"和现代服务业。立足自身资源禀赋优势，以先进技术赋能农业发展，推动乡村产业全链条升级，做好小木耳大产业、富平奶山羊、陕北苹果等一批"土特产"文章，做强智慧农业、设施农业、创汇农业；发展壮大现代金融、智慧物流、研发设计、工业互联网等现代服务业，推动现代服务业与先进制造业、数字技术和实体经济深度融合，提升服务供给与需求升级的适配性，打造优势现代服务业集群。

（三）提升产业链供应链韧性和安全水平，掌握发展主动权

提升产业链供应链韧性和安全水平既是构建新发展格局的迫切需要，也

是发展新质生产力、建成现代化经济体系的内在要求。着眼全国发展大局，立足陕西实际情况，着力打造自主可控、安全可靠、竞争力强的现代化产业体系，推动产业链供应链安全、可靠、稳定运行，巩固壮大实体经济根基，掌握发展主动权。一是打造自主可控的产业链供应链。产业链供应链韧性和安全水平取决于产业上游、中游和下游的关系，也取决于产业链供应链的塑造力、控制力和反制力。提升关键设备、核心零部件、基础材料的自主供给能力，增强产业链供应链的完整性、全面性、先进性，保障产业链供应链在受到外部冲击后可以迅速自我调整，在受到封锁打压时可以维持正常运转，在极端情况和条件下仍具有很强的稳定性、自主性和柔韧性。深入推进有组织的科研攻关，持续增强产业链供应链关键环节的竞争力，积极参与全球产业链供应链的体系构建；加快实施产业链供应链弹性计划，建立产业链供应链多元化合作网络体系，形成原料采购多元化、技术供给多元化、运输渠道多元化的产业链条，增强链主企业和关键节点企业的备份能力。二是培育发展生态主导型企业。生态主导型企业是行业标准的制定者、核心技术的研发者、终端市场的控制者、关键资源的整合者、产业生态的构筑者、发展方向的引领者和行业利益的分配者，对产业链供应链韧性和安全发挥重要的牵引作用。推动实施生态主导型企业培育发展计划，支持引导比亚迪、隆基硅、法士特、奕斯伟等一批优势骨干企业积极拓展国际发展空间，掌控产业链标准、供应链纽带和价值链枢纽，逐步形成以国内为主体来配置全球资源的国际化发展运营模式，提升产业生态主导能力。三是建立产业链供应链安全风险评估和应对机制。产业链供应链安全稳定运行是相对的，经济活动中的诸多不确定因素可能冲击产业链供应链，并引致产业链供应链的非正常运转。加强产业链供应链安全风险监测预警，跟踪产业链供应链风险的变化趋势，及时发现产业链供应链风险点和薄弱环节，提升精准处置能力。尽快搭建全省统一的产业链供应链安全评估框架体系和平台体系，建立健全产业链供应链安全评估、常态化监测机制，科学评估并监控产业链供应链的安全性、稳定性和韧性。加强重点产业链供应链发展趋势研判分析，密切关注世界主要国家的战略意图和战略举措，评估其对陕西产业链供应链的现实与潜在影响，强化风险管理和应对。建立完善技术安全管理清单制度，健全外资并购审查机制，避免外商恶意并购或者试图控制陕西产业链核心环节。搭建高能级工业互联网平台，实现产业链供应链数据集成、资源共享、信息互通，有效提升产业链供应链的应变能力。

（四）加快绿色转型，厚植高质量发展绿色底色

加快绿色转型是提升产业竞争力的必然途径。牢固树立和践行绿水青山就是金山银山理念，以争创国家级新型工业化示范区为引领，统筹推进绿色低碳技术攻关、高效生态绿色产业集群打造、绿色生产方式和生活方式形成，厚植高质量发展绿色底色。一是加快绿色科技创新和先进绿色技术应用。围绕氢能、能源装备、低碳冶金等领域，强化产学研用深度合作，加快低碳零碳负碳等技术创新，突破共性关键技术、先进节能装备制造的瓶颈；加快节能技术创新和应用，支持富氧冶金、高效储能材料等先进工艺技术研发，大力推广节能技术装备和产品，持续推进典型流程型行业界面节能和能量系统优化。着力提升锅炉、变压器、电机、泵、风机、压缩机等重点用能设备系统能效。加强新一代信息技术、人工智能、大数据等新技术在节能领域的推广应用，开展重点用能设备、工艺流程的智能化升级。推进产品碳足迹核算和碳效评价，夯实绿色低碳循环经济体系技术装备支撑。二是打造高效生态绿色产业集群。聚焦钢铁、建材、有色、能化、轻工等重点领域，建立健全支撑绿色发展的技术、政策、标准、标杆培育体系。实施绿色制造工程，完善绿色制造体系，引导企业实施绿色化改造，大力推行绿色设计，开发推广绿色产品，积极推进清洁生产，打造绿色低碳工厂、绿色低碳工业园区、绿色低碳供应链，推动产业结构高端化、能源消费低碳化、资源利用循环化、生产过程清洁化、制造流程数字化、产品供给绿色化全方位转型，打造高效生态绿色产业集群，锻造绿色竞争新优势。三是积极引导形成绿色消费自觉。推进绿色理念深度融入全周期全链条全体系消费各领域，大力倡导简约适度、绿色低碳、文明健康的生活方式，推动形成绿色消费自觉，以绿色生活方式倒逼形成绿色生产方式。

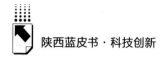

（五）进一步深化要素市场化配置改革，提高要素配置效率

生产要素是生产力的基础、产业优势的支撑。当前，人工智能、生物技术、新能源等科技不断创新，科技人才、新型算力、互联网金融、数字化工具等加速崛起并向各领域深度渗透，共同铺就了不同于以往的要素条件，为新质生产力发展构筑起新的支撑。发展新质生产力，应进一步深化要素市场化配制改革，推动各类要素创新性配置，大幅提高要素配置效率和效益。一是强化资源要素融合互动。持续完善要素市场化配置相关制度和规则，推动关中、陕南、陕北三大区域生产要素畅通流动、各类资源高效配置。促进三大区域新材料、绿色食药、节能环保、智能油气、大数据及互联网等产业链上下游企业协作配套、优势互补、协同发展；积极构建跨省、跨区产业转移与用能指标、环境指标、利益分配挂钩机制，强化资质互认、信用监管等方面的衔接能力，加大力度承接粤港澳大湾区、京津冀、长三角等经济区先进优质生产要素转移。二是提高资源要素配置效率。探索建立各类先进优质生产要素参与收入分配机制，更好体现知识、技术、人才和数据等要素的市场价值；纵深推进产业数据价值化改革，推动数据要素高质量供给、合规高效流动；深化"亩均论英雄"综合改革，完善正向激励和反向倒逼机制，提高资源要素配置效率。三是优化资源要素配置供给环境。深入推进创业投资、股权投资、债权融资等科技金融产品与服务创新，探索"股贷债保"联动、"中试险+研发贷"等创新融资模式，建立完善"长钱长投"配套政策体系，推动实现科技—产业—金融良性循环；探索构建发展新质生产力的人才成长支持生态系统，不断完善人才引进、培养、评价、流动、激励等机制，强化新质生产力人才战略支撑。

（六）强化高质量项目支撑，筑牢新质生产力发展根基

项目建设是推动新产业新模式新动能发展的硬支撑。应扎实落实"深化高质量项目推进年"各项部署，加快推进项目扩容增量提质，筑牢新质

生产力发展根基。一是加强新质态项目布局。着眼项目含"新"量，建设未来产业孵化器、加速器等各类新型研发载体，布局第三代半导体、未来网络、新型储能、细胞和基因技术、合成生物、零碳负碳等一批应用场景项目；谋划实施一批提升汽车制造、半导体及集成电路、输变电装备上下游产业配套能力以及产业链供应链韧性项目，推进实施电子信息、食品医药、有色冶金等产业技术工艺升级、高端新品开发产业化和产品迭代升级项目；着眼项目含"绿"量，推进实施绿色技术开发和清洁低碳利用、绿色制造体系、绿色供应链、绿色基础设施体系等建设项目；着眼项目"融合"发展，推进实施科技研发、商务咨询、金融服务、技术成果转化等现代服务业和传统服务业协同、数字化转型等项目。二是加大新质态项目招引。全面推行产业链招商、资本招商、科技招商、应用场景招商、专业机构招商、"朋友圈"招商，通过"金融圈"连接"产业圈""企业圈"，着力招引落地一批含金量足、含绿量高、含新量多的项目；抢抓国家战略腹地建设和关键产业备份机遇，积极承接航空航天、高端精密设备、应急安全、地理测绘、前沿新材料等重大战略项目布局和沿海大城市"产业三线"资源转移。三是推进新质态项目投产达效。全过程跟踪新质态项目进展，聚焦固定资产投资增速、高新技术产业投资比重、能耗指标量等主要攻坚指标，定期分析晾晒指标完成进度。建设"投资赛马"场景，从投资规模扩大、投资结构优化、项目招引实施等三个维度出发，设定固定资产投资增速、高新技术产业投资增速、立项项目累计开工率等指标，综合评估各市（区）投资工作实效，督促新质态项目投产达效。

参考文献

郝彬凯：《高质量利用外资支撑新质生产力涌现：内在逻辑与实践进路》，《当代经济研究》2024 年第 6 期。

王飞：《在加强科技创新、建设现代化产业体系上取得新突破》，《红旗文稿》2023年第 11 期。

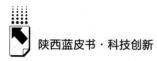

《以产业深度转型升级催生新质生产力》，《新华日报》2024年6月5日。

盛朝迅：《产业生态主导企业培育的国际经验与中国路径》，《改革》2022年第10期。

孙世芳、杜芳、欧阳梦云：《优化稳定产业链供应链 推动经济高质量发展》，《经济日报》2020年7月3日。

B.8
陕西省人工智能产业政策评价与对策研究*

王　方　张颂扬**

摘　要： 为量化评价陕西省人工智能产业政策的质量，提升政策措施的针对性、合理性、完备性和科学性。本文以 2017 年至 2024 年国务院和国家新一代人工智能创新发展试验区发布的人工智能产业相关政策数据为基础，利用文本分析法进行词频统计，构建了包含 10 个一级变量、47 个二级变量的 PMC（Policy Modeling Consistency）指数模型，开展陕西省人工智能产业政策的量化评价。在评价分析的基础上，从完善制度保障体系、优化人才培养体系、强化关键技术攻关、搭建产业生态体系等方面提出对策建议。

关键词： 人工智能　产业政策　PMC 指数　陕西

习近平主席在向 2024 世界智能产业博览会致贺信时指出，人工智能是新一轮科技革命和产业变革的重要驱动力量，将对全球经济社会发展和人类文明进步产生深远影响。中国高度重视人工智能发展，积极推动互联网、大数据、人工智能和实体经济深度融合，培育壮大智能产业，加快发展新质生产力，为高质量发展提供新动能。[①]

人工智能产业当前处于快速发展期，各省（区、市）在人工智能方面积极

---

* 本文是西安市软科学重点项目（项目编号：23RKYJ0006）和中央高校基本科研业务费专项资金资助项目（项目编号：GLZX24008 和 QTZX24029）的阶段性成果。

** 王方，管理学博士，西安电子科技大学经济与管理学院教授，主要研究方向为数字经济、循环经济、预测与决策分析等；张颂扬，西安电子科技大学经济与管理学院，主要研究方向为预测与决策分析。

① 新华社：《习近平向 2024 世界智能产业博览会致贺信》，2024 年 6 月 20 日。

推出政策、谋划布局，把人工智能产业作为经济发展的重要抓手，仅 2024 年以来发布的相关政策就包括《北京市推动"人工智能+"行动计划（2024—2025年）》（京发改〔2024〕1081 号）、《广东省关于人工智能赋能千行百业的若干措施》（粤办函〔2024〕88 号）、《山西省促进先进算力与人工智能融合发展的若干措施》（晋政办发〔2024〕35 号）、《陕西省培育千亿级人工智能产业创新集群行动计划》（陕发改高技〔2024〕605 号）等。然而，由于各地区人工智能发展参差不齐，出台的人工智能相关政策也各不相同，难免会出现政策质量不高导致政策失灵的现象，从而难以为地方人工智能产业发展提供优良的政策保障。鉴于 PMC（Policy Modeling Consistency）指数模型是一种定量的政策评价分析方法，能够多维度地分析政策的内部异质性和优劣水平，本研究以人工智能产业政策为研究对象，采用该模型对陕西省发布的人工智能产业政策质量进行量化评估，以期为陕西省持续优化人工智能产业政策提供决策支持。

一　人工智能产业发展现状

（一）国外人工智能产业发展概况

当前全球的人工智能产业处于高速发展期，以美国、日本、英国、欧盟等为主的国家和地区，在人工智能领域发布了多项重要法案或政策，旨在推动人工智能的发展并应对其带来的挑战。表 1 为典型国家和地区的人工智能相关法律法规。

表 1　典型国家和地区的人工智能相关法律法规

国家/地区	发布时间	名称
美国	2021 年 1 月	《2020 年国家人工智能倡议法案》
	2022 年 10 月	《人工智能权利法案蓝图》
	2023 年 5 月	《国家人工智能研发战略计划》
	2024 年 8 月	《前沿人工智能模型安全创新法案》
欧盟	2024 年 3 月	《人工智能法案》
	2024 年 5 月	《人工智能与人权、民主和法治框架公约》

国家/地区	发布时间	名称
日本	2019 年 3 月	《以人为中心的人工智能社会原则》
	2022 年 4 月	《人工智能战略 2022》
	2024 年 1 月	《人工智能运营商指南（草案）》
英国	2023 年 3 月	《促进创新的人工智能监管方法》
	2023 年 3 月	《数据保护和数字信息法案》
	2023 年 10 月	《在线安全法案》

资料来源：《2020 年国家人工智能倡议法案》：https：//www. congress. gov/bill/116th-congress/house-bill/6216；https：//news. qq. com/rain/a/20231123A04YS600；《人工智能权利法案蓝图》：https：//ciss. tsinghua. edu. cn/upload_ files/atta/1669597763341_ 27. pdf；《国家人工智能研发战略计划》：http：//www. casisd. cn/zkcg/ydkb/kjqykb/2019/kjqykb201908/201911/t20191125_ 5442181. html；《前沿人工智能模型安全创新法案》：https：//aigcdaily. cn/news/a24q75oy8wup54n/；《人工智能法案》：https：//artificialin telligenceact. eu/the-act/；《人工智能与人权、民主和法治框架公约》：https：//portal. las. ac. cn/reportFront/getReportDetailFront. htm？serverId = 221&uuid = 059b2f3e50b91dc0fd045cb426d599 cf&controlType =；《以人为中心的人工智能社会原则》：https：//www. cas. go. jp/jp/seisaku/jinkouchinou/pdf/humancentricai. pdf；《人工智能战略 2022》：https：//www8. cao. go. jp/cstp/ai/aistratagy2022en_ ov. pdf；《人工智能运营商指南（草案）》：https：//www. meti. go. jp/shingikai/mono_ info_ service/ai_ shakai_ jisso/pdf/20240119_ 4. pdf；《促进创新的人工智能监管方法》：https：//www. gov. uk/government/publications/ai-regulation-a-pro-innovation-approach；《数据保护和数字信息法案》：https：//cn. wicinternet. org/2023-04-11/content_ 36490303. htm；《在线安全法案》：https：//www. legislation. gov. uk/ukpga/2023/50。

美国颁布的《2020 年国家人工智能倡议法案》强调进一步促进人工智能研究机构之间合作，制定人工智能最佳实践标准；《人工智能权利法案蓝图》列出了五项原则以指导自动化系统的设计、使用和部署，保护人工智能时代的美国民众；《国家人工智能研发战略计划》旨在协调和集中联邦研发投资，推动人工智能技术的创新和发展。此外，美国 OpenAI 公司于 2022年推出的 ChatGPT 利用强大的自然语言处理技术，提供智能、流畅和实用的对话体验，推动了自然语言处理领域的发展；继 ChatGPT 之后，OpenAI公司推出的 Sora 人工智能文生视频大模型，能够根据用户输入的描述性提示快速生成视频，并及时向前或向后扩展现有视频。

欧盟在人工智能领域发布了重要的法案，其中最具里程碑意义的是

《人工智能法案》，通过明确高风险和不可接受风险的人工智能系统，并制定相应的监管措施和禁令，保护公民的基本权利；《人工智能与人权、民主和法治框架公约》旨在建立一个全球适用的法律框架，以规范人工智能系统在生命周期内的活动，保护人类的基本权利和自由。

日本《以人为中心的人工智能社会原则》中提出了在整个日本社会中实施的人工智能的原则，即以人为中心，教育应用，隐私保护，安全保障，公平竞争，公平，问责和透明，以及创新等七项原则。《人工智能战略2022》旨在利用人工智能克服日本的社会难题，并在尊重人权、多样性和可持续发展这三项原则前提下提高工业竞争力。《人工智能运营商指南（草案）》旨在应对生成式人工智能技术变化，提供统一的人工智能治理指导原则。

为提升在人工智能领域竞争力，英国在《促进创新的人工智能监管方法》中提出了人工智能在各部门的开发和使用中都应遵守的五项原则；《数据保护和数字信息法案》通过一系列广泛的条款来更新和简化英国的数据保护框架；《在线安全法案》规定了服务提供商有责任识别、减轻和管理危害风险，包括与非法内容和其他有害内容有关的内容。

（二）我国人工智能产业发展概况

国务院自 2015 年开始先后颁布多项涉及人工智能的政策文件，2017 年发布的《新一代人工智能发展规划》更是首次将"人工智能发展"上升到国家战略层面，从科技研发、应用普及和产业发展等方面做出决策部署，促进人工智能的绿色可持续发展。在中央层面的顶层设计下，各地方竞相出台了若干工作方案、行动计划和指导意见用于指导人工智能发展实践，并在法律层面进行制度探索，出台了人工智能产业促进条例，营造了推动人工智能平稳有序发展的政策环境。

2023 年中央经济工作会议提出，要大力推进新型工业化，发展数字经济，加快推动人工智能发展。人工智能是引领这一轮科技革命和产业变革的战略性技术，具有很强的溢出带动性。2024 年政府工作报告明确提出，深化大数据、人工智能等研发应用，开展"人工智能+"行动，打造具有国际竞争力的数字产业集群。当前，要紧密围绕新质生产力的发展方向，充分发挥我国超大规模市场应用场景丰富的独特优势，通过数据驱动、算法优化、模型创新等手段，加快人工智能领域的科学技术创新，以人工智能高质量发展和高水平应用培育经济发展新动能。此外，我国在大模型软件方面也取得了显著的发展，百度公司研发的文心一言大模型、科大讯飞推出的星火认知大模型以及华为推出的盘古 NLP 大模型，不仅推动了我国人工智能技术的发展，还为各行各业提供了智能化的解决方案。

（三）陕西人工智能产业发展概况

陕西省为推动人工智能产业的发展，采取了多项有力举措，制定了《陕西省新一代人工智能发展规划（2019—2023 年）》，明确了人工智能产业的发展目标、重点任务和实施路径，为全省人工智能产业的快速发展提供了政策指导和支持。为培育人工智能这一新兴千亿级产业，实现国内领先、国际一流人工智能创新发展高地这一发展目标，陕西省出台了《陕西省培育千亿级人工智能产业创新集群行动计划》《陕西省加快推动人工智能产业发展实施方案（2024—2026 年）》等，为人工智能产业发展绘就新蓝图。当前陕西省有 20 余所高校设有智能科学与技术专业、人工智能专业，截至 2024 年 6 月底，西安人工智能企业突破 500 家，涵盖了集成电路、大数据、机器人等人工智能各主要产业领域。[①]

陕西省在人工智能领域的创新能力持续增强，HimmPat 专利数据库显示陕西省在人工智能领域的专利数已达 1964 项，其中高价值有效中国发明专利 576 项，西安交通大学、西北工业大学、西安电子科技大学是前三大专利权人。然而，陕西省与发达省份的差距依然不小，体现以下几方面。一是专利总量有基础，但与发达省份相比差距较大。陕西省的专利数较江苏省少 10302 项、较广东省少 39272 项。二是研发主体多元，而企业总体参与不

---

① 《2024 年西安市人工智能产业人才发展蓝皮书》，西安人才集团，2024 年。

足。陕西省的专利权人前 10 位中高校占 7 位，较江苏省多 3 所、较广东省多 7 所。三是高价值专利占比较高，与发达省份仍有差距。陕西省的高价值有效中国发明专利占 29.33%，与江苏省（34.36%）相比存在 5.03 个百分点的差额，与广东省（44.32%）相比存在 14.99 个百分点的差额。在此背景下，开展人工智能产业政策评价分析，有助于发现当前政策的关注重点及政策可能存在的不足，进而有助于提出有针对性的政策改进和优化建议。

二 陕西省人工智能产业政策评价分析

（一）陕西省人工智能产业政策评价方法设计

1. 政策文本词频统计

国家新一代人工智能创新发展试验区是依托地方开展人工智能技术示范、政策试验和社会实验，在推动人工智能创新发展方面先行先试、发挥带动作用的区域。本文选取国务院和国家新一代人工智能创新发展试验区发布的人工智能产业相关政策，构建政策文本数据集。通过对搜集整理的政策文本进行分词处理和高频词分析，提取由四个字组成的高频词汇以挖掘更深层次的政策信息。表 2 展示了前 30 个高频词汇，其中词频排名第二的"基础设施"，体现了政府对适应人工智能发展的基础设施完善的重视，积极促进人工智能技术应用，推动社会治理现代化；"核心技术"和"关键技术"分别位列第三和第四，凸显了两者在人工智能产业战略中的核心地位，同时也是产业发展的重点；第八位为"基础理论"，表明政策对实现基础理论重大突破的重视，亟须建立新一代人工智能基础理论和关键共性技术体系；第 10 位为"技术创新"，意味着要发挥龙头骨干企业技术创新示范带动作用，实现科技自立自强和维护国家整体利益至关重要；第 15 位为"科研院所"和第 18 位为"科研机构"，表明二者是人工智能产业创新发展的有力支撑。此外，"龙头企业"、"骨干企业"和"中小企业"的排名也显示了政策对企业发展的重视。

表2　人工智能产业政策四字高频词统计结果

单位：次

高频词	词频	高频词	词频	高频词	词频
人工智能	2656	解决方案	51	骨干企业	30
基础设施	141	人才培养	48	科技成果	29
核心技术	102	充分发挥	47	自然语言	28
关键技术	84	数据中心	41	推广应用	28
人民政府	77	科研院所	40	中小企业	27
公共服务	67	公共数据	39	轨道交通	26
服务平台	65	知识产权	38	高新技术	24
基础理论	64	科研机构	34	无人驾驶	23
龙头企业	61	经济社会	34	操作系统	23
技术创新	60	创新能力	31	产业基地	23

2.变量分类与参数识别

在构建人工智能产业政策评价体系时，基于现有的研究成果，深入探讨了其中的相关变量，并充分考虑了人工智能产业政策本身的独特性质与核心特点。结合文本分析得到的政策重点，建立了包括10个一级变量以及47个二级变量的人工智能产业政策评价体系，如表3所示。其中，政策重点 X_9 的二级变量是基于文本分析的结论提出，即表2展示的文本分析四字高频词汇的统计数据。

表3　人工智能产业政策变量设置

一级变量	二级变量	参数设定
X_1政策领域	$X_{1:1}$经济	是否涉及经济领域，有为1，无为0
	$X_{1:2}$社会	是否涉及社会领域，有为1，无为0
	$X_{1:3}$政治	是否涉及政治领域，有为1，无为0
	$X_{1:4}$教育	是否涉及教育领域，有为1，无为0
	$X_{1:5}$技术	是否涉及技术领域，有为1，无为0

续表

一级变量	二级变量	参数设定
X₂政策对象	$X_{2:1}$人才	是否对科技人才提出举措,有为1,无为0
	$X_{2:2}$项目及计划	是否对科技项目及计划提出举措,有为1,无为0
	$X_{2:3}$机构	是否对机构提出举措,有为1,无为0
	$X_{2:4}$企业	是否对企业提出举措,有为1,无为0
	$X_{2:5}$高校院所	是否对高校院所提出举措,有为1,无为0
	$X_{2:6}$科技成果	是否对科技成果提出举措,有为1,无为0
X₃政策性质	$X_{3:1}$预测	是否对未来趋势进行预测,有为1,无为0
	$X_{3:2}$监督	是否具有监督作用,有为1,无为0
	$X_{3:3}$描述	是否对现状进行描述,有为1,无为0
	$X_{3:4}$诊断	是否诊断问题与不足,有为1,无为0
	$X_{3:5}$建议	是否提出建议与意见,有为1,无为0
X₄持续效力	$X_{4:1}$长期	是否涉及五年以上的长期内容,有为1,无为0
	$X_{4:2}$中期	是否涉及介于长短期之间的中期内容,有为1,无为0
	$X_{4:3}$短期	是否涉及当年的短期内容,有为1,无为0
X₅政策工具	$X_{5:1}$供给型	是否使用供给型政策工具,有为1,无为0
	$X_{5:2}$环境型	是否使用环境型政策工具,有为1,无为0
	$X_{5:3}$需求型	是否使用需求型政策工具,有为1,无为0
X₆政策功能	$X_{6:1}$加强监管	是否旨在加强监管,有为1,无为0
	$X_{6:2}$统筹协调	是否旨在统筹协调,有为1,无为0
	$X_{6:3}$理论研究	是否旨在理论研究突破,有为1,无为0
	$X_{6:4}$技术突破	是否旨在技术突破,有为1,无为0
X₇激励政策	$X_{7:1}$政策支持	是否包含政策支持举措,有为1,无为0
	$X_{7:2}$鼓励开放合作	是否包含鼓励开放合作举措,有为1,无为0
	$X_{7:3}$技术保障	是否包含技术保障举措,有为1,无为0
	$X_{7:4}$人才激励	是否包含人才激励举措,有为1,无为0
	$X_{7:5}$加强培训	是否包含加强培训举措,有为1,无为0
	$X_{7:6}$法律法规	是否包含法律法规举措,有为1,无为0
X₈政策评价	$X_{8:1}$目标明确	是否目标明确,有为1,无为0
	$X_{8:2}$规划具体详尽	是否规划具体详尽,有为1,无为0
	$X_{8:3}$具有开创意义	是否具有开创意义,有为1,无为0

一级变量	二级变量	参数设定
X₉政策重点	$X_{9:1}$基础理论	是否涉及基础理论,有为1,无为0
	$X_{9:2}$关键技术	是否涉及关键技术,有为1,无为0
	$X_{9:3}$平台构建	是否涉及平台构建,有为1,无为0
	$X_{9:4}$产品发展	是否涉及产品发展,有为1,无为0
	$X_{9:5}$应用示范	是否涉及应用示范,有为1,无为0
	$X_{9:6}$创新发展	是否涉及创新发展,有为1,无为0
	$X_{9:7}$产业集聚	是否涉及产业集聚,有为1,无为0
	$X_{9:8}$人才培养	是否涉及人才培养,有为1,无为0
	$X_{9:9}$公共服务	是否涉及公共服务,有为1,无为0
	$X_{9:10}$基础设施	是否涉及基础设施,有为1,无为0
	$X_{9:11}$科技项目	是否涉及科技项目,有为1,无为0
X₁₀政策公开	无	是否政策公开,有为1,无为0

3. 评价方法

人工智能产业政策评价计算方法:

第一步:在运用多投入产出表的基础上,为二级变量赋予0或1的数值,进而计算出每一项人工智能产业政策的PMC指数,这一指数反映了政策的综合表现。

$$PMC_i = \sum_{j=1}^{5} \frac{X_{1:j,i}}{5} + \sum_{j=1}^{6} \frac{X_{2:j,i}}{6} + \sum_{j=1}^{5} \frac{X_{3:j,i}}{5} + \sum_{j=1}^{3} \frac{X_{4:j,i}}{3} + \sum_{j=1}^{3} \frac{X_{5:j,i}}{3} + \sum_{j=1}^{4} \frac{X_{6:j,i}}{4}$$
$$+ \sum_{j=1}^{6} \frac{X_{7:j,i}}{6} + \sum_{j=1}^{3} \frac{X_{8:j,i}}{3} + \sum_{j=1}^{11} \frac{X_{9:j,i}}{11} + X_{10,i}$$

其中,i代表评价的第i项政策,j指向政策中每个一级变量所关联的二级变量。

第二步:根据PMC指数得分对各项政策进行了等级划分,详见表4。

表4 政策评分等级

PMC 指数得分	评价等级
9.00~10.00	优秀
7.00~8.99	良好
5.00~6.99	及格
0.00~4.99	不良

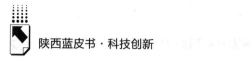

第三步：利用 PMC 指数绘制 PMC 曲面图，多维度展现政策的评价结果，PMC 曲面的具体计算公式为：

$$PMC \text{ 曲面} = \begin{bmatrix} X_1 & X_2 & X_3 \\ X_4 & X_5 & X_6 \\ X_7 & X_8 & X_9 \end{bmatrix}$$

（二）陕西省人工智能产业政策量化评价

由于 PMC 指数模型强调考虑每一个可能相关的变量，在实证研究时无须按照特定规律或维度选择样本。鉴于此，本研究选择陕西省 2019 年和 2024 年发布的两项政策，作为评价样本。

表5　不同区域的人工智能领域代表性政策

序号	政策名称	区域	发布时间
P1	《陕西省培育千亿级人工智能产业创新集群行动计划》	陕西	2024 年 3 月 27 日
P2	《陕西省新一代人工智能发展规划（2019—2023 年）》	陕西	2019 年 8 月 6 日

1.总体分析

为了简化研究过程，将这两项政策简化为 P1、P2。基于深入的文本分析和 PMC 模型，对这两项人工智能政策所涵盖的多投入产出表中的二级变量进行了 0、1 赋值。最终，这两项政策的 PMC 指数结果汇总于表 6。为了更直观地展示这些政策的性能，分别绘制了政策的 PMC 曲面图，如图 1 和图 2 所示。

表6　政策 PMC 指数

政策	X1 政策领域	X2 政策对象	X3 政策性质	X4 持续效力	X5 政策工具	X6 政策功能	X7 激励政策	X8 政策评价	X9 政策重点	X10 政策公开	PMC 指数	结果
P1	0.80	1.00	0.60	1.00	1.00	1.00	0.57	0.67	1.00	1.00	8.64	良好
P2	0.80	1.00	0.40	0.33	1.00	0.50	0.57	0.67	0.82	1.00	7.09	良好

表6显示，2024年陕西省发布的人工智能政策较2019年政策的PMC指数明显提升，接近"优秀"级别。对于政策性质方面，P1对现状进行了描述，P2相对不足。在政策持续效力方面，P2主要涉及中期内容，P1还涉及5年以上长期内容和当年的短期内容。在政策功能方面，P1实现了全面覆盖，P2得分相对较低，主要涉及"理论研究"和"技术突破"等方面。在激励政策方面，P1和P2主要涉及技术保障、完善基础设施，还关注了"政策支持""鼓励开放合作""人才激励"三个变量，对于加强培训和法律法规的激励与保障措施考虑不足。在政策重点内容方面，P1实现了全面覆盖，P2对于基础设施的内容相对较少。此外，陕西省发布的两项政策均"鼓励开放合作"，重点支持人工智能技术在共建"一带一路"国家推广应用，积极引进国际人工智能创新资源；不断完善政策支持，充分利用科技大市场，加大人工智能科技成果转化及产业化项目的推进力度；集聚高端人才——加大力度引进人工智能基础理论、关键技术等方面高端紧缺人才和高水平创新团队。

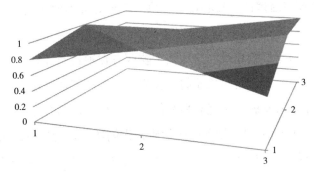

图1　政策P1曲面图

2.重点维度分析

政策对象方面，聚焦于对比分析P1和P2两项政策的战略演进方向。首先，人才政策的演进，P2强调了优化创新创业环境，吸引博士后、博士和硕士研究生在陕工作或创业，以及培育具有发展潜力的青年领军人才和专家；相较之下，P1则更侧重于依托三秦英才计划等政策，强调人才的引进

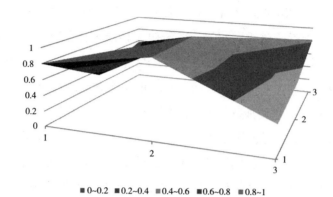

■ 0~0.2 ■ 0.2~0.4 ■ 0.4~0.6 ■ 0.6~0.8 ■ 0.8~1

图2 政策P2曲面图

和培育，以及人才的校企双聘，以激发人才的积极性和主动性。这表明陕西省在人才政策上从单纯的吸引和培育转向更加积极的人才互动和跨界合作，以促进人才的全面发展和创新能力的提升。其次，项目及计划的深化方面。P2侧重于基础前沿理论、核心技术、协同平台等方面的进展，而P1则提出了更为具体和长远的目标，包括到2025年、2030年和2035年的产业规模突破和产业创新集群的建设。这反映了陕西省在项目及计划方面从注重短期的技术突破和平台建设转向长期的产业规模扩大和产业基地形成，展现了对人工智能产业未来发展的深远规划和信心。最后，机构合作与企业培育的差异。在机构合作方面，P2侧重于产学研合作创新平台的建设，而P1则强调了基础研究支撑平台和共性技术攻关平台的建设。在企业培育方面，P2着重于加速人工智能创业企业孵化和领军企业培育，而P1则更侧重于打造具有行业竞争力的新集群和推动产业高质量协同。这展现了陕西省推动人工智能产业发展由初期的合作平台建设到当前的产业集群培育的转变，体现了对产业深度融合和协同发展的战略考量。综上，两份政策关于政策对象关注的不同点，反映了陕西省在人工智能领域的政策正逐步从规划布局向实施行动转变、从基础研究向产业应用深化、从单一的技术突破向全面的产业生态构建拓展。这些变化不仅体现了陕西省对人工智能产业发展的全面规划和深入推进，也反映了陕西省在新一轮科技革命和产业变革中抢占先机、实现高质量发展的决心和行动。

政策工具方面，P1 和 P2 两项政策均综合运用了供给型、需求型和环境型政策工具，形成了多维度、相互支持的政策体系。首先，供给型政策工具的应用主要体现在两个方面：一是通过培育产业创新集群和加强基础理论研究，增加技术供给，推动关键核心技术的突破，促进人工智能产业链的发展；二是通过建设人工智能创新平台和集聚创新人才，增加科研平台和人才供给，为技术创新和产业发展提供支撑。其次，需求型政策工具的应用则通过创造市场需求来推动产业发展。通过建设示范应用场景和推动人工智能技术在各行业的应用示范，激发实体经济的新动能，同时通过孵化创业企业和培育领军企业来增加市场供给。最后，环境型政策工具的应用则侧重于优化发展环境，包括加强算力基础设施建设、激活数据要素市场、引进培育创新人才团队，以及通过制定相关政策和标准，为人工智能发展提供良好的外部环境和法治保障。然而，两份政策在目标定位和时间跨度上有所区别，P1 更侧重于产业规模的扩大和产业创新集群的培育，时间跨度较长，从 2025 年到 2035 年；而 P2 更侧重于人工智能技术的基础研究和应用示范，时间范围是 2019 年到 2023 年。但二者均强调了产学研用的结合、国际合作等协同发展的理念，共同推动陕西省人工智能产业的发展，实现产业升级和经济转型。

政策重点方面，P1 和 P2 两项政策共同强调了陕西省在人工智能领域的发展重点，包括关键技术突破、创新平台建设、应用示范推广、企业创新发展、产业集聚发展和人才培养等。这些政策重点体现了陕西省对人工智能产业全面发展的战略布局，旨在通过多维度的政策支持，推动陕西省在人工智能领域的技术进步和产业升级。P1 更侧重于通过基础理论研究提升原始创新能力，以产业需求为导向突破关键核心技术，并强调建设基础研究支撑平台，打造重点领域大模型产品，营造一流发展环境，以及推动产业创新集群的规模化和特色化发展。而 P2 则更侧重于整合资源，聚焦关键核心技术的攻关，构建产学研合作创新平台，推动智能基础软硬件的发展，以及拓展人工智能服务企业的广度。从 P2 到 P1，陕西省的政策重点由较为宏观的产业布局转向更为具体和操作性强的行动计划。这表明陕西省在人工智能领域的发展思路正在由规划阶段过渡到实施阶段,政策更加注重实际行动和具体成果的产出。P1 和 P2 两项政策的实施将促进陕西省构建人工智能创新生态,推动产业升级和经济转型,加强陕西省在人工智能领域的国际合作和交流,吸引更多的投资和人才,为陕西省的可持续发展提供强有力的支撑。

三　对策建议

人工智能作为新一代信息技术产业中的核心产业,是引领新一轮科技革命和产业创新的关键驱动力。从陕西省人工智能产业政策量化评价的结果看,仍需要从以下四个方面加强工作。

(一)完善制度保障体系,护航人工智能产业健康发展

一是将道德制约融入数据和算法的法律保护中去,传承好德治传统,也守好法律底线,实现人工智能产业德治建设和法治建设的协同发力。二是优化高校引进、与企业共同使用海内外高层次人才的"校招共用"引才用才模式,适度扩大"校招共用"总体规模,为陕西省人工智能领域核心技术攻关及科技成果转化集聚更多优秀人才,加速企业主导的产学研深度融合。三是完善数据知识产权登记机制,明确数据知识产权登记对象的概念和范围,推进数据知识产权审查标准的明确化与公开化,引入司法救济制度等,强化人工智能研发与科研人才知识产权的制度保障。

(二)优化人才培养体系,厚植人工智能发展人力沃土

一是开展人工智能人才强基活动,引进国内外顶尖人才和团队,实现芯片、智能感知设备等硬件核心技术和智能计算、基础算法等软件发展能力的双重创新和突破。二是加强人工智能创新人才培养,强化企业和人工智能领域相关高校的产学研用合作,支持高校、科研院所和骨干企业合作建设人工智能人才实训基地,充分发挥陕西省高校院所资源富集优势,提高龙头企业数字技术创新成果的转化效能,促进中小企业共同发展,集聚高成长性创新

创业人才。三是成立人工智能人才探索基金，做好"广聚天下英才而用之"工作，鼓励相关科研工作者敢于尝试新事物、新模式和新思路，产出更多可转化、可落地创新成果。支持平台企业加大科技创新投入，推动科技和商业模式协同创新，积极培育新兴产业和未来产业，集聚未来创新创业人才。

（三）强化关键技术攻关，加强人工智能领域国际合作

一是成立和拓展人工智能专项基金，引导和支持社会资金形成更多"耐心资本"，有力有效支持发展瞪羚企业、独角兽企业，支持人工智能领域的前沿研究和核心技术开发，搭建垂直领域国家级或区域级的人工智能创新平台，加速技术攻关和成果转化。二是加速应用场景落地实施，加大力度培育市场化人工智能场景创新服务机构，在人工智能场景发现、发布、对接、推广、培育等方面积极开展理论研究和实践。三是加强国际合作与交流，举办垂直领域国际人工智能大会或论坛，搭建国际合作与交流的平台，鼓励和支持我国企业与国外企业、研究机构开展跨国合作项目，共同研发新技术、新产品，拓展国际市场。

（四）搭建产业生态体系，营造人工智能产业发展良好环境

一是警惕人工智能低水平数字基础设施重复建设和产能过剩问题，通过跨区域协作、科学规划与合理布局，确保资源有效利用，避免浪费。二是以标准为链，推动团体、地方、行业、国家、国际人工智能协同发展，充分发挥标准在人工智能产业发展中的引领作用。三是培育一批人工智能生态企业，形成集数据采集、数据清洗、数据标注、数据交易、数据应用为一体的基础数据服务产业体系，搭建行业领先的人工智能数据处理平台。

参考文献

毕笑荣：《我国人工智能政策文本分析与政策创新——基于 Post-ELSI 框架的分

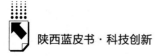

析》,《产业创新研究》2024 年第 4 期。

陈强、李佳弥、敦帅:《基于政策一致性指数模型的科技评价政策量化研究》,《中国科技论坛》2023 年第 6 期。

《国务院关于印发新一代人工智能发展规划的通知》,中国政府网,2017 年 7 月 20 日。

Ruiz Estrada, Mario Arturo, Beyond the Ceteris Paribus Assumption: Modeling Demand and Supply Assuming Omnia Mobilis, February 2010.

Ruiz Estrada, Mario Arturo, "Policy modeling: Definition, classification and evaluation", *Journal of Policy Modeling* Volume 33, Issue 4, July – August 2011.

B.9
陕西新能源汽车产业政策取向一致性
评估及优化策略研究[*]

苏 航 刘 勇[**]

摘　要: 　新能源汽车产业良好的发展态势不仅得益于市场需求的拉动,更是相关政策扶持的结果。为了提高政策执行的一致性,应确保各项措施协调推进,在同一方向上集中力量,从而形成促进发展的合力。本报告在分析研究政策取向一致性的内涵及价值意义基础上,以 2010~2023 年陕西省级层面新能源汽车产业相关扶持政策为研究对象,通过构建政策取向一致性模型(PMC)分析框架,评估分析政策绩效,着力增强政策取向一致性,优化调整施策重点,研究提出:一是加强政策制定主体协调,包括建立联合发布机制、促进部门间沟通协作、强调信息共享整合,并保障政策制定的民主性以及实施过程的监督与评价;二是细化政策措施,完善政府采购支持、细化采购计划,加强人才引进与培养;三是优化政策整体规划,强化产业规划布局,加强宏观与微观政策的协调,并提高政策方案的合理性和科学性。

关键词: 　新能源汽车产业　政策取向一致性评估　陕西

党的二十届三中全会审议通过的《中共中央关于进一步全面深化改革推进中国式现代化的决定》提出,必须完善宏观调控制度体系,统筹推进

---

　　* 本研究获陕西省哲学社会科学研究专项智库项目"陕西省地方政策对本省新能源汽车产业的政策效果研究"(项目编号:2024ZD506)资助。

　** 苏航,长安大学运输工程学院讲师,主要研究方向为交通政策与新能源汽车产业政策;刘勇,长安大学建筑学院教授,主要研究方向为低碳经济与区域可持续发展。

财税、金融等重点领域改革，增强宏观政策取向一致性。增强政策取向一致性，强化政策统筹，能够确保同向发力、形成合力，充分激发全社会推动高质量发展的积极性、主动性、创造性。经过十多年的发展，我国新能源汽车产业从小到大、从弱到强，已成为引领全球汽车产业转型升级的重要力量。新能源汽车产业良好的发展态势不仅得益于市场需求的拉动，更是受益于相关政策扶持。数据分析显示，截至 2023 年底，我国已累计制定并实施超过400 余项新能源汽车产业规划、科技创新、财税优惠、配套设施保障等方面政策措施，建立起较为完整的政策体系。① 在国家宏观政策驱动下，各省（区、市）也配套出台了相关扶持政策。自"十二五"规划实施以来，陕西省将新能源汽车产业作为重点扶持对象。在落实国家相关政策的同时，省级和西安市等地方政府也加强了相关配套措施的建设，从而推动新能源汽车产业由量变转向质变，力求实现从大到强的发展目标。2023 年，陕西新能源汽车产量达到 105.2 万辆，占到全国的 11.08%，居全国第三位。新能源汽车产业已成为陕西科技创新的策源地、经济增长的新引擎。②

本报告以 2010~2023 年陕西省级层面新能源汽车产业相关扶持政策为研究对象，通过构建政策取向一致性模型（PMC），评估分析政策绩效、优化调整施策重点，着力增强政策取向一致性，助力新能源汽车产业高质量发展行稳致远。

一 政策取向一致性的内涵及价值解析

（一）内涵

政策取向一致性是指，在政策制定与实施过程中，要推动政策在目标、时间、空间、程序和利益等多个维度上保持协调与统一，以便形成政策合

---

① 参考王海和尹俊雅（2021）对新能源汽车产业政策的判断标准整理而成。
② 中国汽车工业协会。

力，提升政策效能，实现发展既定目标。

目标一致性是政策取向一致性的核心。政策目标需相互支持，避免冲突，以共同促进社会的可持续发展。时间一致性，关注政策实施的时间安排和进度协调，合理规划，避免资源浪费，提高实施效率。空间一致性，要求在不同地区政策实施中要考虑地方差异，城市与农村的经济水平、资源分布各异，需要因地制宜。程序一致性，强调透明程序和公众参与，增强政策的合法性和可接受性。利益一致性，则在于平衡政策实施中的多方需求，实现多方共赢，减少利益冲突带来的障碍。

综上所述，通过协调多个维度，推进政策取向一致性，确保政策协同推进社会发展，不仅提高政策的时度效，而且加强政府治理的协调性和有效性，助力实现政策目标与经济社会发展目标高效协同。

（二）价值

政策取向一致性是基于有为政府理论的具体实践，是中国特色治理的创新性概念，超越了西方宏观政策理论和政策实践，为构建中国经济学自主知识体系提供了新的理论支撑。推进政策取向一致性有助于提高政策效能与可持续性、促进社会和谐与公众信任，以及优化资源配置与增强综合治理能力。

其一，提高政策效能与可持续性。通过确保政策在目标、时间和空间上的协调一致，政府能够制定出更具整体效能的政策方案。具体而言，政策取向一致性使得各项政策在实施过程中能够相互支持，避免了政策冲突或资源浪费导致的效能降低。例如，在城市发展中，交通政策与住房政策的一致性可以有效促进城市的可持续发展，提升居民的生活质量。通过跨部门协作和搭建综合政策框架，政府能够整合资源，实现政策目标的最大化。一致性的政策设计不仅关注当前的经济和社会效益，还着眼于长期的可持续发展目标。在环境保护政策中，目标一致性确保经济增长与环境保护的长期协调，避免了短期经济利益对环境的过度损害。通过将可持续发展理念融入政策制定，政府能够在短期效益和长期目标之间找到平衡，确

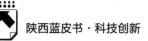

保政策的长期有效性。

其二,促进社会和谐与公众信任。政策取向一致性有助于利益和程序的协调,通过平衡不同利益群体的需求减少了政策实施过程中的利益冲突,促进了社会和谐。通过建立协商与调解机制,确保各方利益得到合理考虑,找到各方都能接受的解决方案。同时,通过标准化的政策制定和实施流程,以及引入公众参与机制,增加了政策的透明度。这种透明度增强了公众对政策的信任,促进了政策的顺利实施。

其三,优化资源配置与增强综合治理能力。提高政策在时间和空间取向上的一致性,有助于最大限度优化资源配置,提升综合治理能力。时间和空间的一致性帮助政府更有效地分配资源,避免资源浪费。合理的时间安排和空间布局使政策实施更加高效。进一步而言,通过不同政策领域的协调,政府能够更好地应对复杂的社会问题,提供更全面的解决方案。这种综合治理能力的增强有助于提升政府应对多元化挑战的能力,提高了政策的整体效能和社会效益。

综上所述,政策取向一致性有助于提升政策效能、促进多方治理目标的实现,但这并不意味着要求每一类政策始终同向发力,而是要依据经济运行规律进行动态调整,设计最优"政策组合";也不是一味追求所有政策取向完全一致的"政策共振",更不是要削弱市场的基础性支撑作用,要坚持"市场有效"和"政府有为"同发力、互促进。

二 陕西新能源汽车产业政策取向一致性指数模型建构

(一)评估变量分类及参数识别

评估分类和参数识别是对陕西新能源汽车产业政策文本进行量化评估的主要措施,为后续二级变量的设置提供重要的参考依据。本研究借助Nvivo11软件,对所选取的140项陕西新能源汽车产业政策文本进行关键词频提取。考虑到政策内容为新能源汽车产业政策,因此将"陕西省""汽车""单位""工作""人民政府"等出现频率靠前但对研究结果无具体意义的词汇剔除。最终形成了排名前50的高频有效词语，如表1所示。

表1　新能源产业政策文本排名前50的有效词语词频统计

单位：次

序号	词语	词频	序号	词语	词频	序号	词语	词频
1	发展	6808	18	合作	2628	35	国际	1796
2	建设	6612	19	工程	2624	36	人才	1749
3	产业	6033	20	"一带一路"	2554	37	金融	1738
4	企业	4611	21	科技	2491	38	机制	1720
5	服务	3598	22	物流	2470	39	基础	1642
6	项目	3214	23	资源	2418	40	开发	1642
7	技术	3060	24	改革	2390	41	政策	1619
8	工业	3049	25	产品	2341	42	市场	1559
9	创新	3001	26	体系	2298	43	旅游	1527
10	能源	2994	27	规划	2209	44	交通	1516
11	推动	2947	28	环境	2152	45	生产	1486
12	加强	2841	29	基地	2123	46	鼓励	1452
13	经济	2812	30	提升	2091	47	打造	1398
14	实施	2718	31	投资	1999	48	质量	1385
15	开展	2702	32	平台	1925	49	绿色	1346
16	生态	2694	33	信息	1866	50	能力	1269
17	设施	2675	34	园区	1865			

从频繁出现的词语中可以看出，新能源汽车产业是一个涉及多行业链条的复杂项目，涵盖了产品的开发、制造、推广示范以及销售等环节。从高频词如"发展、建设、产业、企业"可以发现，该领域非常重视对产业的规划发展，这意味着其规划中会考虑政策短中长期的有效性。将关键词"服务、经济、生态、科技、改革、机制"结合来看，该行业的政策主要围绕政治、经济、社会、科技和环境等领域进行制定和执行。此外，这些高频词不仅包括"发展、改革、体系、规划、机制"等宏观层面的词汇，也含"产业、企业、技术、工业、科技、产品、基地"等微观层面的词汇，这表明新能源汽车产业政策具有宏观和微观的双重视角。

基于政策取向一致性模型（PMC）的构建原则，并结合前述的政策文本高频词分析结果与新能源汽车产业的发展态势，最终构建一个涵盖 10 个一级变量和 36 个二级变量的陕西新能源汽车产业政策取向一致性模型（PMC），详细结果如表 2 所示。

表 2 陕西省新能源汽车产业政策 PMC 评价指标

一级变量及编号	二级变量及编号
政策性质 X1	预测 X1.1 引导 X1.2 监督 X1.3 描述 X1.4
政策时效 X2	短期 X2.1 中期 X2.2 长期 X2.3
政策领域 X3	政治 X3.1 经济 X3.2 科技 X3.3 环境 X3.4 社会 X3.5
政策级别 X4	国家级 X4.1 省级 X4.2
政策措施 X5	资金投入 X5.1 人才引进/培养 X5.2 税收优惠 X5.3 金融扶持 X5.4 政府购买 X5.5 信息技术支持 X5.6 资源协调 X5.7
政策对象 X6	政府 X6.1 消费者 X6.2 企业 X6.3 高校/研究机构 X6.4
政策目标 X7	产业发展 X7.1 创新研发 X7.2 推广应用 X7.3
政策评价 X8	目标明确 X8.1 依据充分 X8.2 方案科学 X8.3 规划合理 X8.4 权责清晰 X8.5
政策视角 X9	宏观 X9.1 微观 X9.2
政策公开 X10	政策公开 X10

本研究依据二元原则对二级指标进行赋值。当政策文本中涵盖了相关内容时，给予分值 1，否则，赋值为 0，具体的赋值准则如下。

（1）政策性质 X1：衡量政策是否具备预测、引导、监督或描述新能源汽车产业发展的功能；

（2）政策时效 X2：评估政策的有效时间，分为短期（小于 3 年）、中期（3 年到 5 年）、长期（超过 5 年）；

（3）政策领域 X3：确定政策所涉领域，包括政治、经济、科技、环境以及社会方面；

（4）政策级别 X4：识别政策是国家级还是省级；

（5）政策措施 X5：判断政策措施是否涵盖资金投入、人才引进/培养、税收优惠、金融支持、政府购买、信息技术支持以及资源协调；

（6）政策对象 X6：识别政策实施针对的目标群体，包括政府、消费者、企业以及高校/科研机构；

（7）政策目标 X7：确定政策实施欲实现的主要目标，如产业发展、创新研发与推广应用；

（8）政策评价 X8：评估政策的目标是否明确，制定是否合理，执行方案是否科学，规划是否合理，权责是否清晰；

（9）政策视角 X9：分析政策是否具有宏观战略视角或微观政策的涵盖；

（10）政策公开 X10：判断政策是否公开透明。

（二）构建多投入产出表

在选定陕西新能源汽车产业政策取向一致性模型（PMC）的一级和二级变量后，需要构建一个多投入产出表。该表格主要用于数据分析，通过多维变量的组合来量化特定变量。结合陕西新能源汽车产业政策以及各个变量的具体状况，建立了多投入产出表，如表 3 所示。

表 3　多投入产出表

一级变量	二级变量	二级变量数目
X1	X1.1　X1.2　X1.3　X1.4	4
X2	X2.1　X2.2　X2.3	3
X3	X3.1　X3.2　X3.3　X3.4　X3.5	5
X4	X4.1　X4.2	2
X5	X5.1　X5.2　X5.3　X5.4　X5.5　X5.6　X5.7	7
X6	X6.1　X6.2　X6.3　X6.4	4
X7	X7.1　X7.2　X7.3	3
X8	X8.1　X8.2　X8.3　X8.4　X8.5	5
X9	X9.1　X9.2	2
X10	X10	1

政策取向一致性模型（PMC）的计算过程，具体如下步骤。

（1）整合变量：首先，将先前识别的一、二级变量合并至多重投入产出表

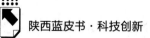

内。此步骤确保所有相关变量位于统一的分析框架中，为后续计算奠定基础；

（2）二级变量赋值：利用公式（1）和（2）对多重投入产出表中的二级变量进行赋值，这些变量的值必须在［0，1］，以确保结果的标准化和比较的一致性；

（3）计算一级变量：依据公式（3），计算一级变量的数值。这一步骤涉及对二级变量的综合计算，以反映一级变量的综合影响力；

（4）汇总一级变量：最终，通过公式（4）汇集所有一级变量的数值，从而计算得出新能源汽车政策的 PMC 指数。此指数提供了对政策取向一致性的整体评估。

通过上述步骤，对新能源汽车政策的一致性进行了系统化的评估，具体计算公式如下：

$$X \sim N[0,1] \tag{1}$$

$$X = \{XR:[0 \sim 1]\} \tag{2}$$

$$X_t\left(\sum_{j=1}^{n} \frac{X_{ty}}{T(X_{ty})}\right), t = 1,2,3,\cdots,\infty \tag{3}$$

结合多投入产出表对应的二级变量个数，再运用公式（3），得出本研究对应的政策取向一致性模型（PMC）的计算公式如下所示：

$$PMC = \begin{pmatrix} X1\left(\sum_{i=1}^{4} \frac{X_i}{4}\right) + X2\left(\sum_{j=1}^{3} \frac{X_{2j}}{3}\right) + X3\left(\sum_{k=1}^{5} \frac{X_{3k}}{5}\right) \\ + X4\left(\sum_{f=1}^{2} \frac{X_{4f}}{2}\right) + X5\left(\sum_{m=1}^{7} \frac{X_{5m}}{7}\right) + X6\left(\sum_{n=1}^{4} \frac{X_{6n}}{4}\right) \\ + X7\left(\sum_{o=1}^{3} \frac{X_{7o}}{3}\right) + X8\left(\sum_{p=1}^{5} \frac{X_{8p}}{5}\right) + X9\left(\sum_{q=1}^{2} \frac{X_{9q}}{2}\right) + X10 \end{pmatrix} \tag{4}$$

（三）评估指数计算及评价方法

结合多投入产出表对应的二级变量个数，再运用公式（3），得出本研究对应的政策取向一致性模型（PMC）的计算公式，该评估结果被划分为四个等级。随着 PMC 指数的上升，政策评价等级也随之提高。具体等级类别分为完美（9~10）、优秀（7~8.99）、可接受（5~6.99）以及不良（0~4.99）。通过对政策进行相应的评级和分类，可以直观地识别政策的优劣势，为进一步优化和改良提供关键的参考信息。

三 陕西新能源汽车产业政策取向一致性评估分析

（一）政策样本选取

选取 140 项陕西新能源汽车产业政策文本进行深入的量化评价，在考虑外部因素的背景下，从这 140 项政策中选取了 10 项对新能源汽车产业发展具有显著支持和代表性的政策文本进行量化分析。

（二）政策取向一致性指数值计算结果

结合政策取向一致性模型（PMC）的评价标准（涉及为 1，不涉及为 0），最终得到陕西新能源汽车产业政策的多投入产出结果统计表。根据政策等级划分标准得出了陕西新能源汽车产业政策的 PMC 指数和评价等级。

（三）政策文本一致性评价分析

根据前述的量化结果比较，得出 10 项陕西新能源汽车产业政策文本与 PMC 指数排名结果匹配统计，如表 4 所示。

表 4 陕西新能源汽车产业政策文本与 PMC 指数等级结果匹配统计

编号	政策名称	PMC 指数及评价	等级
P1	《陕西省推动制造业高质量发展实施方案》	6.86	可接受
P2	《陕西省新能源汽车推广应用三年行动财政补贴实施细则》	5.25	可接受
P3	《陕西省"十四五"制造业高质量发展规划》	8.39	优秀
P4	《关于进一步提升陕西省电动汽车充电基础设施服务保障能力的实施意见》	6.24	可接受

续表

编号	政策名称	PMC 指数及评价	等级
P5	《陕西省电动汽车充电基础设施专项规划(2016—2020年)》	5.69	可接受
P6	《陕西省电动汽车充电基础设施建设运营管理暂行办法》	6.01	可接受
P7	《陕西省人民政府办公厅关于进一步加快新能源汽车推广应用的实施意见》	6.35	可接受
P8	《陕西省关于电动汽车充电基础设施"十四五"发展规划的通知》	6.21	可接受
P9	《陕西省电动汽车充电基础设施建设运营管理办法》	6.01	可接受
P10	《陕西省人民政府办公厅关于进一步加快新能源汽车推广应用的实施意见》	7.55	优秀

注：PMC 指数值为四舍五入后结果。

量化评价结果显示，10 项陕西新能源汽车产业政策的 PMC 指数均值为 6.53，处于"可接受"的等级，其中 P3、P10 两项政策的 PMC 指数结果表现为"优秀"，其他 8 项政策的 PMC 指数结果表现为"可接受"，没有评价结果为"不良"的政策。根据表格统计数据，10 项陕西新能源汽车产业政策的具体排名由高到低为：P3>P10>P1>P7>P4>P8>P9>P6>P5>P2。

1. 总体评价分析

本研究挑选了 10 项对新能源汽车产业具有显著影响并具代表性的政策文件进行深入量化评估。在 10 项评价指标中，平均值的内部排名依次为：政策视角 X9 居首，其后是政策对象 X6 和政策性质 X1，紧随其后的是政策评价 X8、政策目标 X7、政策领域 X3、政策措施 X5、政策级别 X4 和政策时效 X2（由于政策公开 X10 的得分一致，故未纳入比较）。这一排序显示出现有政策在政策视角、政策对象及政策性质方面具有一定的优势，其 PMC 指数表现较为突出。虽然政策评价、目标和领域等方面在已有政策中有所体现，但并未完全展开，需进一步细化以提升其 PMC 指数得分。对政策措施、级别和时效方面的重视程度较低，导致 PMC 指数分数不高，削弱了政策的实施效果。

2. 分项政策评价分析

从微观视角分析陕西新能源汽车产业政策的得分差异、变量表现及内部异质性，特别是一级指标变量的表现。《陕西省推动制造业高质量发展实施方案》（P1）的PMC指数值为6.86，列10项政策的第三位，评价等级为"可接受"。分析一级变量发现，除了政策评价X8外，其他指标均高于平均水平。该项政策的重点在于促进工业运行，因此它在微观层面对新能源汽车产业的发展、充电基础设施建设、产品推广以及市场开拓都有所涉及。

《陕西省"十四五"制造业高质量发展规划》（P3）的PMC指数值为8.39，在10项政策中排名第一，评价等级为"优秀"。该政策的整体位置相对较高，各项一级变量的PMC值均高于均值，说明该项政策各项指标表现较为出色。作为陕西对于新能源汽车产业的专项规划类政策，该政策文本在各方面的指标均表现良好，"十四五"时期更强调高质量发展及全面发展，因此陕西在优化对于新能源汽车的产业发展规划文本时，需将产业发展与生态环境保护进行统筹考量，在产业发展上引入产品全生命周期管理理念，在实现产业发展的同时，兼顾节能减排效应。

《陕西省电动汽车充电基础设施专项规划（2016—2020年）》（P5）的PMC指数值为5.69，在10项政策中排名第九，评价为"可接受"。在一级变量与均值的对比中，政策领域（X3）、政策措施（X5）、政策对象（X6）、政策目标（X7）、政策视角（X9）均显著低于平均水平。总的来说，尽管该项政策主要针对高速公路和普通省道的新能源汽车设施，但在领域覆盖范围、政府支持力度、政策基础的充分性、规划的合理性以及政策视角等方面，仍有很大的改进与完善的空间。

《陕西省电动汽车充电基础设施建设运营管理暂行办法》（P6）表现中等，PMC指数值为6.01，在10项政策中排名第八，等级为"可接受"。P6政策在政策领域（X3）、政策措施（X5）、政策目标（X7）和政策视角（X9）上仍有显著的提升空间。整体而言，P6政策主要涉及充电基础设施建设和运营服务的财政支持，侧重于微观层面的具体扶持。然而，该政策在涉及充电设施技术标准时，未对技术提升设定更高的补贴准入标准，以适应新能源汽车技术的不断更新。

根据《陕西省人民政府办公厅关于进一步加快新能源汽车推广应用的

实施意见》（P7）的 PMC 指数值为 6.35，在 10 项政策中排名第五，属于"可接受"评级。与一级变量的均值对比显示，该项政策在政策措施（X5）和政策评价（X8）方面需要尤其加强。整体来看，作为陕西省在新能源汽车推广上集"规划和实操策略"于一体的政策文件，该项政策在科技与环境方面的覆盖程度、人才引进与培养、税收优惠的支持强度、方案的可行性及合理性等方面存在一定不足，特别是人才培养和税收优惠的支持强度有待提高。

《陕西省关于电动汽车充电基础设施"十四五"发展规划的通知》（P8）在 10 项政策中的 PMC 指数值为 6.21，排名第六，评价为"可接受"。具体来看，与一级变量的均值相比，该项政策在政策领域（X3）方面存在一些不足，具体体现为政策措施（X5）的制定不够全面，政策目标（X7）的明确性不足，以及政策评价（X8）的效果不如人意，这几项与均值的差异值偏低。综合分析来看，该政策在制定过程中忽略了对科技与环境的覆盖、政策资金的支持力度、产业发展及创新研发的目标明确性和合理性等方面的考量。尽管该项文本被用作陕西充电基础设施构建的规划，它的信息量超出了 P5、P6 等同类政策，因此其 PMC 指数值更高。

另外，《陕西省电动汽车充电基础设施建设运营管理办法》（P9）的 PMC 指数值为 6.01，排在第七位，同样被评定为"可接受"。与一级变量的均值相比，该项政策在政策措施（X5）、政策对象（X6）、政策视角（X9）方面有提升空间。总体而言，该项政策目的是改善城市公交车成品油价格补助政策，并推动新能源公交车使用，以此来实现节能减排目标。然而，该政策的叙述内容明显不足，尤其对消费者关注层面考虑不够充分。此政策的目标设定仍需改进，因为它过度局限于细微层面的政策视角。

《陕西省人民政府办公厅关于进一步加快新能源汽车推广应用的实施意见》（P10）具有很高的 PMC 指数值，为 7.55，在 10 项政策中排名第二，被评为"优秀"。通过与一级变量均值的比较发现，所有指标均达到甚至超过了平均水平。综合分析，P10 和 P4 都是针对新能源汽车推广的专项政策措施，而 P10 作为强化版政策，PMC 指数表现更为优越。然而，P10 在预测政策性质、涉及的环境和社会范畴，以及人才引进/培养、税收优惠、金融支持等政策措施方面，还有提升空间。

四　陕西新能源汽车产业政策取向一致性取向策略设计

本研究主要采用政策评价理论，并结合政策取向一致性模型（PMC）对陕西省新能源汽车产业政策进行实证评估，探讨了政策内部的协调性，研究得出相关结论，并提出优化策略。

（一）研究结论

1. 陕西新能源汽车产业政策亮点

在陕西新能源汽车产业政策制定实施过程中，涉及多个级别的政府部门，如省人民政府办公厅、工信厅、发展改革委、商务厅、财政厅等，共计15个部门。这些部门在省人民政府的统一指导下，依据各自的功能和职责，利用政策扶持手段，推动产业发展。这充分显示了陕西省政府对新能源汽车产业发展的重视，以及对国家战略目标的积极响应。政策颁布时间显示，陕西紧密配合国家政策的发布，持续调整自身规划，以确保与国家发展导向保持一致。在政策文件的形式方面，陕西发布了大量地方性"规范文件"，其中以"规定"和"计划"类为主，体现了省政府在发展新能源汽车产业中的积极态度和综合规划能力。与此同时，陕西也注重响应国家政策，为省内新能源汽车发展创造良好的政策氛围。具体政策亮点体现如下几个方面：一是政策性质具备明确的引导、监管和描述功能，为产业发展提供指导，并设立了有效的执行监督机制；二是政策适用对象广泛，涵盖政府、消费者、企业以及高校和科研机构，显示出陕西在政策制定时对各相关方面的综合考量；三是政策视角涵盖了宏观政策条款以及一定的具体措施。对陕西制定的十项新能源汽车产业政策进行评估后，发现评估结果均在"可接受"水平以上，其中两项政策被评为"优秀"，表明陕西相关政策具有较强的科学性和合理性。

2. 陕西新能源汽车产业政策尚待完善的着力点

通过评估分析可以看出，陕西新能源汽车产业政策在制定实施中仍然存在不足，尚待完善，具体体现在以下几个方面。一是政策发文主体协同程度较低。评估显示，在所有发布的政策文件中，仅有8项是由多个部门联合发布的，占总样本量的6.5%，这一比例较低，反映了部门力量整合协同不足，这也可能导致部门政策取向不一致的结果。二是政策措施创新不够。在政策举措中，如在新能源汽车充电设施运维方面，相关政策明确提出高速公路和普通国省道的充电基础设施"谁建设，谁运营维护"。充电设施建设需要较大的投资及高水平的专业技术，建管一体很可能导致投资低效、运维服务不完善等问题。三是人才引进和培养政策方面存在不足。如在新能源汽车产业推广应用的实施意见中缺乏人才引进及扶持政策措施。人才是第一资源，新能源汽车作为新兴科技产品，其在技术研发、生产制造、质量管理、市场推广及法规分析等方面对人才的需求较大，需要强化支持。四是政策体系规划的合理性仍需进一步提升。评估显示，省级层面缺失新能源汽车产业规划。规划具有引领统筹功能，推进形成共识、统筹资源、协同攻坚。从长远来看，新能源汽车产业高质量发展对促进国家和地方产供链升级、开放创新生态营建至关重要，需要久久为功。因此，针对这一领域的政策文本需要具备长远的规划视角和前瞻性的布局策略。

（二）政策取向一致性策略建议

相关部门在新能源汽车产业政策制定中，不仅要考虑自身目标，还需考虑政策相关部门目标，强化政策间的统筹协调，确保各项政策同向发力，避免"合成谬误"。

首先，提升政策发文主体的协同性。一是建立政策联合发布机制。为了提升政策制定主体之间的协调性，建议设立联合政策发布机制。在新能源汽车产业政策的形成过程中，应鼓励并推动相关部门和机构的协作，从而形成跨部门及跨机构的合作体系。通过联合发布促进各部门之间的有效沟通，提升政策的科学性和效率。二是增强部门之间的沟通与合作。新能源汽车产业政策制定和实施涉及多方部门和机构，应加强部门之间的沟通和协作，减少政策间的冲突与不一致，提高政策设计和执行的效果。三是强化信息的共享与整合。考虑到新能源汽车产业的复杂性，其生命周期管理涉及多个领域，因此需加强信息的共享和整合。建设统一的信息共享平台，通过信息的集中和共享，能够更全面地了解其他部门的工作情况及政策措施，为制定和调整政策提供参考依据。四是加强对政策执行的监督与评估。采取人工智能、大数据等技术手段加强政策取向一致性评估，提升政策制定的科学性和前瞻性。政府应积极利用大数据、人工智能等技术手段，模拟产业政策，对政策进行定量评估，设定不同政策影响下的发展情景，从而提高政策制定的数据支持能力，使政策制定更具前瞻性。此外，政策制定者应该定期进行政策效果评估，及时调整那些不一致或相互冲突的政策措施。

其次，建立完善相关政策举措。一是完善并增强相关采购扶持措施。在涉及省内高速公路和国省道的新能源汽车充电基础设施布局规划时，需明确具体的采购策略，包括采购范围的界定、标准的设定及采购方式的选择，以便在基础设施建设中发挥政府的保障作用。此外，政府应与企业密切合作，携手推进需要大量资金投入的民生项目，如新能源汽车充电设施的建设。政府提供政策和资金的支持，而企业则负责具体建设和运营，双方联手攻克充电时长等技术难题，并创新发展充换电设施的商业模式，克服新能源汽车使用过程中的主要障碍。二是加强人才引进与培养力度。新能源汽车推广政策需细致规范，明确引进新能源汽车全产业链所需人才的途径和优惠措施，例如科研经费和住房补贴等，以吸引优秀人才加入。同时，还需重视本地人才的培养。地方政府可加强与当地新能源汽车生产企业、高校和研究机构的合作，根据产业发展趋势优化专项培训计划，制定具有地方特色的人才培养方案，以满足产业需求并培养更多的本土专业人才。

最后，进一步优化政策规划体系。一是增强产业规划布局。制定新能源汽车政策前，省内相关部门需要深入研究和评估产业，掌握区域内产业发展趋势、市场需求以及技术进步等信息，以提供科学支持。由于新能源汽车是一个不断演变的领域，政策的制定需具备长远视野，不仅要关注当前市场及技术水平，还要预测和规划未来的市场需求与技术方向。此外，新能源汽车产业涵盖多个领域，如电池、电机、电子控制和新兴的智能网联技术等，应加强产业链整合与协同以促进其升级与发展。二是优化政策内容协调性。制定政策时，应全方位考虑宏观和微观层面的协调，避免政策间的冲突，确保宏微观的动态平衡，保持政策的连贯性和系统性。政策的制定需要立足于产业的长远发展，明确政策目标与方向，避免规划文本过于细微或缺乏操作性。同时，鉴于新能源汽车行业发展迅速，在政策制定中需充分考虑未来变动和调整，保证政策的灵活性与适应性。三是提高政策方案科学性。在设定新能源汽车推广及充电基础设施建设目标时要具体化，例如细化公共服务与私人车辆的推广目标，以便更精准地掌握市场动态与需求。此外，政策方案的制定应加强科学和技术考量，关注实效与技术可行性，避免方案过度简化或复杂的问题。

参考文献

柳卸林、杨培培、丁雪辰：《央地产业政策协同与新能源汽车产业发展：基于创新生态系统视角》，《中国软科学》2023年第11期。

何裕捷：《政策组合复杂程度如何影响政策效能——基于新能源汽车推广的分析》，《公共管理学报》2024年第1期。

李晓敏、刘毅然、杨娇娇：《中国新能源汽车推广政策效果的地域差异研究》，《中国人口·资源与环境》2020年第8期。

王海、尹俊雅：《地方产业政策与行业创新发展——来自新能源汽车产业政策文本的经验证据》，《财经研究》2021年第5期。

行伟波、张康、李善同：《中国汽车市场一体化研究：演化趋势、影响因素与价格联动》，《产经评论》2023年第6期。

B.10
陕西低空经济科技创新及应用场景
路径创新研究

秦创原先进技术创新促进中心成果转化课题组*

摘　要： 低空经济具有科技含量高、成长性和带动性强，是新质生产力的典型代表。科技创新及应用场景是低空经济发展的核心驱动力。本文通过研究分析低空经济科技创新及应用场景的内涵特征，评价分析陕西低空经济科技创新及应用场景的推进现状、面临的挑战，研究提出推进低空科技创新和科技成果转化同发力、加快低空经济应用场景创新、强化要素保障、推进空域资源配置改革等方面相关对策措施，旨在推进低空经济科技创新及应用场景路径创新，更好地服务高质量发展。

关键词： 低空经济　科技创新　应用场景　陕西

党的二十届三中全会审议通过的《中共中央关于进一步全面深化改革推进中国式现代化的决定》提出发展通用航空和低空经济。当前全国各地加速布局低空经济，低空经济迎来前所未有的发展机遇。低空经济科技含量高、成长性和带动性强，是新质生产力的典型代表。科技创新及应用场景是低空经济发展的核心驱动力。本报告研究分析低空经济科技创新及应用场景的内涵特征，评价分析陕西低空经济科技创新及应用场景推进现状、面临的

* 课题组组长：雷攀，秦创原先进技术创新促进中心成果转化公司常务副总经理，主要研究方向为科技政策、科技管理。成员：冯海，秦创原先进技术创新促进中心成果转化公司技术经理人；朱学鹏，陕西省总商会低空专委会秘书长；周立凡，陕西电子信息研究院副总工程师。

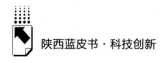

挑战，探索提出低空经济科技创新及应用场景发展路径，以更好地服务高质量发展。

一　低空经济科技创新及应用场景发展的趋势特征

（一）低空经济的内涵

低空经济是以低空空域为核心，涵盖有人驾驶和无人驾驶航空器飞行活动的一种新型经济形态，具有立体性、区域性、融合性和广泛性特征。低空空域一般指距地面垂直距离 1000 米以内，根据实际需要可延伸至 3000 米。低空经济依托这一空域，通过多种低空飞行活动推动相关领域融合发展。低空经济立体性主要体现在空域利用上的三维立体性；区域性体现在不同地区低空空域管理和利用的差异化；融合性体现在涉及多个产业和领域；广泛性体现在应用场景的多样性。

低空经济产业链环节较多，其产业链涵盖从原材料到最终应用的各个环节。具体分析，上游主要包括航空材料、部件及软件等。如航空材料以高性能合金、复合材料为主，这些材料需满足轻质、高强、耐高温等要求；航空器部件涵盖发动机、机翼、机身等，其设计和制造工艺直接影响飞行性能和安全；软件方面包括飞行控制系统、导航系统、通信系统等，是低空飞行器智能化、自主化的重要支撑。中游产业的核心是低空飞行器和机场设备。无人机、直升机、电动垂直起降飞行器（eVTOL）等是低空飞行器的重要组成部分，广泛应用于航拍、物流、救援等领域。这些飞行器的研发和生产技术不断进步，推动了低空经济的发展。机场设备方面则包括空港空管设备、相关辅助设备等，这些设备保障低空飞行器的安全起降和运营。下游产业主要为低空飞行服务保障、地面服务保障、运营维护以及各类应用场景。低空飞行服务保障包括飞行计划审批、气象服务、通信导航监视等，地面服务保障涉及航空器停放、维修、加油等，运营维护则涵盖飞行器的定期检修、部件更换等。在各类应用场景方面，低空经济呈现多样化发展趋势，如空中游览、低空物流、城市公共治理等。这些应用场景的不断拓展，进一步推动了低空经济的发展。

从低空经济的内涵范畴来看，低空经济核心要素有三个方面，即低空要素化、要素场景化、场景市场化，这三方面是当前低空经济发展的根本。其中，低空要素化，是指低空空域、基础设施等要素构成了低空经济坚实支撑，要加快低空空域资源的开发利用，加强低空基础设施建设，将低空空域资源转变成和"土地"资源一样的生产要素，为推动低空经济活动提供保障；场景是新技术、新产品或新服务实际应用的特定环境，对科技创新、产业发展具有领航作用。要素场景化，就是要充分利用资源富集的优势，统筹推进场景、市场、技术、政策和安全等各项工作，以低空飞行器制造与运营服务为驱动，不断挖掘和拓展应用场景，丰富低空飞行、作业与监管的内涵；场景市场化，是指在培育和拓展低空应用场景的同时，挖掘真实需求和用户，形成规模和集聚效应，畅通商业模式，让低空经济成为助推经济高质量发展的新引擎。

（二）低空经济科技创新及应用场景演进特征

低空经济科技创新，主要包括无人机、eVTOL、新能源电池、新材料和智能制造等领域的科技变革，这些变革支撑引领低空产业的制造、流动及服务环节。低空经济的应用场景，既包括传统领域的深化应用，也包括新兴领域的探索。农业植保、物流运输等传统领域已广泛应用低空技术，推动了行业的转型升级。此外，低空经济还拓展到了环保监测、应急救援、公共安全等领域。这些领域应用场景推动行业科技创新和治理能力提升。在城市空中交通、低空旅游等新兴领域，低空经济科技优势和市场潜力不断显现，正在成为推动发展的新动能。

从国内外低空经济发展演进趋势看，未来低空飞行器将采取更加先进的电池技术和能量管理系统，有效提升飞行器的续航能力，并且 5G 和 AI 深度融合应用，无人机等飞行器的遥控和数据传输更加稳定和高效、飞行更加安全、飞行路径更加优化、空管更加智能化。分析和归纳低空经济科技创新及应用场景演进趋势，主要呈现如下特征。

一是颠覆性特征。无人机、eVTOL 等新型低空航空器的出现与成熟，推动低空经济应用场景从传统的通用航空运营领域逐步拓展到广泛的新兴领域，并在多个领域产生颠覆性的影响。无人机技术的飞速发展不仅在物流运输领域带来全新业务模式，在农林植保、环境监测、电力巡检等领域都颠覆了传统作业方式，甚至还彻底改变了现代化战争的进程和规则。eVTOL 作为应用大量新兴技术的低空航空器，具备与直升机、旋翼机相似的性能特点，同时具有低碳环保、低噪声、低成本等突出优势，文旅、消防、应急、救援等领域均成为其典型应用场景，预示着低空旅游、空中通勤、应急救援乃至个人出行方式的全面变革。二是融合性特征。低空经济融合众多交叉学科和尖端科技形态，不论在航空器、作业设备技术研发上，还是在需求和应用场景方面，都是材料科学、空气动力学、电子信息技术、光电子技术等多个领域的交叉融合与创新。信息网络、人工智能、大数据、云计算、图像识别、自主定位等领域呈现群体跃进态势，颠覆性技术不断涌现，在催生新经济、新产业、新场景、新模式的同时，技术多点突破、交叉融合趋势日益凸显。三是多样化特征。低空经济应用场景涉及多维度、多领域、多行业，催生了"低空+行业"新模式，既触及通用航空运营业态，又包含了以无人机等新型载运装备为平台的服务方式。四是演进性特征。随着技术变革动态演进，一些低价值场景将被淘汰，一些概念性、超前性场景逐渐成为主流趋势，一些新场景、新需求会被不断发掘出来。低空经济应用场景演进与技术进步、市场需求、产业演化更加精准匹配。例如，"低空+高层建筑无人机消防"应用场景，随着5G/6G、图像识别、人工智能、无人自主和信息感知等技术的成熟，成为消防救援的有力支撑。

二 陕西低空经济科技创新及应用场景发展优势条件及面临的挑战

陕西是我国重要的航空航天工业基地，综合创新实力雄厚，具备较强的航空飞行器设计、研发、制造、维修、改装等研发生产能力。目前，陕西拥有以西安爱生、羚控电子、中天飞龙、科为实业等为代表的无人机研发制造企业 300 余家，无人机产品谱系丰富，服务保障水平较高，积蓄形成了一定的低空经济科技创新及应用场景发展优势条件，突出的表现如下。

（一）科技创新能力突出

长期以来陕西承担着各类大中型飞机的整机研发生产，以及国内大部分飞机型号的配套科研生产任务，能够设计多旋翼、固定翼、复合翼无人机等飞行器，掌握总体设计、生产制造、系统集成、飞行试验、检验测试等核心技术，能够支撑从材料到元器件、从模块到系统的供应能力，为无人机发展提供了有力的支撑。

（二）低空产业体系相对完备

陕西拥有集飞机研究设计、试验试飞、生产制造、综合保障及教育培训为一体的航空产业体系，产业链条完整。具有完整的无人机产业链，从上游的原材料、航空零部件加工，到中游的整机研制、配套研发，再到下游的飞行服务、低空运营场景，各个环节均有企业布局，具备全链条配套的条件和能力。

（三）低空应用场景丰富

陕西低空场景丰富多元，在农林作业、管线巡检、低空旅游、城市低空配送、跨区物流、城际交通等领域低空应用场景创新活跃。随着 5G 通信、AI 分析、物联网等技术应用，低空经济各类应用场景逐步实现实时数据采集与处理、智能调度与优化，以及精准操作与反馈。

（四）相关配套政策持续发力

陕西省委、省政府批准成立了陕西省低空空域协调管理工作专班办公室，该机构主要负责联系对接国家空域管理、民航管理等单位。2024 年初，陕西省发改委、省工信厅及各市区等不同层面出台相关支持低空制造、科技创新等政策措施。通过强化分类试点、科技创新、应用场景创新、完善机场网络和基础设施等,促进低空经济发展,为低空经济高质量发展提供保障。

总体上,陕西低空经济正处于资源整合、局部产业突破发展阶段,低空经济科技创新及应用场景需求潜力巨大,但面临的挑战艰巨,主要表现为以下几个方面。一是关键核心技术突破不够。目前国际社会围绕航电动力、能量控制与管理、装备安全、精准定位等关键核心技术竞争异常激烈。陕西低空飞行器领域一些关键零部件国产化能力不足,如航空动力、航电系统等核心技术过度依赖进口,产业链供应链自主可控能力不足;飞行控制、编队保持、自主避障、着陆引导、故障诊断、图像识别等方面关键核心技术创新不足,制约飞行器竞争力持续提升。此外,低空飞行和应用还面临技术标准的挑战。技术标准不统一,对飞行器的兼容性、安全性和可靠性造成影响。二是科技成果转化不足。目前,围绕低空经济领域,没有建立起完整的成果挖掘、供需对接、技术评估、产权交易、科技金融、项目孵化和产业落地等全链条服务体系,从基础研究到技术应用再到产业化的通道尚未打通,"出成果"与"用成果"的结合度不紧密;低空产业的协同创新效应不足,企业间缺乏有效的合作与协同创新机制等。三是应用场景拓展不够。低空经济应用场景拓展整体缓慢,市场化商业需求场景挖掘不足,大多通航企业缺少成熟的商业模式和稳定的盈利模式,许多应用场景仍需政府补贴,尚未形成大规模的商业可持续、可复制的应用场景。四是要素保障支持不够。目前,陕西低空设施网络建设滞后,空域要素分配、管理及保障综合协调能力不足,民航企业融资渠道不畅、人才保障不力等。

三 陕西低空经济科技创新及应用场景路径创新的施力重点

(一)推进低空科技创新和科技成果转化同发力

科技创新需要科技成果转化实现价值,科技成果转化需要科技创新提供支撑，二者同时发力，才能够更好地发挥科技创新赋能作用。一是聚力突破关键核心技术。着眼国家战略需求和经济主战场，积极打造以企业为主导的产学研协同创新体系，集中力量攻关通用航空器发动机、航电系统等核心部件，瞄准无人化、智能化方向，攻克精准定位、感知避障、自主飞行、智能集群作业等核心技术，筑牢发展安全根基，掌握发展主动权。二是进一步强化企业创新主体作用。支持引导低空龙头骨干企业整合资源，强化产业链、供应链和创新链的引领和组织协同，不断提高企业竞争力，完善售后服务保障能力，提升产业链韧性和安全水平；支持电池、电机等优势企业加大研发投入，提升产品性能，培育一批知名品牌产品；支持引导低空装备任务系统、配套企业提升核心竞争力，加快迈向"专精特新"企业。三是狠抓科技成果转化。科技成果转化是一个全要素耦合的系统工程。要紧紧把握当前科技成果转化周期缩短、主体多元、方式多样等新特点和新趋势，以科技成果转化"三项改革"为牵引，一体化推进建设科学技术化、技术产品化、产品产业化的贯通式科技成果转化全生态，加快实现转化主体、转化链条、转化服务全覆盖；持续激发西工大、西交大、西安电子科大、一飞院、自控所等一批大学大院大所供给更高质量低空科技创新成果；强化军民融合、央地协同，鼓励优势军工技术资源向民用领域转化倾斜，促进低空制造高质量成果转化落地。

（二）积极开发低空经济应用场景

应用场景创新能够促进创新资源优化整合，更好地推进科技创新和产业创新深度融合，开辟新领域新赛道，塑造发展新动能新优势。要大力推动航空器与各种产业形态加快融合，开发更多的"低空+"应用场景，激发放大场景牵引作用。一是培育"低空+物流"新场景。结合陕北、关中、陕南不同地形地貌和空域条件、产业基础和市场需求，建立干线运输、支线物流、末端配送有机衔接的航线网络，布局建设无人机物流节点（即物资中转、集散和储运的节点），开展无人机城际运输、短途运输及末端配送应用，不断丰富城市物流场景。推动低空物流配送在乡村、山区、边海防的推广应用，发展外卖生鲜、物资运输、医药冷链等重点场景，打通快递物流"最后一公里"。二是发展"低空+消费"新业态。陕西省旅游资源丰富，低空旅游需求和潜力大，未来将成为发展低空经济的亮点。面向低空旅游、航空运动、私人飞行等消费市场，加快开发低空文旅观光、飞行体验等多元化低空旅游产品，推动消费空间由"平面"转向"立体"。依托飞行营地、航空小镇提供航空研学服务，开展航空知识科普、飞行器参观、航模制作、模拟飞行等活动。探索开展无人机竞速等低空飞行赛事，开辟低空旅游专线。三是打造"低空+服务"新模式。在市政管理、应急救援、油气管线巡检、电力巡检、农林植保、国土测绘、生态治理、水域监测等公共服务领域拓展低空经济商业应用场景，探索可持续的商业模式和成熟的应用场景。发挥通航"小机型、小航线、小航程"特点，积极开展短途客运服务，建立空中交通体系。鼓励和引导发展 eVTOL 等新型飞行载运装备商业运输模式。

（三）强化低空经济发展要素保障

统筹规划，强化设施网络、金融等保障支撑，夯实低空经济发展要素保障。一是统筹规划。战略规划是整合资源、提高决策的科学性和准确性的重要手段，目前国内多数省份已制定推进低空经济发展战略规划，而陕西省级层面尚未出台这方面规划。应加快制定并实施省域低空经济发展战略规划，明确推进思路目标、重点方向，细化相关责任清单，加强力量整合，推进低空经济发展迈出坚实步伐。二是强化低空基础设施网络及标准体系建设。充分发挥智能技术、数字技术赋能作用，规划建设以低空智联网和空域为依托，以无人机为主导的低空飞行基础设施"四网融合"，即设施网，建成可靠性高、链接能力强、网格化进程的空域基础设施网络；建设低空感知与通信等智联网络，实现定位精度高、覆盖范围广、资源共享开放等；航路网，加快构建高安全、高效性空域航路融合三维数字底座等；服务网，构建飞行服务与空天地一体的低空导航监管网，实现协调能力强，空域分配效率高。同时，加快推进低空经济基础设施标准化进程，进一步完善低空飞行起降站点、能源站等物理基础设施标准，使之同时具备安全性、可靠性和便捷性，充分满足无人机等低空飞行器的起降需求；加快建立信息基础设施、航路基础设施、服务基础设施等标准指导目录，推进相关标准体系建设，为低空飞行器安全、高效运行提供保障服务。三是支持低空经济投融资发展。加快构建支持"长钱长投"的政策体系，完善有利于长期投资行为的考核评价、税收、投资账户等制度。支持引导各类金融机构开发面向低空经济的低成本信贷、中长期技术研发、技术改造等金融产品；引导保险机构研发适用于低空航空器以及运载标的的专门险种，扩大保险覆盖范围和商业场景契合度，构建风险覆盖广泛的低空经济保险服务体系。

（四）深入推进低空空域资源配置改革

推进低空空域资源配置改革对低空经济发展至关重要。目前尽管国家及一些省份在此方面进行了一些探索实践，空域划分不合理、管理体制不科学、资源利用不足等问题仍然突出。空域资源配置改革涉及单位、层级较多，要加大力度整合空域、机场和飞行服务资源，贯通空域协同管理全链条，更好地服务低空经济高质量发展。一是推进低空空域管理模式创新。依托陕西低空经济发展潜力巨大优势，主动加强与中央空管委、战区空域管理机构、军民航空管理部门等单位对接，积极争取省域空域综合改革试点，深入推进空域分类划设与管理，探索建立集中统管、军民融合的管理体制；简化飞行计划审批流程，探索个性化飞行服务；支持并利用现代信息技术手段提升管理效率和服务水平，加强信息服务和安全保障体系，确保飞行安全。二是加强低空空域服务保障体系建设。持续提升飞行服务保障能力，建设统一的飞行服务系统，加强情报服务和信息服务的准确性和及时性；建设覆盖全面、技术先进的设施，推动技术创新应用，不断完善通信、导航和监视设施体系；建设飞行服务站，提供全方位的服务保障。三是鼓励和支持低空经济发展。支持低空关键设备、核心零部件、关键材料以及无人机反制等项目建设；支持引导企业拓展无人驾驶航空器、直升机、eVTOL 在电力巡线、岸线巡检、港口巡检、农林植保、空中游览等领域的商业化应用。推动低空飞行与轨道交通、机场等开展联运，不断丰富低空经济新业态；建设通用航空和无人机产业园区，吸引企业入驻，形成产业集聚效应；持续提升通航机场和起降点的建设水平，提供充足的空域资源，促进规模化运营；建设低空空域管理的数字化平台，提升管理水平；加大低空经济领域人才的培训和引进力度，强化战略支撑；积极推动行业交流和国际合作，借鉴国际先进经验，提升省域低空空域管理的国际竞争力。推进构建低空经济发展统计体系，加强对投入、产出、利润等主要指标的监测、统计和分析，及时发现问题、解决问题，为制定科学有效的政策提供有力支撑。

参考文献

陈志杰：《加强天地融合智联，助推低空经济腾飞》，《信息通信技术》2023 年第5 期。

孙晓萌：《打造低空经济新引擎，开启万亿规模新赛道》，《中国经济周刊》2024 年第 6 期。

方晓霞、李晓华：《颠覆性创新、场景驱动与新质生产力发展》，《改革》2024 年第4 期。

工信部赛迪研究院：《中国低空经济发展研究报告（2024）》，2024 年 4 月 1 日。

上海中创产业创新研究院、上海交通大学航空航天学院：《上海低空经济发展白皮书（2024）》，2024 年 6 月。

韩雪英、王海虹、韩钰：《关于 5G-A 技术在低空经济中的应用探讨》，《电信快报》2024 年第 8 期。

B.11
秦创原产业创新聚集区建设路径
及政策创新研究

摘　要： 建设秦创原产业创新聚集区是陕西推动科技创新和产业创新融合
发展、加快培育发展新质生产力的重要抓手。本研究在分析解构产业创新聚
集区建设发展的基本逻辑基础上，对秦创原产业创新聚集区建设的背景意
义、基础环境、面临的挑战进行系统分析，并着眼高质量推进秦创原产业创
新聚集区建设，提出相关路径、政策机制创新措施。

关键词： 产业集群　产业创新聚集区　秦创原　陕西

　　党的二十届三中全会审议通过的《中共中央关于进一步全面深化改革
推进中国式现代化的决定》（以下简称《决定》）提出，要健全因地制宜发
展新质生产力体制机制，加强创新资源统筹和力量组织，推动科技创新和产
业创新融合发展。这将为推动陕西秦创原创新驱动平台由"势"转"能"、
加快发展新质生产力创造难得机遇。当前，陕西着力推进科技创新和产业创
新深度融合，助力发展新质生产力，启动建设了18个秦创原产业创新聚集
区。产业创新聚集区是共享科技创新资源，加速知识溢出和技术创新的高能

---

　　* 课题组组长：李华，西安电子科技大学经济与管理学院教授，主要研究方向为决策分析、科
技管理。成员：周莹，陕西省科学技术厅产业创新促进处处长，主要研究方向为产业创新；
李竞，陕西省科学技术厅产业创新促进处四级调研员，主要研究方向为产业创新；吴爱萍，
西安电子科技大学经济与管理学院讲师，主要研究方向为技术创新战略与管理；孙健平，西
安电子科技大学经济与管理学院博士生，主要研究方向为产业链管理；郭伟、郭源、任靓
妮、叶荣，西安电子科技大学经济与管理学院。

平台，有其特有的建设运行逻辑。分析解构产业创新聚集区培育建设的基本逻辑，强化路径、政策机制创新，为高质量推进秦创原产业创新聚集区建设提供理论和实践支撑。

一 产业创新聚集区建设运行的基本逻辑解析

产业创新集群（或称"创新型产业集群"）是指在某一特定地理区域内，一系列与产业链相关联的企业、研发机构和服务机构高度聚集，并通过紧密的分工合作和协同创新，形成的一种高效协同的产业组织形态。它是国家创新体系和区域创新体系建设的重要环节，不仅有助于提升区域的创新能力，还在推动区域经济发展、调整产业结构方面发挥着重要作用。秦创原产业创新聚集区则是在秦创原创新驱动平台建设实践中提出的一种具有产业创新集群特征的、新型的产业聚集区。

（一）产业创新聚集区形成的机理

产业集聚是指某一产业在某一特定区域内高度集中、密集发展的现象，属于一种产业空间的布局方式，呈现产业资本要素在空间范围内不断汇聚的特征。产业聚集区是市场经济条件下工业化发展到一定阶段的必然产物。产业集聚的自然演进是一个漫长的过程，而政府通过政策导向作用能够优化经济发展环境，促使产业集聚区加速形成。我国的产业集聚区基本是在政府指导和规划下形成的。

1990 年，美国产业经济学家波特在其《国家竞争优势》一书中首先使用了"产业集群"的概念。他在书中将产业集群定义为在特定区域中，具有竞争与合作关系，且在地理上集中，有交互关联性的企业、专业化供应商、服务供应商、金融机构、相关产业的厂商及其他相关机构等组成的群体。虽然在本世纪初"产业集群"的概念才被引进中国，但由"产业集聚"向"产业集群"演进的企业间合作却屡见不鲜。特别是在改革开放后，中国政府积极推动的"政产学研金"一体化模式，促使中国的产业集群化发展路径逐渐从自由松散的"形成"阶段，转向有明确规划意图的"构建""打造"阶段。当产业集群概念在中国落地生根时，中国东部沿海的一些先行地区率先探索出了具有中国特色的产业集群式发展道路。

胡汉辉等认为，产业创新集群是指一类具有高度系统性与可持续性的创新能力的产业集群。产业创新集群是"产业链"与"创新链"在特定地理区域内深度融合的产物，它不仅通过原创或系列化的产业创新成果引领和驱动实体产业实现跨越式、高质量发展，还能深刻影响和明晰新兴与未来产业的发展方向。

在中国产业的集群式发展过程中，不同层级的政府部门在不同时期作用的重点和方式不同，为了凸显各自工作重点与特色，各部门采用了多样化的命名方式，例如，"创新型产业集群""产业创新集群""产业集群""产业集聚区""产业创新聚集区"等。随着百年未有之大变局加速演进、国家创新驱动发展战略的加快实施，以及以科技创新引领现代化产业体系建设的提出，产业创新集群成为产业集群发展的方向。产业集群的"创新性升级"不仅是其持续成长并延续的内在需求，贯穿于集群发展的各个阶段，更是提升区域综合竞争能力，推动深度融入世界经济的重要途径。

产业集群的概念本身并没有企业数量、地域范围等方面的量化指标，参考已有的研究成果并考虑习惯用法，我们将产业规模巨大的产业集群称为"产业集群"，规模相对较小的产业集群称为"产业聚集区"，而产业创新聚集区是具有产业创新集群特征的产业聚集区。产业创新聚集区及其演化机理如图 1 所示。

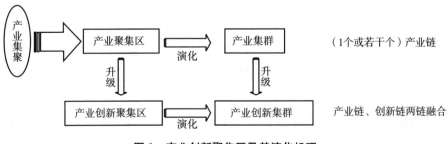

图 1　产业创新聚集区及其演化机理

产业创新集群是一类特殊的产业集群，其核心在于以创新为目标或具备较强产业创新能力。在从传统的产业集聚向产业创新集群的转型升级过程中，两大特征尤为突出：一是"产业链"与"创新链"的深度协同融合，促进了技术创新与产业的紧密联动；二是政府引导与市场机制的有效结合，为转型升级提供了强有力的支撑与推动。以科技创新驱动产业创新，迭代升级特色产业，培育壮大新兴产业，抢滩布局未来产业，是产业创新聚集区的产业发展定位。以产业创新聚集区为核心支撑产业创新集群发展，是产业创新聚集区的发展目标。

（二）产业创新聚集区建设发展路径

由图1可以看出，产业创新聚集区是在产业集聚形成的产业聚集区基础上经过创新性升级而形成，进而演化为产业创新集群。产业创新聚集区建设发展的路径可分为两个阶段：产业聚集区创新性升级为产业创新聚集区，产业创新聚集区发展演化为产业创新集群。

第一阶段为产业创新聚集区的培育阶段，即在特定区域内初步形成具有一定规模的未来产业、新兴产业、传统优势产业聚集区的基础上，突出创新支撑、加大人才支持、强化生态营造、探索模式创新，形成以科技创新为引领、以产业培育为导向、以两链融合为核心、以区园耦合为承载的产业创新聚集区。

第二阶段为产业创新聚集区的建设阶段，即对于产业创新聚集区，通过政府主导推动、产业优势引领、创新资源支撑等模式，从创新能力、创新成效、创新生态、创新体系建设等方面促进科技创新与产业创新深度融合，引导产业创新聚集区向高端化发展，建设成为创新驱动发展示范区和新质生产力培育发展先行区，进而形成产业创新集群。

二 秦创原产业创新聚集区建设的背景意义

秦创原创新驱动平台是陕西省近年来开展科技创新工作的重要抓手和载体，目前秦创原创新驱动平台对陕西乃至周边区域创新发展的辐射引领作用初步显现。着眼助力发展新质生产力，亟待推进秦创原创新驱动平台由"势"转"能"。建设秦创原产业创新聚集区，是持续发挥全省科教资源富集优势，打造科技创新与产业创新融合新载体，加快构建支撑有力的现代化产业体系，更好服务高质量发展的重要举措。

（一）建设秦创原产业创新聚集区是陕西贯彻落实总书记来陕考察重要讲话重要指示精神的生动实践

党的二十大报告提出了"建设现代化产业体系"的使命任务，并强调要加快实施创新驱动发展战略。2023年，习近平总书记两次来陕考察，赋予了陕西"在西部地区发挥示范作用""奋力谱写中国式现代化建设的陕西新篇章"重大使命，并指出"陕西要实现追赶超越，必须在加强科技创新、建设现代化产业体系上取得新突破"。①

为贯彻落实党的二十大精神和习近平总书记历次来陕考察重要讲话重要指示精神，陕西先后在2021年4月、2024年3月印发了《秦创原创新驱动平台建设三年行动计划（2021—2023年）》和《秦创原创新驱动平台建设三年行动计划（2024—2026年）》。陕西将"打造秦创原产业创新聚集区"作为首要举措，着力加快构建现代化产业体系，大力培育发展新质生产力。2023年中央经济工作会议强调"以科技创新引领现代化产业体系建设"，将其作为2024年首要经济工作任务。科技进步可以突破生产要素供给的约束、促进生产要素创新性配置，进而提高全要素生产率，为建设现代化产业体系提供基础支撑。秦创原产业创新聚集区的建设以科技创新为引领，以产业培育为导向，集聚各类创新资源，并着力增强科技创新的溢出与辐射效应，旨在推动具有陕西特色现代化产业体系实现新的飞跃与发展。可见，秦创原产业创新聚集区的建设是对"以科技创新引领现代化产业体系建设"的响应，更是对习近平总书记对陕西提出的"必须在加强科技创新、建设现代化产业体系上取得新突破"的落实。

---

① 《习近平在听取陕西省委和省政府工作汇报时强调　着眼全国大局发挥自身优势明确主攻方向　奋力谱写中国式现代化建设的陕西篇章　途中在山西运城考察　蔡奇出席汇报会并陪同考察》，《人民日报》2023年5月18日。

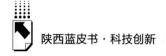

（二）建设秦创原产业创新聚集区是陕西深化科技体制机制改革的具体体现

党的十八大以来，党中央对深化科技体制改革作出一系列重大决策部署，党的二十届三中全会审议通过的《决定》为进一步深化科技体制改革指明了方向，明确指出加强创新资源统筹和力量组织，推动科技创新和产业创新融合发展。当前科技创新与产业创新深度融合发展仍然普遍面临着技术供应不足、企业主体地位不突出、要素支撑不力、生态营造不强等问题。这些问题的根源在于科技生产关系与科技生产力之间的不匹配，以及科技创新体制机制改革尚存在诸多难题待解。而秦创原产业创新聚集区就是陕西破除制约科技创新与产业创新深度融合的体制机制障碍的试验田和排头兵。

秦创原产业创新聚集区建设的核心是加速创新链、产业链、资金链、人才链"四链"深度融合，在此过程中，必然面临深化科技成果转化机制改革、促进各类先进生产要素向发展新质生产力集聚、加强新领域新赛道制度供给等一系列重大挑战。秦创原产业创新聚集区通过突出创新支撑、加大人才支持、壮大企业主体、强化生态营造等手段，破除不利于"四链"融合的体制机制障碍，解决高质量科技成果少、落地转化难等关键问题，这是将深化科技体制机制改革落到实处的体现。

（三）建设秦创原产业创新聚集区是陕西建设现代化产业体系的重要抓手

现代化产业体系是衡量一个国家迈向社会主义现代化的重要标志与核心支撑，二十届中央财经委员会第一次会议着重指出，推进产业智能化、绿色化、融合化，建设具有完整性、先进性、安全性的现代化产业体系。这一论述深刻揭示了现代化产业体系应当具备的基本特征，即智能化、绿色化、融合化。秦创原产业创新聚集区正是建设智能化、绿色化、融合化现代化产业体系的重要抓手。

其一，科技创新是驱动产业体系智能化转型的核心动力。秦创原产业创新聚集区建设将"科技创新"贯穿其中，充分发挥全省科教资源富集优势，以科技创新为引领，以产业培育为导向，聚集创新资源并强化溢出、辐射效应，旨在加速孵化出具备高科技含量、高效能产出及高质量标准的新质生产力。秦创原产业创新聚集区不仅蕴含着较多的"科技创新"元素，而且其"产业培育"的导向性极为明确，这与推进产业智能化发展同向而行。

其二，秦创原产业创新聚集区的建设以谋准产业定位为主要任务之一，着眼的三类产业之一的战略性新兴产业，正是以重大技术突破和重大发展需求为基础，知识技术密集、物质资源消耗少、成长潜力大、综合效益好的产业。推动产业绿色化发展内含于秦创原产业创新聚集区建设任务之中。

其三，秦创原产业创新聚集区作为秦创原创新驱动平台第二个三年建设期由"势"转"能"的主战场，是陕西推动科技创新与产业创新融合发展、促进"四链"深度融合的重要载体。因此，融合化发展是秦创原产业创新聚集区建设的必然要求。

三 秦创原产业创新聚集区建设的基础环境及面临的挑战

（一）基础环境

1. 创新资源优势显著

创新人才富集。截至 2023 年 12 月，陕西拥有两院院士 70 余位、研发活动人员 18.78 万人、专业技术人才 211 万余人。[1] 2021 年至 2023 年，陕西省积极推行"三秦英才"引进计划与特殊支持计划等项目，引进培育高层次人才 1035 名、创新团队 145 个，秦创原"三支队伍"总量达到 4742 个，为技术创新与产业升级奠定了坚实的智力支撑。[2]

---

[1] 《招才引智 助推陕西高质量发展——省政协召开"我省科技创新人才队伍建设情况"协商座谈会侧记》，陕西政协网，http://www.sxzx.gov.cn/zxdt/55636.html。

[2] 柳洪华：《秦创原建设超额完成第一个三年行动计划未来三年加速培育和发展新质生产力》，陕西省科学技术厅，https://1.85.52.2/kjzx/mtjj/319726.html。

创新平台众多。目前陕西共有全国（国家）重点实验室45个[①]，启动建设空天动力、含能材料、旱区农业、多能互补、新材料等5个陕西实验室[②]，推动一批实验室重组（或新建）为全国重点实验室。

创新能力持续增强。2023年，陕西研发经费投入846.0亿元，同比增长9.9%，强度2.50%；[③] 专利持有情况显示，发明专利总量已超越10万件大关，每万人高价值发明专利的保有量达到9.96件，在全国位列第七。全省技术合同交易额至2023年已达到4120.99亿元，这一数额是2020年的2.34倍。[④] 截至2024年9月，"三项改革"的政策覆盖面已扩展至157家机构，涵盖高校、科研院所、医疗卫生机构及国防科研单位，已有10.3万项职务科技成果被纳入单列管理体系，3.1万项科技成果成功实现了转移转化，新成立了1736家科技成果转化企业。[⑤]

科创服务体系不断完善。截至目前，陕西已构建64个集"转化、孵化、产业化"于一体的综合性"三器"平台，建立了489个省级及以上孵化载体，其中包括145个国家级载体，为近2万家在孵企业和团队提供支持；[⑥] 建立了"一中心一平台一公司"的服务架构，建设了科技、人才、资本"三个大市场"，同时设立了秦创原路演中心、人才服务中心、金融服务平台以及知识产权运营服务中心等多个服务机构；推出了秦创贷、陕科贷等

① 吕扬：《面向重大原始创新 破解核心技术难题》，陕西省人民政府官网，https://www.shaanxi.gov.cn/xw/sxyw/202407/t20240722_2366749.html。
② 《陕西建设秦创原平台 为培育新质生产力厚植创新沃土》，《人民日报》，http://paper.people.com.cn/rmrb/html/2024-03/31/nw.D110000renmrb_20240331_1-07.htm。
③ 苏怡：《去年陕西研发经费投入强度排名全国第11位》，陕西省人民政府官网，https://www.shaanxi.gov.cn/xw/ldx/bm/202410/t20241023_3064370.html。
④ 《陕西省政府新闻办举办新闻发布会 介绍秦创原创新驱动平台建设工作情况》，陕西省人民政府官网，https://www.shaanxi.gov.cn/xw/ztzl/zxzt/qcy/gzdt/202404/t20240425_2327318.html。
⑤ 《陕西举行推动黄河流域生态保护和高质量发展系列发布会（第二场）》，陕西省人民政府新闻办公室官网，http://www.scio.gov.cn/xwfb/dfxwfb/gssfbh/sx_13852/202410/t20241030_871681.html。
⑥ 《陕西省政府新闻办举办新闻发布会 介绍秦创原创新驱动平台建设工作情况》，陕西省人民政府官网，https://www.shaanxi.gov.cn/xw/ztzl/zxzt/qcy/gzdt/202404/t20240425_2327318.html。

70 余款科技信贷产品，不断增强科技金融效能。①

科技企业量质齐升。截至 2024 年 3 月，陕西科技型中小企业数量已达到 2.39 万家。自秦创原创新驱动平台启动建设以来，全省有效期内的高新技术企业数量实现了大幅增加，从 6198 家增加至 1.675 万家，平均每年增长 39.3%。② 全省已有 3525 家创新型中小企业，1627 家处于有效期内的省级"专精特新"中小企业，188 家国家级专精特新"小巨人"企业，以及 46 家重点"小巨人"企业。③ 国家制造业单项冠军企业达到 24 家，居西部首位。④ 陕西省 A 股上市公司数量已从 2021 年初的 56 家，增加至 81 家，总数居西北第一，以 44.64% 的增长率位于全国第二；科创板上市企业达到 14 家，居西部第 2 位。⑤

2. 政策体系逐步构建

秦创原创新驱动平台建设以来，持续强化制度机制的基础支撑。围绕建平台、促转化、引人才、育企业、聚产业、强服务等方面，已出台超过 160 项配套政策，构建了一个层次分明、协同高效的政策网络。针对本省产业与企业的发展实际需求，遴选出力度大、价值高、覆盖面广的政策，整合编制成秦创原政策包并予以发布。这为秦创原产业创新聚集区的培育建设创造了优渥环境，奠定了坚实基础。

在政策引导下，秦创原产业创新聚集区培育建设的各项工作正在不断落实、落细。2024 年 3 月，陕西省发布了《秦创原产业创新聚集区的

---

① 《把秦创原打造成发展新质生产力的重要阵地》，陕西省人民政府官网，https://www.shaanxi.gov.cn/xw/sxyw/202404/t20240425_ 2327223.html。

② 张梅：《科技企业拔节生长》，陕西省人民政府官网，https://www.shaanxi.gov.cn/xw/sxyw/202403/t20240326_ 2324089.html。

③ 《陕西举行推动黄河流域生态保护和高质量发展系列发布会（第二场）》，陕西省人民政府新闻办公室官网，http://www.scio.gov.cn/xwfb/dfxwfb/gssfbh/sx_ 13852/202410/t20241030_ 871681.html。

④ 张梅：《科技企业拔节生长》，陕西省人民政府官网，https://www.shaanxi.gov.cn/xw/sxyw/202403/t20240326_ 2324089.html。

⑤ 李超：《全国首家资本市场服务平台成立三周年 实现上市公司数量增长 44.64%》，经济参考网，http://www.jjckb.com.cn/20240827/5cf2f0eff8ef438cb6636316b05a2ce1/c.html。

培育建设三年行动方案（2024—2026年）》，明确了秦创原产业创新聚集区培育建设的总体要求，以及优化空间布局、谋准产业定位、壮大企业主体、突出创新支撑、加大人才支持、强化生态营造和探索模式创新等7项重点任务。2024年3月，陕西省委、省政府发布的《秦创原创新驱动平台建设三年行动计划（2024—2026年）》将产业创新聚集区建设列为重点任务之一。为加快秦创原产业创新聚集区建设，推进各类创新要素在聚集区集聚，陕西省科技厅陆续出台《秦创原产业创新聚集区推进工作指引》《秦创原产业创新聚集区评价实施细则（试行）》等规范性文件，并启动实施2024年度秦创原产业创新聚集区"四链"融合项目征集工作。依据秦创原产业创新聚集区培育建设方案，充分发挥财政科技资金引导、撬动效应，加强政策创新和集成应用，不断完善政策体系框架。

3. 产业创新聚集区初步布局

结合陕西产业发展实际，目前已布局建设18个秦创原产业创新聚集区，"一地一集群、一业一品牌"的格局已基本形成（见表1）。这些聚集区的主要物理承载空间广泛分布于不同的市（区）或园区内，有效融合了地方政府的引导力与园区的核心驱动力，为关键产业、重点项目、高端人才及创新平台的精准汇聚提供了坚实的空间支撑。

秦创原产业创新聚集区赋能陕西重点产业链，为构建具有陕西特色的现代化产业体系打造新引擎。2024年，陕西省相继发布文件，通过构建"百亿提升、千亿跨越、万亿壮大"的产业链群梯次发展新格局以及加速产业创新集群的建设为陕西产业集群建设赋能，推动形成具有鲜明地域特色的现代化产业体系。目前获批启动建设的18个秦创原产业创新聚集区不仅与省级重点产业链一脉相承，形成了紧密的对应关系，更是以科技创新为引领，通过创新资源的汇聚与辐射，推动重点产业链实现能级跃迁，为构建具有鲜明陕西特色的现代化产业体系贡献力量。

表 1 已认定的 18 个秦创原产业创新聚集区

地区	聚集区
西安市	西安高新区： 秦创原光子产业创新聚集区 西咸新区： 秦创原氢能产业创新聚集区（泾河新城） 秦创原智能网联产业创新聚集区（秦汉新城） 秦创原无人机产业创新聚集区（沣西新城） 西安经开区： 秦创原新材料产业创新聚集区 陕西航空经济技术开发区： 秦创原航空产业创新聚集区 西安国家民用航天产业基地： 秦创原航天产业创新聚集区
铜川市	秦创原先进激光与光电集成产业创新聚集区
宝鸡市	秦创原新型传感器产业创新聚集区
咸阳市	秦创原中医药产业创新聚集区 秦创原电子显示产业创新聚集区（高新区）
渭南市	秦创原增材制造产业创新聚集区
延安市	秦创原天然气清洁高效利用产业创新聚集区
汉中市	秦创原航空装备制造产业创新聚集区
榆林市	秦创原煤化工产业创新聚集区
安康市	秦创原富硒产业创新聚集区
商洛市	秦创原新能源电池产业创新聚集区
杨林示范区	秦创原旱区现代农业产业创新聚集区

（二）面临的挑战

1. 创新资源集聚度较低

部分产业创新聚集区存在领军企业匮乏，高层次人才、高能级创新平台等创新资源集聚度不高的问题。例如，部分产业创新聚集区规模以上工业企业研发机构活跃率低，从事 R&D 的高层次人员占比较低，企业 R&D 投入强度较低，国家级创新平台匮乏，或缺乏具有较大影响力、能够主导和引领行业发展的领军企业和龙头企业。

2. 前沿技术引领作用不够突出

从所属产业领域来看，已认定的产业创新聚集区虽已经基本覆盖了未来产业和战略性新兴产业，但部分产业创新聚集区创新投入较少，整体技术水平较低，尚未触及前沿科技，创新引领作用不够突出。

3. 产业布局需扩展优化

目前已在多数战略性新兴产业和未来产业领域布局了产业创新聚集区，部分领域仍有待进一步扩展。例如，从战略地位来看，生物医药、智能制造装备以及人工智能（大数据）等产业领域均属于战略性新兴产业或未来产业范畴，对陕西现代化产业体系构建至关重要；从产业基础来看，陕西在这些产业领域均具备一定规模优势和良好基础；从发展需求来看，这些产业存在紧迫的创新发展需求。

4. 服务体系还需强化

产业创新聚集区通用的和有针对性的中介服务、法律咨询、供需对接、专家智库咨询等平台较少，知识产权保护服务等方面还有很大的提升空间。各级政策融资平台和非银行机构发布的融资优惠政策和新的融资产品发布渠道较为分散，聚集区内企业难以全面、及时、准确获取信息。

5. 政策体系待加快完善

尽管陕西省已经出台了一系列支持秦创原产业聚集区建设的方案性、规范性政策文件，但省—市—园区多级联动机制尚未建立，专项配套支持政策有待进一步完善，政策的宣贯与落实也有待进一步加强。

针对以上这些问题，既需要不同类型聚集区有方向性地从内部寻找发展路径，也需要政府从宏观层面发挥引导作用。

四 秦创原产业创新聚集区建设的路径创新

基于基础环境和面临的挑战，当前秦创原产业创新聚集区仍然处于初期建设阶段，已启动建设的、待布局建设的产业创新聚集区今后该如何发展是目前亟须探究和解决的问题。秦创原产业创新聚集区涉及未来产业、新兴产业和特色产业创新聚集区三类——呈现的特征和侧重点不同。因此，有必要分产业创新聚集区类型分析其有效的建设路径。

未来产业是由前沿技术驱动，当前处于孕育期且日后能成长为主导产业的新兴产业。大力发展未来产业是引领科技进步、带动产业升级、培育新质生产力的战略选择。推动其发展的核心在于提升未来产业创新能力，在关键领域前瞻部署、前沿颠覆技术供给、高水平人才队伍建设等方面努力。建设未来产业的目标是使未来产业整体成势，培育一批生态主导型领军企业，构建未来产业和优势产业、战略性新兴产业协同发展的格局。

战略性新兴产业是以重大技术突破和重大发展需求为基础，对经济社会全局和长远发展具有引领带动作用的先进产业，其对于培育发展新动能、构建新发展格局具有重要意义，也是推动经济高质量发展的重要力量。发展战略性新兴产业的核心是科技转化和产业化，培育壮大科技型企业集群。建设战略性新兴产业的目标是稳步提升战略性新兴产业集群规模，形成新的支柱产业，推动现代化产业体系建设。

特色产业是受资源禀赋等因素影响而形成的具有地域特色、市场优势、发展潜力的产业。因此，发展特色产业的核心是充分立足自身功能定位和产业基础，提高区域特色优势产业的科技含量，促进其智能化、品牌化发展。建设特色产业的目标是以特色强化优势，加快产业转型升级，促进区域协调发展，提升区域整体实力和可持续发展能力。

建设不同类型的产业创新聚集区时，需要结合产业特征找准切入点，同时聚焦科技创新这一核心突破点，进而有选择地做好建设措施，打造一批具有显著区域特色和示范效应的秦创原未来（新兴、特色）产业创新聚集区，达成支撑构建陕西特色现代化产业体系的目标。不同类型产业创新聚集区的建设路径如图 2 所示。

（一）以创新能力为导向的未来产业创新聚集区建设路径

一是推进关键领域前瞻部署。鼓励未来产业创新聚集区内龙头企业联合上下游企业、高校院所及领域内其他高水平专家，运用技术预见等科学方法

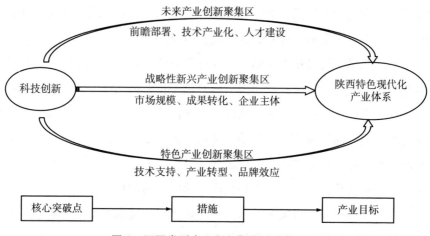

图 2　不同类型产业创新聚集区建设路径

开展产业领域颠覆性技术研判，预测产业发展技术路线和演进趋势。面向未来产业发展的关键需求，加大陕西省重点研发计划、重大项目等科技计划对未来产业基础研究的支持力度，加大秦创原产业创新聚集区"四链"融合项目对企业核心技术研发的投入。二是加强前沿颠覆技术供给。面向未来产业创新聚集区主导产业领域的前沿科技和产业变革，鼓励龙头企业牵头组建创新联合体，联合技术创新中心、工程技术研究中心等产业创新平台以及重点实验室等创新载体，汇聚产学研用优势力量，力求在对未来产业创新发展具有重要影响的关键核心技术上取得突破性进展，加强前沿技术多路径探索和颠覆性技术供给。三是建设高水平人才队伍。面向未来产业创新聚集区设立高水平人才队伍建设专项，旨在挖掘一批具有前瞻视野和跨学科整合能力的战略科学家，打造一批未来产业的领军人才和创新团队，并建设一支善于解决未来产业复杂工程问题的工程师队伍。

（二）以培育壮大为导向的战略性新兴产业创新聚集区建设路径

一是放宽市场准入限制。市场准入是加快科技成果向现实生产力转化的关键条件，完善的市场准入体系能够为高质量科技成果商业化提供有力的市场牵引。2024 年 8 月《中共中央办公厅 国务院办公厅关于完善市场准入制度的意见》发布，提到要围绕战略性新兴产业、未来产业重点领域和重大生产力布局，以法规政策、技术标准、检测认证、数据体系为抓手，破除各类准入障碍，更好促进新技术新产品应用。推动市场准入限制不断放宽，促进各类资源要素顺畅流动，积极营造更加广阔的市场空间。二是强化企业主导的产学研深度融合。引导省内高校、科研院所围绕产业创新聚集区主导产业开展科研活动，全面深化落实科技成果转化"三项改革"，畅通科技成果转化渠道。定期、不定期在产业创新聚集区内举办多种形式的产需对接活动，加强多元主体的互动交流，畅通沟通渠道。鼓励企业牵头组建创新联合体，构建"企业出题、科研机构答题"的创新联合体运营模式，完善利益共享和风险分摊机制。三是培育壮大科技型企业群体。一方面，要培育壮大战略性新兴产业龙头企业。龙头企业在特定行业具有市场、技术、资源等多方面比较优势，可以主导和引领行业发展，因此培育壮大龙头企业，是延长产业链、强化聚集区辐射效应的有效手段。要充分发挥秦创原政策包叠加优势，在税收减免、政府采购等方面重点扶持战略性新兴产业创新聚集区龙头企业开展前沿技术攻关和基础理论研究。强化龙头企业对中小企业的引领作用，建立企业联盟，深化与上下游企业的多元化合作，提高产业链韧性。鼓励龙头企业建立"孵化器+加速器"孵化加速平台，完善创业辅导、融资支持等各类创新服务功能。另一方面，也要加强科技招商和企业培育，壮大科技型中小微企业群体。充分用好"招商清单"，开展大数据精准招商，探索场景招商，聚焦聚集区主导产业制定招商图谱。完善科技型企业梯度培育制度，根据不同阶段的企业需求开展有针对性的扶持。

（三）以迭代升级为导向的特色产业创新聚集区建设路径

一是强化科技对特色产业的支撑效能。针对生物育种、智能装备、生态环境保护及新药研发等关键领域，构建特色产业科技创新高地，促进农业类高等院校、科研机构与特色产业企业的深度合作，优化科技创新资源配置，集中优势力量突破科技前沿与核心瓶颈，实现种业科技的自主可控，并培育具有重大战略价值的新品种、新产品。有效利用科技特派员制度、科技小院等服务模式，强化基层技术推广体系的功能，构建多元化的技术推广服务体系。同时，前瞻性地培育并长期支持能够解决特色产业科技瓶颈问题的"关键少数"人才，以壮大特色产业科技人才队伍。二是加速特色产业数字化转型。实施全产业链数字化战略，将数字技术深度融入种植、管理、生产及销售的全过程，创新智慧应用场景，实现陕西省中医药、富硒产业、旱作农业等特色优势产业的精准化、智能化管理与服务。深化"互联网+"行动计划，构建特色产业信息服务平台，精准匹配特色产业生产与市场需求，提升产品流通效率。三是推动特色产业品牌化升级。促进农业、工业、服务业深度融合，积极培育特色产业的新文创、新庄园、新零售等新型业态，构建以特色产业生产为基础、特色产品加工为支柱、文创旅游为拓展的多元化产业体系，延长产业链条，形成规模效应。加大政策扶持与引导力度，激励企业增加投入、扩大规模、提升产品质量，推动特色产业向品牌化方向发展。

五　秦创原产业创新聚集区建设的政策机制建构

（一）统筹多方力量

建设秦创原产业创新聚集区应切实做好政府、市场、社会等各方力量统筹工作，推动各部门协调联动、充分发挥统筹协调作用，形成治理合力。一是做好政府部门的政策整合工作。强化省市区多级联动，将各级政府和相关部门出台的政策进行梳理和整合，形成一套统一、协调、高效的政策体系框架。通过有效的政策整合，消除政策之间的矛盾和冲突，提高政策的执行效率和效果，全方位支持秦创原产业创新聚集区高质量建设。二是善于整合各创新聚集区功能，坚持有效市场和有为政府结合。将聚集区内不同区域、不同产业、不同企业之间的功能进行协调和整合，聚焦特色产业、优势产业，找准市场定位，形成各产业之间优势互补、协同发展的格局，提高产业创新聚集区的整体竞争力和可持续发展能力。统筹发挥政府和市场两个作用，整合雄厚的科研基础、丰富的应用场景、完备的工业体系等优势，实现国有企业、民营企业一起上,营造政府引导、市场主导的良好创新生态。三是积极鼓励高等院校、科研院所、社会力量融入产业创新聚集区建设。政府应发挥引导作用,出台针对性强、操作性好的政策措施,搭建产学研合作、科技成果转化、金融服务等多元化合作平台,推动高校、科研机构与企业之间的深度合作。鼓励社会资本参与创新联合体建设,实现社会金融与产业的深度融合,完善创新服务体系,提供一站式、全方位的支持和帮助。积极引进国内外优质创新资源,包括高端人才、先进技术和管理经验,加强创新实验室、研发中心、孵化器等创新基础设施的建设。注重创新文化的培育,营造鼓励创新、宽容失败的良好氛围,激发全社会的创新热情和创造力,为秦创原产业创新聚集区的持续健康发展提供有力支撑。

(二)构建错位竞争机制

建设秦创原产业创新聚集区应坚持产业差异化发展原则,科学规划定位,构建有效的错位竞争机制。要做到避免同质化、低水平竞争,努力做到"人无我有、人有我优、人优我特",力求打造出一批具有明显区域特色和示范效应的产业创新聚集区。一是剖析产业特色和陕西的比较优势,强化产业竞争力。围绕未来产业、战略性新兴产业、特色产业,根据陕西不同类型产业发展特点,在元宇宙、第六代移动通信、新能源汽车、航空航天、中医药和富硒等多个产业领域不断深挖创新,补短板锻长板,立足陕西资源禀赋和产业优势,强化提升所在领域竞争力。二是找准自身市场定位,推动产业创新聚集区打造亮眼特色品牌。各产业创新聚集区要明确自己的目标市场和客户群体,通过差异化的市场定位和产品策略,避免同质化、低水平的竞争。同时,要实现全国乃至世界范围的错位竞争,避开发达地区绝对强势产业,充分发挥自身的资源优势,立足已有的基础产业或领域,打造专属名片、特色品牌。三是重视科技研发,实现技术创新错位。鼓励产业创新聚集区企业加大研发投入,推动技术创新和成果转化。针对不同类型的产业创新聚集区,制定差异化的技术创新政策,如设立专项研发基金、支持企业建立研发中心等,助力产业创新聚集区实现关键核心技术突破。

（三）强化配套政策支持

一是构建省市区三级联动政策体系。对批复建设的产业创新聚集区内各类创新主体在创新平台建设、科技计划立项、创新人才引育、科技成果转化及产业化活动等方面予以优先支持；针对不同产业创新聚集区的产业发展和科技创新重大需求制定个性化支持政策；各产业创新聚集区所在地市出台专项政策，在项目配套、平台招引、园区入驻、人才保障、基金设立等方面对聚集区建设给予支持；各产业创新聚集区所在开发区管委会围绕聚集区建设出台专项配套支持政策，构建"省级通用+专项政策、市级配套政策、园区特色政策"的政策体系框架。二是充分释放政策红利，加强政策宣贯。用好用足秦创原政策包、"三项改革"、"三支队伍"等现有政策，对产业创新聚集区开通"绿色通道"，给予优先支持、倾斜支持、顶格支持。拓宽宣传渠道，通过政府网站、新闻媒体、社交媒体等多种渠道广泛宣传产业创新聚集区建设相关的政策内容，确保政策信息能够覆盖到各级地方政府和相关部门。加大解读力度，组织专家学者、政策制定者等对政策进行深入解读，帮助地方政府准确理解政策意图。

（四）建设服务体系

按照"聚资源、搭平台、强服务、落项目"的思路，建设特色鲜明、服务有力的产业创新聚集区服务体系。一是完善各类科技服务机构。大力发展、引进各类为产业创新聚集区内企业服务的科技服务机构，加强区域性科技服务机构和行业性科技服务机构协同建设，结合聚集区的定位和特色，进一步完善优化服务业务，提高服务的专业化水平。二是搭建科技创新公共服务平台。引导产业创新聚集区积极搭建科技创新公共服务平台，为省内外产业领域相关创新主体的各类创新需求提供服务，鼓励聚集区建设的运营服务团队负责服务平台的市场化运营与管理。三是加强科技中介人才队伍建设。针对不同产业类型，建设面向产业发展需求的新型科技中介服务人才梯队。进一步重视发挥科技协会、专业学会和高校院所、新型研发机构的作用，通过校企联合、产教融合、科教融通培育技术经纪人等复合型高素质的科技中介服务人才。积极引进优秀人才，充实科技中介服务队伍。四是用好"四个清单"强化供需对接。建立创新资源清单、需求清单、科技招商（人才招引）清单、政策清单"四个清单"动态发布机制。鼓励各产业创新聚集区参与、举办"三项改革"科技成果转化项目路演活动、科技招商专题活动等成果转化对接活动。

参考文献

刘昆、张小路、程光宏等：《安徽省未来产业发展现状、选择机制及发展路径研究》，《现代管理科学》2024 年第 3 期。

沈小平、李传福：《创新型产业集群形成的影响因素与作用机制》，《科技管理研究》2014 年第 14 期。

刘洪民、武兆倩、王诗琪：《从产业集聚到产业创新集群：浙江新材料科创和产业高地建设的思考》，《高科技与产业化》2023 年第 10 期。

王建优：《产业聚集的特征、成因及类型》，《当代财经》2003 年第 1 期。

沈莉楠：《郑州市产业集聚区发展研究》，河南大学硕士学位论文，2012。

胡汉辉、沈群红、胡绪华等：《产业创新集群的特征及意义》，《东南大学学报》（哲学社会科学版）2022 年第 5 期。

朱明皓、张志博、杨晓迎等：《推进产业基础高级化的战略与对策研究》，《中国工程科学》2021 年第 2 期。

王再进、方衍、田德录：《国家中长期科技规划纲要配套政策评估指标体系研究》，《中国科技论坛》2011 年第 9 期。

林哲：《促进小微企业科技创新的财税政策与配套措施》，《税务研究》2019 年第 4 期。

盛朝迅：《以未来产业培育加快形成新质生产力的内在机理与实现路径》，《科技中国》2024 年第 4 期。

张林山、陈怀锦：《以科技体制改革促进我国科技创新和产业创新深度融合》，《改革》2024 年第 8 期。

南京大学长江产业发展研究院课题组等：《大力推动中西部特色优势产业集群转型升级》，《国家治理》2024 年第 16 期。

刘名远：《新时代下培育壮大战略性新兴产业：新特征、现实挑战与路径选择》，《福建金融管理干部学院学报》2023 年第 3 期。

B.12
西咸新区建设西部低空经济先行
示范区的路径研究

陕西省西咸新区课题组*

摘　要： 低空经济是全球竞逐的新兴产业方向，也是培育发展新质生产力的重要领域。本研究在分析低空经济的内涵特征和动力因素的基础上，对国家级新区西咸新区低空经济的发展现状、建设成效和存在的问题进行系统分析，并借鉴国内先发地区建设的做法和经验，提出通过超前布局、以企业为主体、场景牵引、"三网"共建等举措，将西咸新区打造成为西部低空经济先行示范区。

关键词： 低空经济　西咸新区　陕西

低空经济是继数字经济、新能源汽车后产业融合度最高、潜力最大的经济新形态，也是国家重点推动、各地竞相争夺的战略性新兴产业。陕西省西咸新区（以下简称"西咸新区"）占据国家级新区先行先试和秦创原创新驱动总窗口综合优势，腹地低空经济企业、科技创新资源较为丰富，抢抓发展机遇，寻求路径突破，有望在低空经济领域有更大作为。

一　低空经济的内涵特征及发展动力要素分析

（一）低空经济的内涵特征

低空经济是以有人驾驶和无人驾驶的低空飞行活动为牵引，突出无人驾

---

* 课题组组长：申博，西咸新区研究院（党校）副院（校）长、党工委管委会研究室主任；刘高波，西咸新区先进制造业局局长。成员：朱博涛，西咸新区研究院综合处副处长；李宁，西咸新区研究院综合处干部；梁书博，西咸新区先进制造业促进局军民融合部部长。

驶飞行、新能源等技术的融合，带动与低空相关的配套设施、飞行器制造等领域发展的综合性经济形态。一方面，低空经济自身是对通用航空业态的承接和丰富，另一方面，随着新能源、无人驾驶等技术的不断成熟，低空经济将无人机作为先导方向，形成了既能容纳多种产业又能协同推动各领域发展的战略性新兴产业，涵盖研发制造、低空产品、基础设施等较长产业链，对构建现代产业体系具有重要作用。

（二）低空经济发展的动力要素

从国内外低空经济发展实践分析，低空经济发展的主要动力要素体现为以下几点。

一是科技创新。随着 5G 通信、AI 算法等技术不断突破，无人机的应用场景和发展规模日益扩大。2023 年 10 月，全球首个载人无人航空器获得适航证并开始商业运营；2024 年 5 月，粤港澳大湾区首条跨海低空物流商业化航线在深中之间开通，低空经济正在加速融入通勤、物流、旅游、城市管理等百业百态。截至 2023 年底，全国约有无人机设计制造单位 2000 家、运营企业 2 万家，注册无人机 126.7 万架、同比增长 32.2%，低空经济规模达 5059.5 亿元，2026 年有望超过万亿元[①]，正在成为战略性新兴产业新引擎。

二是应用场景。低空经济是一种新兴产业和经济形态，在促进经济发展作用日益明显，特别是现阶段在城市管理、应急巡检、物流配送、消防等领域都有实际应用，带动上下游产业共同发展，有助于构建现代化产业体系。深圳、广州、杭州、合肥等起步较早、走在前列的城市，瞄准这一领域前瞻谋划、抢占制高点，采取了出台条例、制定规划、拓展场景、聚集产业等密集支持举措，取得显著成绩。

---

① 郝墨、赵弋洋：《数字经济视角下的低空经济》，"清华大学互联网产业研究院"微信公众号，2024 年 11 月 1 日，https: //mp. weixin. qq. com/s? _ _ biz = MzIxODcyMjE0MA = = &mid = 2247591087&idx = 1&sn = 50a44905149f5b68e95014286cc58dde&chksm = 9679f4dea92b5c43 bb874733ef200fdb12c468e8ef33e6d345e062410009d4bfdd27f8ef9268&scene = 27。

三是管理改革。低空空域开放是低空经济发展的前提,过去我国低空空域多为军方管制空域,大部分通用航空活动需要履行临时空域申请、飞行计划审批等,飞行服务过程中也采取严格的流量管控。2000 年起,中央空管委办公室在军航空管系统组织了小规模试点。2010 年 8 月,《国务院 中央军委关于深化我国低空空域管理改革的意见》的出台,标志着我国低空空域管理改革正式启动。截至 2023 年底,中央空管委办公室已相继在全国组织了 3 轮较大规模的低空空域管理改革试点,目前发展低空经济由国家机构统一规划、制定政策,具体管理和实施层面的事权下放到地方政府。

四是政策支持。2021 年,中共中央、国务院印发的《国家综合立体交通网规划纲要》,首次提出发展低空经济。近三年,党中央、国务院和有关部委相继出台了 8 部系列支持政策(见表1),特别是 2024 年初出台的《无人驾驶航空器飞行管理暂行条例》,首次从全生命周期对无人机飞行活动进行了规范。2024 年中央经济工作会议和全国两会也明确提出,把发展低空经济作为战略性新兴产业的新增长引擎,为加快发展进一步指明了方向。

表1　2021 年以来国家层面低空经济相关政策

时间	部门	文件	内容要点
2021 年 2 月	中共中央、国务院	《国家综合立体交通网规划纲要》	提出发展交通运输平台经济、枢纽经济、通道经济、低空经济。"低空经济"首次被写入国家规划
2021 年 12 月	国务院	《"十四五"现代综合交通运输体系发展规划》	提出有序推进通用机场规划建设,构建区域短途运输网络,探索通用航空与低空旅游、应急救援、医疗救护、警务航空等融合发展
2021 年 12 月	中国民用航空局、国家发改委、交通运输部	《"十四五"民用航空发展规划》	提出提升低空飞行服务保障能力、持续推动低空空域管理改革、大力引导无人机创新发展等任务
2022 年 2 月	中国民用航空局	《"十四五"通用航空发展专项规划》	提出推动低空旅游发展、拓展无人机应用领域、优化空域管理等
2022 年 12 月	中共中央、国务院	《扩大内需战略规划纲要(2022—2035 年)》	提出加快培育海岛、邮轮、低空、沙漠等旅游业态

时间	部门	文件	内容要点
2023 年 11 月	国家空中交通管理委员会办公室	《中华人民共和国空域管理条例（征求意见稿）》	明确提出空域用户定义并规定空域用户的权利、义务规范，标志着我国空域开放有了实质性的突破
2023 年 5 月	中央军事委员会、国务院办公厅	《无人驾驶航空器飞行管理暂行条例》	我国首部无人机顶层法规，从生产制造、登记注册、运行管理等各阶段、各环节对无人机飞行活动进行明确和规范
2024 年 3 月	工业和信息化部、科学技术部、财政部、中国民用航空局	《通用航空装备创新应用实施方案（2024—2030 年）》	提出 2027 年实现现代化通用航空基础支撑体系基本建立，2030 年通用航空装备全面融入人民生产生活各领域，形成万亿级市场规模

二　西咸新区低空经济发展现状及面临的挑战

（一）发展现状

近年来，西咸新区强化低空资源整合，加大相关项目布局，为低空经济发展创造了良好的基础条件。

一是顶层设计。编制印发《西咸新区促进低空经济高质量发展行动方案（2024—2026 年）》并采取若干奖补措施，以沣东、沣西新城为核心承载区，绘制低空经济产业链图谱，进一步明确了西咸新区未来三年的路线图、施工图和任务书。2024 年 8 月，西咸新区获批秦创原无人机产业创新聚集区，制定《秦创原无人机产业创新聚集区建设行动方案》，明确提出建设西安市低空经济发展示范区和无人机产业高地的目标任务，积极争取各级试点任务和政策支持。

二是产业集聚。航线运行上，西咸新区已获批统筹科技资源示范区至昆明池、沣西吾悦广场至西咸大厦 2 条航线，2024 年 6 月已实现无人机试飞。平台建设上，新区规划建设翱翔小镇、沣东无人机（低空经济）产业园等特色园区，落地无人机检测认证评价服务中心、智能仿真系统共性技术研发平台等创新平台。企业聚集上，西咸新区共有低空经济企业 72 家，从产业链来看，拥有无人机整机研制企业 8 家、材料配套企业 8 家、飞控系统企业 13 家、空管系统企业 8 家、反制系统企业 1 家、零部件企业 17 家、应用服务企业 17 家。从企业规模看，共有 15 家规上工业企业，产值 1000 万元以上的 27 家、500 万~1000 万元的 6 家。

三是完善配套服务。在基础设施方面，积极探索低空经济领域的政企合作模式，争取省级、市级统一的飞行服务监管服务平台落地建设，策划打造集检验测试、飞行试验、适航服务、飞手培训、飞行管理等功能于一体的低空经济综合服务基地，弥补产业发展短板。在交流平台搭建方面，成立了西咸新区低空经济（无人机）产业联盟、西咸新区检验测试综合服务联盟，为促进产业合作、整合资源信息搭建桥梁。组织召开西咸新区低空经济发展座谈会，邀请重点企业、行业专家、空域管理部门为西咸新区建言献策。

（二）面临的挑战

相对国内其他区域，西咸新区发展低空经济还存在一些问题。

一是产业链条还需完善。低空经济产业链上游为原材料与核心零部件领域，中游包括低空制造、低空飞行、低空保障与综合服务等，下游为各种应用场景。与深圳、杭州、合肥等城市相比，西咸新区还需进一步延链补链，目前西咸新区 72 家企业主要集中在材料及零部件配套和应用服务领域，缺少 eVTOL 整体生产企业，以及无人机反制、地面设备、运营维护等产业链企业。

二是服务配套尚不健全。飞行器"上班"前需要获得三个证件，包括型号合格证、生产许可证、适航证，目前企业申请适航证均要向国家空管部门申请，周期长、难度大。在取证过程中，需要经过大量检验检测、试飞试验流程。同时，西咸新区缺乏便捷、专业、低成本的试飞场地，检验检测服务不成体系，缺少适航认定服务等环节，企业所需成本大、等待时间长，亟须尽快完善产业服务配套，助力企业高效便捷地取得"入场门票"。

三是基础设施建设不足。基础设施在低空经济发展中扮演着至关重要的角色，既是支撑低空飞行活动实施的基础，也是保障低空飞行安全的关键所在。目前西咸新区针对现有低空应用场景建有相应的临时起降点，但仍处于较为零散的初步阶段，起降点、充电设施、通信及导航设备等基础设施配套尚不健全，尚未形成系统化、网络化的布局，资源利用效率低，难以支撑起低空经济规模化、产业化发展需求。

四是商业场景有待开发。西咸新区低空经济还处于早期起步阶段，应用场景集中于国土规划、城市管理和消防应急等公共服务领域，商业应用方面目前仅有 2 条低空配送航线，在"低空+旅游""低空+交通""低空+工业应用"等重点领域的商业应用场景亟待开发。

三 国内低空经济先发城市主要做法和经验启示

当前，国内深圳、杭州、上海、成都加快抢占低空经济赛道，走在全国前列。

（一）主要做法

1. 深圳——超前布局、全面发力

深圳是国内低空经济发展的"领头羊"。一是政策体系完善。制定了全国首部相关地方性法规《深圳经济特区低空经济产业促进条例》，明确了市级相关部门管理协同机制；出台了《深圳市培育发展低空经济与空天产业集群行动计划（2024—2025 年）》和支持低空经济发展的优惠政策。二是多重试点先行。获批了国家通用航空产业综合示范区、民用无人驾驶航空试验区等多个国家级试点；成立了低空经济专业标准化技术委员会，启动 18 项"深圳标准编制"，在规则标准体系建设上先行先试。三是应用场景多元。深圳低空载货、载人飞行量和新增航线量居全国前列。截至 2023 年 11 月，美团无人机落地了 7 个商圈，开设了 21 条航线，完成订单超 21 万单，形成"3 公里、15 分

钟"社区即时配送模式;① 丰翼无人机在粤港澳大湾区获批超过 19 万平方公里的低空城市物流网络空域。2024 年 2 月,峰飞航空完成从深圳到珠海eVTOL 航线演示飞行。6 月,首个"低空+轨道"空铁联运项目在深圳北站开航。四是基础设施领先。2024 年 5 月,全国首家低空经济产业公共服务中心揭牌;8 月,低空运行管理中心启用,低空经济空管平台(SILAS)先锋版正式发布。截至 2024 年 6 月,已开通无人机航线 207 条,建成低空起降点 249个,多区建成占地超过 50 万平方米的无人机测试场。② 五是产业基础雄厚。拥有大疆等行业龙头企业,消费级无人机占全球市场的 70%,工业级无人机占全球市场的 50%,2023 年低空经济产值超 900 亿元。③

2. 苏州——规则先行、因地制宜

一是探索低空交通管理机制。发布全国首部地方性低空交通规则《苏州市低空空中交通规则(试行)》,启动了苏州市低空飞行服务中心,建设了苏州市低空服务监管平台,形成"统一受理、全程服务"机制。二是因地制宜规划基础设施。出台了低空经济发展三年行动方案和支持政策。依托苏州市域丰富的水路资源,规划布局航路航线,分类建设低空起降设施,实现安全高效运行。三是加强区域协同发展。积极融入长三角、环太湖等区域低空经济一体化发展,在基础设施规划建设、应用场景开发和低空飞行管理等方面正在形成标准统一、兼容共享、联动协调的区域统筹发展机制。2024年 8 月,苏州昆山至上海浦东机场低空空中载客航线首航。四是强化平台支撑。设立低空飞行器中试验证中心、无人驾驶航空器(华东)标准验证中心,建成太仓市无人机试飞基地等一批支撑产业发展的平台。成立航空产业发展、低空科技等平台公司,在基础设施建设、低空运行管理等方面提供

---

① 《万亿级大产业,深圳又抢先一步》,https://baijiahao.baidu.com/s? id = 179266970473 6979704&wfr = spider&for = pc。

② 《深圳低空经济发展:向新向智向未来》,光明网,https://baijiahao.baidu.com/s? id = 1806601548989477036&wfr = spider&for = pc。

③ 《深圳无人机产业繁花似锦 企业超 1730 家产值 960 亿元,初步形成全国领先的低空经济产业群》,《深圳特区报》,https://www.sznews.com/news/content/2024-03/25/content_30823674.htm。

保障。

3. 杭州——创新场景、科技赋能

杭州作为全国首批民用无人驾驶航空试验基地，是国内最早进行无人机城市场景商业运行探索的城市。一是应用场景创新。致力于无人机大规模城市场景的应用实践，已开通各类无人机运送航线 107 条。疫情期间，构建了国内首个无人机医共体检测样本配送网络，累计飞行 43346 架次，运输核酸检测样本 369 万管。[①] 二是科研力量集聚。杭州拥有浙大航空航天学院、之江实验室、天目山实验室等多所院校和实验室，都在开展低空经济领域研发，推动形成了良好的产业基础和人才、技术储备。三是发展环境完善。发布了低空经济发展实施方案和优惠政策，设立了 30 亿元低空经济产业基金，成立了无人机运行管理服务中心，推出国内首套自主研发的城市级无人机运行管理服务平台，建设了 25 平方公里空域范围的无人机户外测试场。2024 年 8 月启动"中国飞谷"建设。[②]

4. 上海、成都——产业聚焦、特色突出

作为全国最早布局低空经济试点改革的城市，上海、成都有着相似的发展模式。一是突出发展低空制造业。上海集聚了全国约 50% 的 eVTOL 头部创新企业，在航空材料、动力系统、控制系统等方面拥有完善的产业链，在制定的低空经济发展行动方案、促进未来产业发展规划中，都提出大力发展低空制造业，目标建成全国低空经济产业综合示范引领区。成都作为全国重要航空工业中心，工业无人机产业规模居全国前三，保持年均 20% 以上的增速，2023 年印发了《成都市促进工业无人机产业高质量发展的专项政策》，加快推进低空制造产业建圈强链，打造西部低空经济中心。[③] 二是打造完善的产业配套服务。在低空飞行器适航审定、检验测试、飞行测试等方

---

① 《探寻通航产业发展的"杭州密码"》，https：//m. thepaper. cn/baijiahao_ 25561607。

② 《打造"中国飞谷"杭州如何"展翅"低空经济》，中国新闻网，https：//baijiahao. baidu. com/s? id=1801107630690220650&wfr=spider&for=pc。

③ 《布局"天空之城"成都低空经济如何"起飞"》，https：//sc. cri. cn/n/20240329/47d472 a6-fbeb-a7de-3883-cfa3a6b12215. html。

面加快布局，设立专业服务机构，打造综合服务基地，如彭州试飞基地、华东无人机基地。成都建成了全国首个民航局与地方政府合作的民航科技创新示范区，率先探索变空域"审批制"为"报备制"。三是应用场景具有地方特色。上海借助区域核心优势和海陆结合的地形，以建设全国首批低空省际通航城市为目标，规划划设连接五个新城、虹桥和浦东国际机场及长三角周边城市的低空空中交通网络。已开通舟山群岛—上海金山的跨海生鲜冷链运输服务等航线。成都积极拓展成渝经济圈优势，开展低空飞行跨省合作；依托丰富的平原、丘陵、高山等地形地貌，开发特色应用场景。

（二）经验启示

深圳、杭州、上海和成都促进低空经济发展的先进做法，都值得西咸新区借鉴学习。一是获得国家各类低空经济试点支持，打造了先行先试的政策环境。二是注重顶层设计，政策支持力度较大，产业基金等配套完善。三是创新体制机制，建全规则标准，布局建设了低空飞行服务监管平台，设立了专门的低空空域管理服务机构。四是政府部门主导，统筹规划建设、引导开放共享低空基础设施。五是大力发展低空运营服务，因地制宜开发、开放一批低空应用场景，牵引带动产业发展作用明显。六是注重培育龙头企业和产业集群，建设试飞基地等配套设施，营造了良好的产业发展环境。

四　推进西咸新区建设西部低空经济先行示范区的路径及策略

（一）超前布局，强化顶层设计

一是建立组织机构。尽快成立西咸新区低空经济发展领导小组和工作专班，组织赴深圳、广州等先发地区调研取经，出台新区低空经济发展三年行动方案和专项支持政策，与民航等相关部门建立常态化对接机制，争取更多项目平台落地。二是积极对上争取。抓住低空经济布局窗口期，主动联合省市加强与国家部委的沟通对接，争取全国低空经济发展示范省份。推动省上适时出台低空经济产业促进条例，加快秦创原产业创新聚集区（无人机）建设，打造品牌化园区；创建省市级统一的飞行服务监管平台、市级低空经济发展示范区等试点，争取更多政策支持。

（二）以企业为主体，促进产业快速聚集

一是"按图索骥"，精准招商。绘制低空经济产业链图谱，积极开展低空经济产业招商工作，通过应用场景牵引、省市平台聚集、市区共建园区、完善服务设施等途径，围绕低空航空器整机和核心零部件研制、低空服务运营等领域，招引一批龙头企业、培育本地低空产品服务品牌，吸引上下游配套企业来西咸新区落地，迅速打造产业集群。二是"四链"融合聚力培育。设立低空经济发展战略性投资基金，通过募集省属相关国企、金融机构、央企等社会资本，发挥股权投资牵引作用，依托创新港、西北工业大学等国家重点实验室、工程中心等创新平台，以及电子科技大学等高校开展航空材料、电池、飞控、动力、元器件等关键技术的原始创新、技术转化和应用，完善低空经济产业链。三是龙头牵引联动创新。鼓励支持爱生、航空工业自控所、中国电信等龙头企业牵头成立全省低空经济领域行业协会、产业联盟等组织，参与产业发展规划、技术创新推动、标准规范制定、应用场景拓展等工作。在沣东、沣西新城打造无人机产业聚集区，整合省内优质资源，吸引无人机研发、制造、运营、服务等相关企业入驻，形成产业集聚效应。

（三）场景牵引，建设示范应用先导区

一方面，加强低空经济应用场景构建。梳理发布西咸新区公共服务领域低空场景机会清单，面向区内企业公开遴选一批低空产品和服务供应商，采用首购、订购等非招标采购等方式，加大无人机、直升机场景应用，以投行思维推进商业化进程，探索更多新模式、新业态、新场景。另

一方面，大力营造低空经济发展氛围。根据西咸新区地域特色和优势，建设一批低空经济示范应用先导区，加强省内外、行业内外合作交流，依托西安临空会展中心，策划无人机、低空经济博览会，通过举办主题大会、产品展示、技术交流、竞速比赛，打造国内一流交流合作平台。例如，围绕无人机智能配送领域，重点在人群商业较为密集的沣东科统、能源金贸区等，支持开展外卖、药物等多场景低空飞行业务，加快推进无人机更多配送航线落地，助力建设无人机智慧配送应用试验区。围绕公共服务领域，在目前城市管理的基础上，西咸新区通过购买公共服务逐步拓展应急救援、安防巡查、农业监测、文保监测等应用场景。围绕文旅体融合领域，拓展空中游览、航拍航摄、娱乐表演、户外运动等特色应用场景，可率先在昆明池开通西部首条 eVTOL 商业化空中游览航线，后期可拓展到沣河、欢乐谷、丝路风情城等区域。

（四）"三网"共建，加快低空飞行基础设施配套建设

基础设施是低空经济发展的重要支撑，主要涵盖试飞场、起降站等设施，通信、导航、监视、气象、地图等信息基础设施，当前重点是加快建设"三张网"。围绕设施网，谋划建设西咸新区试飞中心，协同空管、民航等部门制定低空飞行基础设施建设和运营标准，出台基础设施布局规划、建设方案，明确起降点、航空港、航空枢纽等基础设施选址，保障各类无人机起降、备降、停放、试飞、充电、维保等。围绕通信网，依托西部云谷三大运营商，完善 600 米以下低空网络通信覆盖，通过 5G 融合卫星通信、物联网、大数据等技术，逐步满足各类飞行器全覆盖、大链接、高时效、高安全的通信需求。围绕服务网，探索建设西咸无人机综合应用平台、做好统一管理，在沣东、沣西新城遴选一批重点片区、重点航路、公共服务测试场、检验检测基地等，建设一批涵盖低空飞行器维修、低空设施维护、低空飞行培训等的基础设施，强化飞行保障。

参考文献

唐飞、崔巍平：《促进新疆低空经济发展的几点思考和建议》，《新西部》2024 年第 10 期。

孙乙尧、韩润奇、陈加栋等：《低空经济产业基金的发展现状与实践路径探析》，《中国科技产业》2024 年第 10 期。

曾纯：《打造低空经济生态圈》，《中国工业和信息化》2024 年第 10 期。

张江林：《江西低空产业发展探讨》，《中国储运》2024 年第 10 期。

盛如旭：《广东省低空经济产业发展现状、存在问题及对策建议》，《现代工业经济和信息化》2024 年第 9 期。

科技改革篇

B.13
陕西科技成果转化"三项改革"
扩量提质的路径研究

西北工业大学管理学院课题组*

摘 要: 科技创新是我国快速发展过程中的重要领域,其对于国家经济实力的增强与国际地位的提升至关重要。虽然我国科技成果转化活动持续活跃,但转化数量少、质量不高的问题依然突出,推进科技成果转化扩量提质已成为提升科技创新实力的重要举措。本研究在探索我国高校科技成果转化的现状,识别相关政策、服务平台和转化等方面制约因素的基础上,深入分析了西北工业大学推进实施科技成果转化"三项改革"的实践与成效,剖析了目前"三项改革"实施面临的难点和问题,以问题为导向,分类施策,提出进一步深化"三项改革"的相关对策建议,为扩大科技成果转化数量、提升科技成果转化质量提供参考。

---

* 课题组组长:郭鹏,西北工业大学管理学院教授、博士生导师,主要研究方向为项目管理、战略管理。课题组成员:贾颖颖,西北工业大学国家大学科技园业务主管,助理研究员,主要研究方向为科技成果转化;马玥、陈卓阳、鲍江春,西北工业大学管理学院,主要研究方向为项目管理。

关键词： 科技成果转化 "三项改革" 扩量提质 陕西

一 我国高校科技成果转化瓶颈与探索

科技成果转化是科技成果转变成现实生产力的重要途径，也是实施创新驱动发展战略的重要任务，因而科技成果转化受到了各国政府及企业的广泛关注。高校是我国科技创新体系的重要组成部分，也是科技成果转化的重要场所，其转化过程，如图1所示。尽管在国家及地方政策的大力扶持下，高校作为前沿科学研究的重地和重要科技创新基地，已经产出了丰富的科技成果，并为高水平创新驱动发展提供了知识保障，但成果转化仍然面临"成果多、转化少、推广难"的局面。因此，深入分析高校科技成果转化的现状，以及识别相关政策、服务平台和转化过程中的制约因素，对于深入推进科技成果转化具有重要意义。

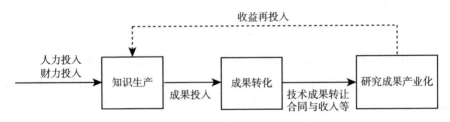

图1 高校科技成果转化投入与产出过程

科技成果转化的投入主要涵盖财力、人力和成果三个方面。在财力投入方面，数据显示，2022年，我国各类企业R&D经费中高等学校经费增长10.6%，占比7.8%。[①] 2021年，各类高等院校当年拨入经费中企事业单位委托经费约为850亿元，相较2010年已有大幅增长；同时，科研事业费及政府部门专项经费等约为1980亿元，增长更加迅速。在人力投入方面，

---

① 国家统计局、科学技术部和财政部：《2022年全国科技经费投入统计公报》，2023年9月18日。

2021 年，我国 2094 所高校中参与教学与科研人员共计约 135 万人，研究与发展人员共计约 56 万人，R&D 成果应用与科技服务人员共计约 7 万人。[①]在成果投入方面，2021 年，各类高等学校共计出版科技著作约 1.5 万部，发表学术论文共计约 120 万篇，各类高校共申请专利数约 37 万项，专利授权数共计约 31 万项，其中发明专利约 14 万项，实用新型专利约 15 万项，外观设计约 2 万项。[②]

在科技成果转化产出方面，2021 年我国 1478 家高等院校签订总合同项数约 27 万项，总合同金额约为 1086 亿元，分别比上一年增长 22.0% 和31.6%。其中，以转让、许可、作价投资方式转化科技成果约 1.9 万项，以技术开发、咨询、服务方式转化科技成果约 25 万项，分别比上一年增长10.2% 和 23.0%。[③] 此外，大额科技成果项目数大幅增长，单项科技成果转化合同金额 1 亿元及以上的成果有 48 项，5000 万元及以上的有 104 项，分别比上一年增长 71.4% 和 85.7%。与此同时，在专利转化方面，高校发明专利实施率上升至 16.9%，高校发明专利产业化率为 3.9%，较上年分别提高 3.1% 和 0.9%。[④]

尽管我国高校在相关政策支持下，科技成果转化取得了一定的进展，但调查统计数据显示，科技成果转化率低、专利产业化率低、研发周期长、许可率不高等问题仍然突出。这些问题反映了高校在科技成果转化中仍面临瓶颈，主要包括以下三个方面。

一是在国家科技成果转化政策方面。首先是政策的理解与执行差异。政策的制定与实施之间存在差异，部分科研人员和机构可能对政策的具体内容和要求理解不够深入，导致在实际操作中出现偏差。其次是政策的协同性不足。虽然国家层面出台了一系列促进科技成果转化的政策，但在具体实施过

① 中华人民共和国教育部科学技术与信息化司编《2022 年高等学校科技统计资料汇编》，高等教育出版社，2023。
② 国家知识产权局：《2022 年中国专利调查报告》，2022 年 12 月 28 日。
③ 中国科技评估与成果管理研究会等编著《中国科技成果转化年度报告 2022（高等院校与科研院所篇）》，科学技术文献出版社，2023。
④ 同上。

程中，不同部门和地方政府之间的政策协同性不足，可能导致资源配置不均衡，政策效应无法最大化。最后是缺乏有效的政策反馈和调整机制，可能导致政策在实施过程中遇到的问题无法及时被发现和解决，影响政策的持续优化和改进。

二是在科技成果转化服务平台方面。针对高校外部的服务平台，目前我国的各类技术中介市场发展尚不够成熟，相关知识的普及程度较低，高校与企业之间缺乏有效的信息沟通和对接机制，阻碍了科技成果后续价值的持续发挥。针对高校内部的服务平台，专业机构和人才团队的缺失，管理导向的偏差，管理能力不足以及管理方式的不便，均限制了科技成果的有效转化。

三是在高校科技成果转化过程方面。首先是政策制度层面的，转化的专业性与复杂性导致高校在制定相关政策时面临较大难度。其次，政策实施过程中缺乏具体细则，导致教师面临体制机制障碍。此外，一些高校管理部门未能充分认识科技成果转化的特殊性，影响转化效率。同时，高校科研成果的孵化周期较长，社会企业和高校科研团队之间在利益诉求和研发思路上存在差异，导致对成果孵化缺乏耐心。最后，高校自身的科研成果产出技术水平有限。

针对上述三方面的制约瓶颈，各高校纷纷参与到促进科技成果转化的机制创新与实践探索中，通过将理论创新与实践应用相结合，制定了丰富的成果转化策略，这些策略不仅涉及高校内部的政策优化、激励机制、人才培养和资金管理，也包括与政府、企业及科研机构的外部合作。此外，高校正在采取建立技术转移平台、简化审批流程、改进评价体系和设立专项基金等措施，以提升科技成果转化效率。同时，高校在科技成果转化过程中越来越重视市场导向和企业需求，进一步促进科技成果与产业界的深度融合。

以中国科学技术大学、西安交通大学、中国农业大学等高校为例，目前采取的实践探索归纳起来包括：①在科技成果转化成果管理方面，提出了"赋权+转让+约定收益"的管理模式，设计了强化市场导向的实体化运营机制，并构建了科学合理的科技成果转化价格确定方式；②在科技转移人才评价和职称评定方面，设计了在学校职称评审中突出成果转化指标的评审体系，提出了增设"成果转化与社会服务型研究员岗位"的方案；③在技术转移人才培养方面，构建了多元技术经理体系，并定制了校内技术转移人才培训课程；④在科技成果转化服务体系方面，形成了重大项目跟踪服务机制，构建了从不同角度出发的全链条服务生态体系。这些探索为高校科技成果转化提供了新的思路和实践路径，有助于推动科技成果更有效地转化为社会和经济效益。

二 西北工业大学"三项改革"的实践与成效

2021年9月，西北工业大学承担了3项国家全面创新改革任务，不断深化科技成果转化"三项改革"，包括职务科技成果单列管理、科技转移人才评价和职称评定制度、横向科研项目结余经费出资科技成果转化等。其中，职务科技成果单列管理是将职务科技成果从现行国有资产管理体系中退出进行单列管理，消除了科技成果转化过程中对国有资产流失的担忧，以及"不敢转"的顾虑；科技转移人才评价和职称评定制度改革是建立专门的人才评价和职称评定制度，畅通了人才发展通道，化解了"不想转"的矛盾；横向科研项目结余经费出资科技成果转化支持科研人员将横向科研项目结余经费以现金出资方式入股科技型企业，为科研人员参与市场活动提供资金支持，解决了"缺钱转"的难题。通过深化科技成果转化"三项改革"，正确处理了深化改革与规范运行的关系，推动了更多有竞争力、有引领性的科技成果落地转化，从而构建了科技成果转化新体系，如图2所示。

"三项改革"实施以来，西北工业大学在科技成果转化领域取得了显著成效。自2020年以来，西北工业大学在专利技术作价与排名方面，共有309项知识产权进行作价，总价值高达5.3亿元，连续两年在全国稳居前十。企业增长与资本吸引方面表现同样亮眼，新增57家成果转化参股企业，这些企业共吸引了22.4亿元的社会资本（包括融资）。此外在企业改革培

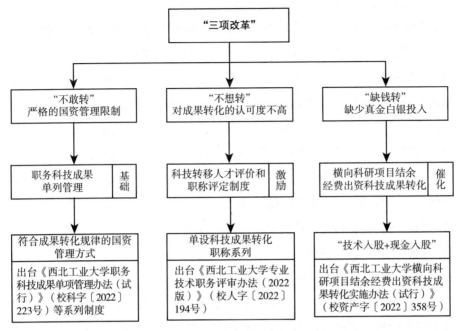

图2　"三项改革"构建的科技成果转化新体系

育方面，还有 8 家国家专精特新"小巨人"企业，12 家省市重点产业链"链主"企业，以及 17 家上市后备企业，实现成果转化收益 24 亿多元。①

（一）职务科技成果单列管理，放活特殊资产，"不敢转"变"主动转"

1.职务科技成果单列管理的出发点

职务科技成果赋权改革虽然解决了部分科研人员权益问题，但高校持有的职务科技成果作为国有资产，在转移转化过程中仍受多重管理制度制约。科研人员虽被明确为"共同所有权人"，但实际操作中，校方和科研人员仍面临国资管理的严格要求，如"非转经"审批等，成果定价低或转化失败

---

① 《【天下工大 世界三航】资产公司党委：凝心聚力谋发展 真抓实干建新功》，西北工业大学官网，2024 年 9 月 27 日，https://zcgs.nwpu.edu.cn/info/10474116891.htm。

可能触及国有资产流失的红线，导致科研人员存在"不敢转"的顾虑。此外，职务科技成果作价投资形成的国有股权管理严格、程序复杂，退出机制不畅，可能使企业错失商业机会，影响社会投资人的投资意愿。职务科技成果作为特殊形态的国有资产，其无形资产特性与传统有形资产不同，若按普通国有资产管理模式管理，将导致大量专利成果无法得到有效利用，造成资源闲置和浪费。为激活职务科技成果的核心价值，必须突破传统管理思维，设立针对成果转化的"风险专区"和"制度特区"，为科研人员提供更灵活的转化环境和政策支持。这是职务科技成果单列管理改革的核心，也是解决科研与生产分离、跨越科技创新"死亡之谷"的关键。高校职务科技成果转化的挑战，需要通过创新的制度设计和政策引导来解决，以促进科技成果的有效转化和产业化发展。

2. 职务科技成果单列管理的内容

通过实施《西北工业大学职务科技成果单列管理办法》，将职务科技成果从传统的国有资产管理体系中独立出来，从而赋予高校更大的自主权来管理科技成果。该办法明确指出，在转化前，职务科技成果仅在科研管理台账中进行登记，并不纳入国有资产管理信息系统，也不作为国有资产审计和清产核资的对象。这样的做法消除了对国有资产流失的担忧，为科技成果转化打开了便利之门，从根本上解决了"不敢转"的问题。此外，该管理办法在管理责任上取消了科技成果转化过程中的"非转经"事项审批，简化了流程。在处置方式上，规定通过作价入股等方式转化的职务科技成果形成的国有资产，不纳入国有资产保值增值管理考核范围，从而为成果管理和转化提供了"风险免责"的环境。这些措施旨在鼓励和促进科技成果的转化，确保创新价值得以实现，同时保护相关领导和责任人员的利益，即使在履行勤勉尽责义务且没有非法牟利的情况下发生投资亏损，也不会影响国有资产对外投资保值增值的考核。

3. 职务科技成果单列管理的要求

职务科技成果单列管理提升了高校监管要求，将科技成果独立于国有资产体系，赋予高校更多自主权，这要求高校在收益增值和风险防范上承担更多责任。高校需设计明确分工、权责对等的制度,尊重成果转化规律,畅通转化途径,并建立全面的监管机制,保护学校权益,避免违法违纪风险和资产损失。为了顺利推进职务科技成果单列管理,高校需从成本和风险视角出发。成本上,高校应平衡专利估算成本与市场定价,考虑前期投入和市场主体决策权,建立基于"集合成本"的专利定价模式。风险上,需正视转化过程的不确定性,关注资金、技术、团队合作和市场环境等关键风险点,促进转化企业健康发展。通过这种综合管理,可有效推动职务科技成果转化,确保高校资产安全和增值。

4. 职务科技成果单列管理的成效

西北工业大学在激励机制方面采取了先驱性的政策,2009 年就实施了成果作价奖励,确保成果完成人至少获得 50% 的奖励,早于国家 2015 年政策 6 年。2021 年,学校进一步提高了科技成果转化的权益让渡比例(至少不低于 70%),并明确了成果转化收益的分配:服务单位 20%,持股平台 20%,二级单位 10%。政策的实施极大促进了成果的转化,科技成果的作价金额和企业数量实现了年均近 100% 的增长。通过职务科技成果单列管理,自 2021 年 3 月陕西秦创原创新驱动平台(简称秦创原)建设以来,西北工业大学已将 200 余项知识产权评估作价 3.7 亿元,新增 39 家成果转化参股企业,吸引社会资本超 20 亿元;与企业共建 40 余支"科学家+工程师"队伍、20 余家"四主体一联合"校企联合研究中心;6 家企业入选国家级专精特新"小巨人"企业。[①]

(二)科技转移人才评价和职称评定制度,放开晋升通道,"不想转"变"我要转"

1. 科技转移人才评价和职称评定制度的出发点

科技成果转化需要科研人员具备丰富的知识和业务能力,尽管有政策支

[①] 《〈人民日报〉专版报道学校科技成果转化工作》,西北工业大学官网,2023 年 7 月 26 日,https://www.nwpu.edu.cn/info/1198169138.htm。

持，科研人员在成果转化中的贡献在职称评审和年终考核中认可度不高，导致其积极性降低，普遍存在"不想转"现象。高校教师职称评聘标准通常应围绕人才培养、科学研究、社会服务和文化传承等职能设定，而现行评价体系更偏重论文、项目和获奖，忽视了教学和社会服务贡献。在这种评价体系下，专利成果常被视为附加项，而非核心要素，导致教师倾向于发表论文和申请项目，而非成果转化。同时，一些工程技术能力强的教师因不擅长发表论文，在职称晋升中处于不利地位。这种评价体系未能实现高校人力资源的最优配置，与激发人才创新活力和实现高校多元社会功能的目标不匹配。因此，需要通过改革，调整职称和人才评价体系，公正认可科研人员在成果转化中的社会和经济贡献。提高对科技成果转化的认可度，激发科研人员积极性，促进成果转化，实现高校多元社会功能。

2. 科技转移人才评价和职称评定制度的内容

通过出台《西北工业大学专业技术职务评审办法（2022 版）》，西北工业大学在职称评审体系中引入了重要的改革，旨在激发科研人员在科技成果转化方面的积极性，并提升高校的社会服务功能。该办法在原有的职称体系中特别增加了"科技成果转化与应用"作为科学研究的一个选项，并在专职科研岗位中增设了科技成果转化职称系列。通过实行单列计划、单设标准、单独评审的方式，重点评价科技成果转化带来的经济和社会效益，揭示了科技转移人才评价和职称评定新路径，放开了晋升通道，为那些具有工程背景且致力于成果转化的教师提供了一条新的职业发展路径。此外，改革还鼓励教师主动与科研院所、大型国企对接，积极融入针对关键核心技术的有组织科研，并在合作初期就将产学研融合纳入任务书。设置六项代表性成果指标，教师只要满足其中任何一项即可申报高级职称，从而有效激励了教师在科研和成果转化方面的主动性和创造性。这些措施不仅激发了人才的创新活力，也增强了高校的社会服务能力，为技术转移人才创造了更大的发展空间，提升了从事科技成果转化工作的获得感、成就感和荣誉感。

3. 科技转移人才评价和职称评定制度的要求

建立技术转移人才评价和职称评定制度，对构建科技成果转化的专业服务体系至关重要。该制度通过人才评价的引领作用,吸引、凝聚和稳定人才参与科技成果转化。在此制度下,高校需成立专业管理服务机构,设立专职岗位,培养懂技术、有投行思维和服务意识的科技经纪人。同时利用秦创原的中试平台、金融创投机构和第三方服务机构等资源,构建全链条服务,为成果转化提供综合支持。高校在放宽晋升通道时,也应严格管理成果的实际效益和标准。专利转让、许可实施或作价投资都应带来实质性经济收益,且不同转化方式的收益规模应一致,以体现专利的经济价值。对于专利作价投资成立企业的转化方式,要全面评估股权收益、吸引投资、税收、就业和行业影响,尤其是对打破技术封锁的贡献。同时,职称晋升标准应以实际成效为导向,评价时更注重综合贡献而非仅看结果。

4. 科技转移人才评价和职称评定制度的成效

该项政策中,西北工业大学将"科技成果转化与应用"作为科学研究的一个独立可选项,并为此单设了职称系列,为科技成果转化显著的教师提供职业发展道路。还为此制定了科技成果转化代表性成果相关评价标准,旨在量化和评估成果转化的经济价值与社会价值,如表1所示。该标准明确了6个关键条件,区分正高级与副高级职称的不同要求,涵盖知识产权转让、作价投资、税前收益、直接经济效益、货币投资吸引及税收贡献和就业安置等多个方面。

表1 科技成果转化代表性成果相关评价标准（6选1）

序号	分类	条件	正高标准	副高标准
1	经济价值	作为负责人以知识产权转让、实施许可或作价投资金额(以实际到账金额或出资协议为准)	600万元	400万元
2		作为负责人以知识产权作价投资设立的成果转化企业中学校所占股权累计实现税前收益(以实际到账金额为准,同一企业不论金额只认定一次)	500万元	300万元
3		个人因科技成果转化为学校获得直接经济效益(以学校实际到账金额为准)	1000万元	500万元

续表

序号	分类	条件	正高标准	副高标准
4	社会价值	作为负责人以知识产权作价投资设立的学校成果转化企业吸引货币投资金额(以实缴到位为准,同一企业不论金额只认定一次)	2000万元	1000万元
5		作为负责人以知识产权作价投资设立的学校成果转化企业上一年度缴纳税金(以完税证明为准)	300万元	100万元
6		作为负责人以知识产权作价投资设立的学校成果转化企业上一年度安置人员就业(以社保证明为准)	300人	100人

通过这项政策,在2022年至2023年期间,学校对科技成果转化领域的专业技术人员进行了职称评聘和晋升,其中2位被评聘为研究员、1位被评聘为副研究员,这表明学校对科技成果转化的重视程度以及对相关人才的认可。此外,有超过80位教师因在科技成果转化方面的显著贡献而成功晋升为高级职称。这一举措不仅肯定了教师们的专业成就,也进一步激发了科研人员投身科技成果转化的热情,为推动学校科技成果向实际应用转化提供了强有力的人才支持和激励机制。

(三)横向科研项目结余经费出资科技成果转化,放宽资金用途,"缺钱转"变"大胆转"

1. 横向科研项目结余经费出资科技成果转化的出发点

在科技成果转化项目的投资过程中,创投机构和企业通常要求科研人员以"技术入股+现金入股"的方式参与,以实现利益共享和风险共担。然而,对于科研人员而言,现金投入往往带来一定的经济压力,使得资金成为他们转化科技成果时面临的难题之一。在此背景下,高校横向科研项目的结余经费,作为一笔数额可观但使用受限的"死账",若能被允许用于科研人员入股转化企业的资金,将有效提升参与科技成果转化各方的积极性。探讨高校横向科研项目结余经费的使用和处置,首先需要明确横向科研项目的基本属性。实际上,横向科研项目既是科研活动商业化的表现,也是产学研合作实践的一种形式，其运作遵循市场化逻辑。然而，现行的经费管理制度尚未充分反映横向科研项目的市场特性，普遍存在监管过度而激励不足的问题。这种制度与横向科研项目市场特性之间的矛盾，为改革提供了迫切需求。因此，允许横向科研项目结余经费用于科技成果转化的试点改革，不仅能够缓解这一矛盾，还能为科技成果转化提供新的资金来源，进一步激发科研人员与合作企业的活力，推动科技成果向实际生产力的转化。

2. 横向科研项目结余经费出资科技成果转化的内容

通过推出《西北工业大学横向科研项目结余经费出资科技成果转化实施办法（试行）》，西北工业大学正探索一种创新的资金管理方式，旨在盘活科研团队承接的横向科研项目中未充分利用的结余经费。这一办法允许科研人员将结余经费用于科技成果转化，以此响应市场投资者对现金投入的期望，实现利益共享和风险共担。这不仅为科研人员提供了额外的现金支持，以满足科技成果转化过程中的资金需求，而且通过专家委员会对资金使用的可行性进行论证，确保资金使用的合理性和有效性。此外，西北工业大学还计划设立产业发展基金，科研人员可以将结余经费划入该基金，并根据成果转化的实际需求提出使用申请。学校将组织专门的专家委员会对申请进行评估，根据投资金额进行分级审批，从而确保资金使用的规范性和安全性。这一措施不仅提高了横向科研项目经费的使用效率，而且为科研人员提供了全程参与成果转化的机会，有助于提升科技成果的转化率和成功率。通过这些创新性的改革，西北工业大学致力于构建一个更加高效和灵活的科技成果转化资金支持体系，如图 3 所示。

3. 横向科研项目结余经费出资科技成果转化的要求

该项实施办法的推出，对横向科研项目结余经费的利用提出了新的管理要求，特别是在股权经营管理方面。为了确保资金使用的科学化和规范化，高校需要建立一个既能进入也能退出的闭环操作模式，以建立长效机制。高校既要为科技成果作价投资形成的股权提供规范、优质、高效的专业服务，还要建立科学规范的股权退出机制，逐步形成"边组建边退出"的良性循环，促进成果转化持续发展。在具体操作层面，高校需要从两个主要方面进

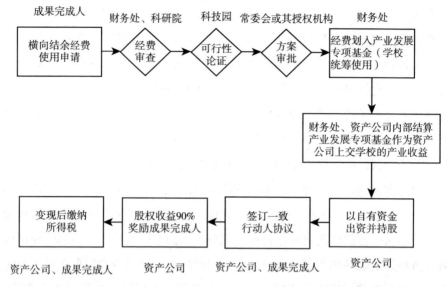

图3 "横向科研项目结余经费出资科技成果转化"政策资金支持体系

行管理。首先，对于科研人员，要明确横向科研项目结余经费作为职务科研经费的一部分，其处置方式与职务科技成果权益的处置方式基本一致。在明确权益比重的基础上，学校支持科研人员充分利用这部分经费。其次，高校需要建立一套科学合理的操作流程，如西北工业大学设立的产业发展专项基金，允许科研人员将结余经费划入该基金，并在成果转化项目负责人提出资金使用申请后，由专家进行可行性论证，学校再根据投资金额进行分级审批。这一制度安排不仅提高了资金使用的专业化管理水平，还具有较好的复制推广价值，有助于科研人员更有效地参与科技成果转化。

4.横向科研项目结余经费出资科技成果转化的成效

西北工业大学在推动横向科研项目结余经费出资科技成果转化方面虽有创新尝试，但实际成效并不明显，主要原因涉及诸多方面。首先，西北工业大学拥有大量横向课题结余经费，可能导致科研人员面临管理和有效利用上的难题。其次，陕西省在税务处理上的不确定性，特别是个人所得税优惠政策的不明确性，对科研人员的参与积极性产生了一定的影响。在科研人员考虑参与科研项目或成果转化时，个人所得税的潜在风险是不得不面对的一个重要因素。如果税收优惠政策宣传不到位、执行不明确或存在变动性,可能会增加科研人员的经济负担,导致其对参与科研项目或成果转化活动产生顾虑。再次,政策宣传和解释工作可能未能充分到位,导致科研人员对资金池政策的具体内容、操作流程以及如何从中受益缺乏足够的了解。最后,分级审批流程可能被科研人员认为过于烦琐和复杂,增加他们的行政负担,会影响他们的参与意愿。

三 当前"三项改革"政策实施中的难点

"三项改革"深层含义不仅限于三个方面的"放"与"管",还包括构建一个完整的服务体系,专门用于支持科技成果的产业化。西北工业大学通过将科技园提升为与科研院和资产公司并列的二级机构,构建了一个从成果源头到服务单位再到持股平台的全链条科技成果转化服务体系,如表2所示。

表2 "三项改革"全链条科技成果转化服务体系

定位	机构	职责
前端—成果源头	科学技术研究院	负责学校科技成果筛选、登记、发布和推广,社会需求信息的收集和发布
中端—管理部门	国家大学科技园	负责学校知识产权管理和科技成果转化工作,承担领导小组办公室职责
后端—持股平台	资产公司	负责持有学校科技成果作价投资所形成的股权,代表学校对成果转化企业进行股权管理

首先,学校构建了一个全面的技术链路,覆盖了从基础研究到工程化、再到产品化的各个阶段,确保科技成果产业化拥有坚实的技术基础。其次,为了增强企业在技术承接和后续研发方面的能力,学校与企业合作建立了工程或企业研发中心,形成了从实验室研究到工程化服务、再到产业化生产的连贯性科技成果转换平台。最后,学校通过提供中试平台和设立科技成果转

化基金等手段，支持科技成果的中试和工程化阶段，同时为转化过程提供必要的资金支持。

"三项改革"的实施，在有效提高成果转化效率的同时，也对科技成果转化过程管理提出了更高的要求。因此为更好地促进"三项改革"的顺利落地，推动更多科技成果的转化，必须识别出"三项改革"落地实施中的关键影响因素，提炼出实施过程亟须解决的难点问题，并设计出推动"三项改革"实施的创新政策与措施，以有效推动"三项改革"的实施与推广，从而进一步深化科技成果转化机制改革，持续激发广大教职员工的创新创业活力，不断塑造发展新动能新优势。通过深入调研分析发现，"三项改革"政策实施中有待破解的难点如下。

职务科技成果单列管理政策实施中的难点如下。①职务科技成果评估定价难。对于职务科技成果作价投资或通过协议定价的其他转化方式，普遍做法是委托第三方评估机构进行价值评估。然而，科技成果价值评估的复杂性本身就是一项挑战，加之第三方评估机构的权威性和评估结果的准确性可能受到质疑，这些都增加了评估定价过程的难度。②职务科技成果权益分配难。虽然目前已经实施了职务科技成果的单列管理，但是高校与成果完成人仍共同作为科技成果的所有权人，这些成果依旧被标记为"国有资产"，在转化过程中，这一属性使得它们不可避免地受到国有资产管理相关要求的限制。高校作为股东参与项目公司运营，其发展和经营活动便会受到国资监管的约束。③职务科技成果市场应用难。尽管高校在科技成果转化方面取得了一定的进展，但要将这些成果广泛应用于市场，一个关键的问题是如何激发企业的积极性和主动性。此外，所有促进科技成果转化的措施都必须符合国有资产管理的规定，以避免国有资产的流失，无疑增加了措施设计和实施的复杂性。

科技转移人才评价和职称评定制度政策实施中的难点如下。①科技经纪与管理人才队伍培养难。首先，培养专业的科技经纪与管理人员需要时间和资源，且对人才的选拔和培训机制提出了更高的要求。其次，培养这类人才需要有足够数量的教师具备相关领域的实践经验——能够将理论与实践相结合进行教学。最后,高校与企业、研究机构之间的合作机制有待进一步优化,以确保学员能够接触到真实的技术转移案例和实践机会。②科技经纪与管理人才工作参与难。建立一套有效的机制来保障科技经纪与管理人员对科技成果转化工作的参与度和影响力,这可能会与现有的科研项目管理体制发生冲突,需要在组织结构和运作模式上进行相应的调整。科技经纪与管理人员在参与成果转化中需要精准匹配资源,这对他们的专业判断和风险管理能力提出挑战,如何建立一个有效的风险分担和激励机制也是亟待解决的问题。③科技经纪与管理人才评价体系完善难。在现有评定体系中,缺少对科技转移经纪与管理人才的评价和职称评定,需要一个全面而系统的标准,以反映科技成果转化的多维价值,更准确地衡量工作绩效。另外,现有体系机制在设计上存在局限性,未能充分吸纳科技转移经纪与管理人员的意见和建议,导致职称评定过程可能缺乏必要的透明度和公正性。

"横向科研项目结余经费出资科技成果转化"政策实施中的难点如下。①横向结余经费管理难。西北工业大学的横向结余经费高达约 10 亿元,这一庞大的资金规模可能会给学校、科研人员带来如何有效利用和高效使用的问题。由于经费数量巨大,学校以及科研人员可能会感到难以管理。学校的横向科研经费管理部门,如何针对自身情况建立有效的横向科研项目结余资金管理制度就变成目前需要解决的难题之一。②纳税经济负担减负难。根据前期的调研所反馈的问题,一方面,许多科研人员对这项政策的了解还不够深入,他们对资金池政策的概念模糊并且对相关操作流程缺乏清晰的理解。另一方面,科研人员尤其关注税收带来的经济负担。对于"工资、薪金所得",我国个人所得税采用超额累进税率,这必将导致科研人员在提取结余经费作为投资时需要缴纳高额税金。③分级审批流程办理难。西北工业大学设立产业发展专项基金,允许科研人员将结余经费划入该基金,并在成果转化项目负责人提出资金使用申请后,由专家进行可行性论证,学校再根据投资金额进行分级审批。这一制度虽然提高了资金使用的专业化管理水平,但是可能会增加科研人员的行政负担。

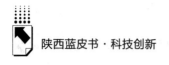

四 进一步深化"三项改革"的创新政策与措施

针对以上难点，本研究从"职务科技成果单列管理""科技转移人才评价和职称评定制度""横向科研项目结余经费出资科技成果转化"等三个方面分别提出进一步深化改革的创新政策与措施。

（一）职务科技成果单列管理实施中的创新政策与措施

其一，明确科技成果评估标准，构建科技成果价值评估体系和操作流程。为确保科技成果转化的公正性和效率，必须明确科技成果的评估标准，建立一套全面且细致的评估体系和标准化操作流程，健全科技成果转化管理决策程序。

其二，规避国资监管的影响，探索科技成果"赋权+转让"的新形式。高校可以在职务科技成果赋权改革基础上，将全部科技成果权益让渡给成果完成人，由其自主实施成果转化，这样科研人员在以科技成果进行作价投资时拥有完全的职务科技成果，以此来规避国资监管的影响。单位可以通过保留优先购买权，在必要时对科技成果的所有权进行回购，确保科技成果的稳定转化和长远发展。

其三，推动科技成果向中小微企业的转化，进一步扩大市场影响范围。中小微企业数量众多，高校与其进行科技成果转化合作市场广阔。但中小微企业财力有限，高校可以依据相关政策，采取"收入后付费"的模式，允许中小微企业在科技成果产生实际收益后再支付相应的费用。通过这种方式，中小微企业将有更多的机会利用高端科研成果开发新产品。

（二）科技转移人才评价和职称评定制度实施中的创新政策与措施

其一，构建新型培养体系，形成技术转移经纪与管理人才培养新路径。将技术披露、知识产权、培育孵化和创新创业等实践知识融入教学体系中，科学设计具有实战导向的新型教培模式与课程体系，培养出既懂理论又具备实践能力的复合型技术转移经纪与管理人才。

其二，优化服务模式，促进技术转移经纪与管理人员参与科研项目转化。积极组建或与社会化技术转移机构合作共建技术转移经纪与管理人才队伍，鼓励技术转移经纪与管理人才全程参与科技成果转化工作，可从成果转化净收入中提取一定比例用于奖励对科技成果转移转化作出重要贡献的技术转移经纪与管理人员。

其三，丰富职称晋升体系，建立技术转移经纪与管理人才职称评定序列。需要为科技转移经纪与管理人员增设专门的职称晋升序列，提供职业上的认可和激励。支持在科研人员的聘任、晋升和考核过程中，提升科技成果转化所带来的经济和社会效益的考量比重。

（三）横向科研项目结余经费出资科技成果转化实施中的创新政策与措施

第一，提升经费使用效率问题，明确结余经费出资科技成果转化税收政策。按照相关规定，对符合职务科技成果转化相关规定的现金奖励，纳入单位绩效工资总量，但不受核定的绩效工资总量限制，减按 50% 计入当月"工资、薪金所得"，依法缴纳个人所得税。

第二，建立"个税缓冲区"，延后经费出资税务负担。国家税务总局规定，个人以技术成果投资入股境内居民企业，被投资企业支付的对价全部为股票（权）的，投资入股当期可暂不纳税，允许递延至转让股权时，按股权转让收入减去技术成果原值和合理税费后的差额计算缴纳所得税。同时，纳税时按照 20% 的税率计算缴纳个人所得税，在一定程度上可以减轻科技成果转化初期面临的资金压力，为科研人员提供潜在的资本增值空间。

第三，厘清经费出资角色定位，持续优化政策环境。高校要及时梳理改革过程中的难点痛点，特别是涉及政策法规的问题，主动对接政府有关部门，确保政策执行的顺畅与合规性。及时跟进和解决成果转化过程中遇到的实际问题，确保科研成果能够顺利并有效地转化为实际应用。此外，积极探索更多横向科研项目结余经费出资成果转化的其他方式。对于科技中介则要利用好其桥梁作用，合力建立高校横向科研项目结余经费出资的"成果池"。

随着创新驱动发展战略的深入实施，科技成果转化作为连接创新链和产业链的关键环节，受到了国家的空前重视。陕西省出台了《关于全面深化科技成果转化"三项改革"的若干措施》为"三项改革"的实施保驾护航，通过政策引导和法律保障，为科技成果转化提供强有力的支撑。新政策中的二十条"硬核"措施从政府、科技成果转化服务平台、高校、成果拥有人等多个方面、多个角度全面破解"三项改革"政策实施中的难题。相信未来随着"三项改革"的深入推进和政策的不断完善，陕西省有望在科技成果转化领域实现更多的突破，为地方经济的蓬勃发展注入新的活力。通过优化创新创业生态，提升技术成果转化能力，将科教资源优势转化为经济发展优势，实现高质量发展。同时，随着政策的进一步落实和细化，预计将有更多的科技成果从实验室走向市场，为国家和地方经济社会发展做出更大贡献。

参考文献

郭金忠、刘成勇、刘晓玲等：《中国高校科技创新效率及影响因素的实证分析——科技成果产出和转化两阶段视角》，《科技管理研究》2024年第6期。

张亚明、赵科、宋雯婕等：《中国省域科技成果转化效率评价研究——基于长短期视角》，《技术经济与管理研究》2024年第2期。

纪红、张旭：《科技成果转化基金：产学研协同创新的新范式》，《大连理工大学学报》（社会科学版）2022年第4期。

王凡：《高校科技成果转化中"政产学研金服用"模式探讨》，《中国高校科技》2021年第6期。

石琦、钟冲、刘安玲：《高校科技成果转化障碍的破解路径——基于"职务科技成果混合所有制"的思考与探索》，《中国高校科技》2021年第5期。

田庆锋、苗朵朵、张硕等：《军民融合型高校的科技成果转化效率及路径》，《科技管理研究》2020 年第 8 期。

赵正洲、李玮:《高校科技成果转化动力机制缺失及其对策》,《科技管理研究》2012 年第 15 期。

《中共陕西省委办公厅 陕西省人民政府办公厅印发〈关于全面深化科技成果转化"三项改革"的若干措施〉的通知》,2024 年 9 月 13 日。

B.14
深入推进陕西科技成果转化市场化机制建设研究

西安交通大学国家技术转移中心课题组*

摘　要：　科技成果转化为现实生产力才能真正发挥价值。当前，我国科技创新成果与市场需求不匹配、科技成果转化效率不高等问题依然突出。深入推进科技成果转化市场化机制建设是提升科技成果转化效率的重要抓手。本文在解构分析科技成果转化市场化机制的内涵机理基础上，分析陕西科技成果转化市场化机制建设的现状、面临的问题，研究提出加强科技创新高质量供给、建设科技成果评价体系、创新技术交易市场机制模式、完善配套政策体系等对策措施，以便深入推进科技成果转化市场化机制建设，推动科技成果加快转化为现实生产力，更好服务高水平科技自立自强。

关键词：　科技成果转化　科技创新　陕西

当前高科技重塑全球秩序和发展格局，加快科技成果转化已经成为各国抢占新一轮科技革命和产业变革制高点、赢得制胜先机的重点领域。习近平总书记高度重视创新驱动发展，强调促进创新链产业链资金链人才链深度融合，推动科技成果加快转化为现实生产力。[①] 党的二十届三中全会提出，深化

---

* 课题组组长：周红芳，西安瓦特企业管理咨询股份有限公司总经理。组员：王文、侯莹，西安交通大学国家技术转移中心；陆育波，陕西卓越经济高质量发展研究院；关盛元，西安科技大市场服务中心。

① 《善用"两只手"促进四链融合》，光明网，2024 年 4 月 25 日，https：//politics. gmw. cn/2024-04/25/content_ 37284853. htm。

科技成果转化机制改革，加强国家技术转移体系建设。当前，我国科技成果转化呈现稳定增长且多元化发展态势，但同时，科技创新成果与市场需求不匹配、科技成果转化效率不高等问题依然突出。深入推进科技成果转化市场化机制建设是提高科技成果转化效率的重要抓手。陕西科技创新资源丰富、创新驱动发展潜力巨大。近年来，陕西推进科技成果转化"三项改革"，探索形成了一些成功做法和经验。着眼发展新要求，深入推进科技成果转化市场化机制建设，打通机制中梗阻，推动科技成果加快转化为现实生产力，努力推进科技创新资源潜力转化为创新驱动发展实力，更好服务高水平科技自立自强。

一 科技成果转化市场化机制的理论分析

（一）科技成果转化市场化机制的内涵分析

科技成果是通过科学研究与技术开发所产生的具有使用价值的成果。科技成果要转化为现实生产力，需要对科技成果进行后续试验、开发、应用、推广直至形成新技术、新工艺、新材料、新产品，发展新产业。[①] 科技成果转化市场化机制是指将科学研究、技术开发和创新成果通过市场化机制的作用，有效转化为市场可接受的产品或服务的一系列制度安排和政策支持体系。推动科技成果转化市场化机制建设，意味着要深化科技成果转化体制改革，构建以市场为导向的科技成果转移转化体系。

科技成果转化市场化需要通过市场与制度的共同作用，形成有效的转化机制。在制度建设方面，形成有效的科技成果激励、管理及保护制度是保障科技成果顺利转化的基础。在市场建设方面，一方面需要完善一般意义上商品生产和商品交换的消费市场，另一方面需要形成供技术资源与要素进行创造、流通、配置的技术市场。有效的消费市场、技术市场，促进科技创新所需要素的充分流通，降低科技成果转化的成本与壁垒。结合制度对科技创新

---

① 《中华人民共和国促进科技成果转化法》，《人民日报》2015 年 12 月 25 日。

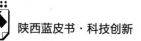

的管理、保护和激励，共同形成科技成果从创造到转化的价值链，进而建立起可良性运转的科技成果转化市场化机制。

（二）推动科技成果转化市场化机制建设的意义

科技成果转化是科技与经济结合的最佳形式。新技术的产生并不直接等同于新产业的形成，通过市场化机制，将科技成果转化为现实的生产力，形成规模效益，从而才能真正推动经济发展。

（1）提高科技成果转化率。推动科技成果转化市场化机制建设，可以有效促进科研成果走出实验室，进入实际生产和市场应用，实现科技与需求精准匹配，打破科研主体与产业主体之间信息壁垒，降低交易成本，真正实现科研价值的社会化，提高科技成果转化率。

（2）激发科技创新活力。推动科技成果转化市场化机制建设，激发科技创新资源的活力，为创新主体提供更大的市场空间和更灵活的转化方式，推动形成持续的科技创新动力。

（3）优化科技资源配置。通过市场机制筛选出有价值的科技成果，充分发挥市场在科技资源配置中的决定性作用，以市场需求为导向确定技术研发方向，优化各类创新要素配置，制定更合理的研发路线，实现科技资源的高效利用。

（4）推动区域协同发展。推动科技成果转化市场化机制建设，能够加强与其他地区的交流合作，建立跨区域的技术转移与成果转化平台，跨越地域限制，实现科技与产业的共享与互补，推动区域协同发展。

二 陕西科技成果转化市场化机制建设现状

随着创新驱动发展战略的深入实施，陕西探索推进"三项改革"，围绕创新链产业链资金链人才链深度融合路径，实施科技成果转化，加快破解科技成果转化中的"不敢转""不愿转""缺钱转"等问题，利用当地资源优势，加速一批科技成果就地转化、孵化，推动技术和产业市场化创新融合，有力支撑了新质生产力的培育发展。

（一）创新链：高质量供给

源头供给上，从科技成果的所有权着手，通过完善职务科技成果资产单列管理制度和深化职务科技成果赋权改革，明确了科技成果的权属关系，并赋予了科研人员更大的自主权。同时加大成果转化在职称评定、绩效考核中的权重，激发科研人员的转化动力。推动职务科技成果限时转化，明确转化义务和限时机制，避免科技成果长时间闲置。创新知识产权活化运用机制，如采用"先使用后付费"等方式，降低企业使用专利的门槛和成本，促进科技成果的快速转化和广泛应用。截止到2024年6月底，"三项改革"已在陕西省内157家高校、科研院所和医疗卫生机构推广实施，9.3万项职务科技成果实现单列管理，促成2.5万项成果成功转移转化，高校院所技术合同成交额达316.66亿元。①

从价值发现和评估上，首先，陕西省以"概念验证+中试基地"为支点，加速科技成果产业化。围绕概念验证中心在光子、氢能、AI与机器人、智能网联车、第三代半导体等新兴领域布局，提供多环节验证服务，促进实验室成果与应用场景融合。中试基地重点针对能源化工等优势产业，依托领军企业，强化科技成果中试与试生产，支持规模生产，并探索创新收益分配机制。其次，通过"以演代评"科技成果评价机制，通过项目路演的方式，对科技成果进行展示和评估，对评选出的优秀项目给予经费支持，形成了从价值发现到评估认证再到落地转化的完整链条。目前已连续举办3届高校最具转化潜力科技成果遴选，分产业、分赛道举办成果路演80余场，"以演代评"挖掘高价值创新成果1000余项，推荐入选"春种"基金项目200余项。②

例如，西北工业大学先行探索与外围资源结合，结合"三项改革"推

---

① 《我省深入实施科技成果转化"三项改革"2.5万余项成果实现转化》，《陕西科技报》2024年8月20日。

② 《我省深入实施科技成果转化"三项改革"2.5万余项成果实现转化》，《陕西科技报》2024年8月20日。

出"转一批、扶一程、帮一把"的"三三三"模式。从 2020 年到现在,学校将 292 项专利技术作价 4.91 亿元,吸引社会资本 22.38 亿元,投资企业 70 家,新增成果转化企业 56 家、上市企业 3 家,其中 22 家企业市场估值超亿元,有 20 余项关键核心技术填补了国内市场的空白。西北工业大学何国强教授,发挥学术领军人才的"头雁效应"聚焦行业关键技术领域,以市场需求为导向,实现"0 到 1"和"1 到 0"的双向发力。重组新增固体推进全国重点实验室,创建空天动力研究院新型研发机构样板,攻克"卡脖子"关键核心技术,先后牵头研制的新型组合动力"飞天一号"成功飞行,百吨级低成本高推质比液氧煤油火箭发动机"红龙一号"完成系统试车,真空钎焊技术在巡航飞行器动力核心关键部件制造中发挥核心力量。积极推动了天回航天、海澜航空等 58 个优质项目落地,其中 1 家上市、14 家列入陕西省上市企业后备名录,投孵企业总产值达 49.8 亿元。①

(二)产业链:协同推进

在科技赋能现代产业体系建设方面,陕西省坚持以"链主制"领航重点产业发展,通过链主企业带动大中小企业产业化融通创新,促进传统产业技术和产品升级、不断孵化和培育壮大新兴产业、抢先占领未来产业,形成了良好的产业生态。截至 2024 年 6 月,陕西省高新技术企业数量达到 1.8 万家左右,科技型中小企业突破 2 万家,为科技成果市场化提供了坚实的产业基础。

为激发企业创新活力,陕西省从 2021 年开始实施"揭榜挂帅",由陕西省科技厅负责科技项目的"揭榜挂帅"工作,聚焦关键核心技术和重大应急攻关,公开征集需求,发布应用基础研究、共性技术攻关或成果转化任务,引导社会力量揭榜攻关,推动成果转化。截至 2024 年 9 月底,陕西省科技厅累计发布陕西省"两链"融合揭榜挂帅课题揭榜软课题七批次 45 个。三年来,陕西一体化实施 33 个省级"两链"融合重点专项、23 个"揭

---

① 该数据来源于陕西空天动力研究院有限公司。

榜挂帅"重大项目和 182 个关键核心技术产业化项目，依托省级创新平台和科技项目，攻克关键技术 363 项，解决"卡脖子"难题 23 项。①

例如，西安中科创星科技孵化器有限公司是由西安光机所打造和孵化的科技成果产业化创新团队，2021 年，针对陕西省提出的光子产业链和创新链融合的"追光"计划，围绕光子产业相关企业初创期科技工作者面临的"硬件"痛点问题进行技术攻关。已经成功孵化 7 家上市公司，像炬光科技、莱特光电已经成功在科创板上市。带动和孵化了 295 家高新技术企业，光子企业增加到了 192 家。

（三）人才链：核心纽带

为加大力度引进培养支持一批高层次人才和团队，陕西省多措并举实施柔性引才。2023 年发布《陕西省"校招共用"引才用才实施办法（试行）》，创新了人才引用模式，采用"高校聘、企业用、政府助"的模式吸引人才。另外，陕西省还构建了"三团两站一队"的引才模式，即书记帮镇助力团、专家教授助力团、研究生助力团，以及院士专家工作站和产业发展示范站，组建乡土人才服务队，形成了一个全方位的人才引进和服务体系。2023 年陕西省设立首个国家海外人才离岸创新创业基地（西咸新区），服务海归科技人才、外籍来华科技人员。

例如，西安交大以"6352""1121"加快推进创新实践，在省委组织部、西安市委组织部指导下，省科技厅、西咸新区、沣西新城联合发起以人才池、资金池、项目池及对接机制为主体内容的三池一机制校招共用人才项目，采用学校招、企业供、政府助、协同用、各方赢的引才新机制，服务区域创新人才高地建设，共享学校人才创新资源。截至 2024 年 9 月，人才池内已累计引进、储备各类人才 89 名。②

---

① 《聚链成势 产业向"新"而行》，央广网，https：//baijiahao.baidu.com/s？id = 1794646
429200336735& wfr = spider&for = pc。
② 《西咸新区推动校地企一体联动发展》，《陕西日报》2024 年 8 月 27 日。

（四）资金链：催化加速

在财政支持科技创新方面，陕西投资引导基金已设子基金33只，累计支持科技创新项目200个，投资额达78.44亿元。[①] 秦创原创新驱动平台构建形成了"母基金+子基金"的模式，科创系列基金已有17只，设立的基金规模达到百亿元级，科技金融服务覆盖种子—天使—VC—PE等全链条、企业全周期的基金体系。陕西省科技成果转化引导基金主要聚焦秦创原创新驱动平台建设、"三项改革"科技成果转化和西安"双中心"建设中研发、孵化的高精尖领域初创型实体企业和未来产业项目。[②] 在丰富科技金融工具方面，一是探索"先投后股"。针对科技成果转化落地的科技型企业，对于五年内的企业，先期以科技项目立项的形式向企业"投"入财政科技经费，支持科技成果概念验证、小试、中试及二次开发，让技术快速进入市场阶段。在被投企业实现自主经营，进入稳定发展阶段可以市场化股权融资后，投入的财政科技经费可以转换为"股"权，并按照"适当收益"原则逐步退出，目前西安市、铜川市已开展试点。二是在全国首创"技术交易信用贷"。支持西安市出台基于技术交易的科技金融特殊增信政策，利用技术合同帮助科技中小企业开展融资质押服务，解决企业融资难问题，为企业开辟了获得纯信用银行直接贷款的新途径。三是探索技术产权（技术交易）资产证券化。挖掘科技企业持有的"知识产权+技术交易合同应收账款"作为底层资产，以国有融资平台优质信用为支撑，帮助企业凭"技"融资，化"技术流"为"现金流"。在金融政策支持方面，围绕加大力度支持科技型企业融资出台一系列政策，鼓励引导银行业金融机构积极拓展科技金融业务，加大对科技型企业的金融支持力度。联合省财政厅设立了8亿元的"秦科贷"风险补偿资金，重点为高新技术企业和拟上市重点培育科技企业贷款提供风险补偿。

---

① 国家企业信息公示系统，https://fj.gsxt.gov.cn/。
② 陕西省科学技术厅官网，https://kjt.shaanxi.gov.cn/zwgk/yabl/rddbjybl/2024rdjy/323683.html。

"秦创原华鑫西安高新区技术产权（技术交易）1~5 期资产支持专项计划"实现了全国首批技术产权（技术交易）资产证券化业务在西安落地，并成功入选 2023 年度国家全面创新改革试点任务。

（五）服务链：支撑保障

近年来，陕西技术成果市场化转化服务环境不断优化。一方面，加快服务机构建设。陕西省不断完善区域技术转移服务体系建设，国家技术转移西北中心、国家技术转移人才培养基地（西北中心）和技术转移服务机构联盟等不断加强技术经理人和服务机构建设，不断提升服务质量，鼓励技术转移示范机构联合社会上的专业技术服务机构，形成技术转移服务联盟，提升服务能力和专业化水平。另一方面，不断完善技术经理人队伍建设。不仅通过政府形式主导培育，还通过高校技术培训打造卓越技术经理人团队，结合企业需求市场引进集聚等多种方式，培育一批具有专业素养、投行思维、服务意识的高水平技术经理人。截至 2024 年 6 月 30 日，陕西省内，认定省级技术转移示范机构 115 家，先后成立了 6 家技术经理人协会，如西安市技术经理人协会（全国首个市级）、陕西省技术经理人协会（全国首个省级）、渭南技术经理人协会、榆林市技术经理人协会、安康市技术经理人协会、西安高新区技术经理人协会。截至 2024 年 9 月，累计开展技术经理人培训 110 场次，培训 8000 余人次，被认定技术经理人 1531 人。同时，重点建设陕西省高校技术经理人团队，着力打造高校三级技术经理人队伍，遴选出省级高校技术经理人 108 名，指导 65 所高校组建了 860 人的校级技术经理人队伍。

三　陕西省科技成果转化市场化机制建设面临的突出问题

当前陕西在科技成果转化方面取得了一定的成绩，但也要清醒地认识，推动科技成果市场化建设仍面临一些突出问题。

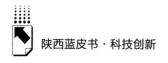

（一）科技创新成果源头供给能力不强

高校是科研供给重要源头。高校科研的市场需求导向性不强，科技创新与市场匹配度不高，不够"接地气"，导致成果不适应需求，企业认可度不高。科技成果价值发现流转机制不完善，导致科技成果难以在市场中得到有效流转和潜在价值发现。

（二）科技成果转化综合服务能力薄弱

科技创新成果转化系统化服务水平低下，跨地域资源开放和共享服务程度较低，不能很好地满足新科技、新技术的需求；技术经理人队伍建设滞后，不能很好地发挥科技与产业之间"红娘"作用。科技金融、耐心资本支持不足，难以满足科技创新企业的融资需求。

（三）科技成果转化激励约束机制不健全

科技创新和科技成果转化协同发力不够，科技转化绩效评价考核重研发、轻转化；成果评价体系不健全，标准不统一。同时，科技创新容错纠错机制缺失，缺乏科学评估体系，激励措施不足，监督和指导不够。

（四）科技成果转化开放创新生态尚未建立

产学研用深度融合、协同攻关机制尚未形成，创新政策落地实施效率不高、机制不畅。地方政府跨区域联动存在竞争关系，应用场景对接存在局限性。促进科技成果转化统筹力量不足，同时市场主导的商业化平台对接不充分、不紧密。

四 深入推进陕西科技成果转化市场化
机制建设的对策措施

系统施策，加强科技创新高质量供给、科技成果评价体系建设、技术交易市场机制模式创新、配套政策体系建设，加快构建更加高效的科技创新成果转化市场化机制。

（一）以需求为导向，加强科技创新高质量供给

一是建立以企业为主导的产业链创新链资金链人才链融合发展机制。创新科技政策协调机制，建立以企业为主导的产业链创新链资金链人才链融合发展机制，推动科技成果供给与产业需求精准匹配，提高科技成果转化水平。二是建立完善"产业出题、科技答题"机制。围绕汽车制造、集成电路、高端能化、生物医药、新材料等重点产业链领域，依托骨干龙头企业，强化产学研协同创新，攻关关键核心技术，破解更多"卡脖子"技术难题，提升产业链供应链韧性和安全水平。

（二）强化科技成果评价体系建设

建立健全多方参与的专业化、市场化运作的科技成果评价机制，加强评价结果与转化、产业化的紧密结合。一是搭建科技成果供需对接平台。减少重复建设，提高资源开放和共享水平，整合创新资源。加大概念验证中心、中试基地等成果转化平台建设力度，促进成果供需精准对接匹配。二是深化科技成果转化体制机制改革。积极推动技术要素市场化配置改革，深化全链条全周期科技成果转化集成改革，加快构建市场导向的科技成果转化机制；健全科技成果供需对接机制，完善科技成果市场价格形成机制，健全科技成果多元化评价机制；强化科技成果转化绩效考核，健全科技成果转化服务体系。三是加强技术经理人队伍建设。以科技成果和成果权属人为核心，从源头推动科技成果发现、评估、熟化、知识产权管理等进程。建立一支专业化、高素质的人才队伍，鼓励和支持其进行技术创新和能力提升。

（三）推进技术交易市场机制模式创新

一是制定明确的交易规则和服务标准，搭建统一的交易平台。促进跨区域技术资源流通，鼓励民营机构参与技术交易平台建设运营，按照业绩和贡

献给予资金奖补，提高科技成果的流转效率和价值发现能力。二是推进高校科技创新分类评价，引导不同类型高校科学定位，办出特色和水平，采用市场化机制开展成果转化，不断丰富产学研合作的形式。另外，支持高校院所自建技术转移机构、与外部专业的技术转移机构合作、跨区域开展技术转移、建立概念中心、建立中试基地、"三器"模式（孵化器、加速器、促进器）、"双进"活动（高校院所走进科技企业、科技企业走进高校院所）。三是明确科技成果转化容错范围。界定为市场环境变化、技术难度超出预期等不可抗力因素导致的科技成果转化失败可纳入容错范畴；建立科学评估体系，综合考虑技术成熟度、市场需求、经济效益等因素对科技成果转化过程进行公正、透明的评估，以此作为容错纠错的依据；加强监督和指导，建立监督机制，对科技成果转化过程进行全程跟踪和指导，增强科研人员和企业的容错意识。

（四）构建覆盖科技成果转化全生态链政策支持体系

围绕科技成果供给、交易、金融服务等环节，动态调整专项政策。一是制定促进产学研协同创新的政策措施。明确不同主体科技成果转化的义务和转化期限，确保科技成果能够及时、有效地转化为现实生产力。二是完善科技创新成果市场化转化机制要素保障政策。加强科研人员和企业科技成果转化激励制度建设，包括股权激励、税收减免等，激发创新主体的转化积极性。积极发展科技金融、耐心资本，强化科技成果转化金融支撑。同时，提供政策指导，帮助企业规避转化过程中的法律风险。三是完善全流程科技成果转化监测机制。建立科技成果转化各主体全过程跟踪监测机制，并探索建立成果转化进展信息披露制度。

参考资料

张东升等：《支持科技成果转化的财税政策研究》，《当代财经》2019年第7期。

肖国芳、彭术连：《新制度主义视角下高校职务科技成果转化的困境与路向研究》，

《科学管理研究》2020 年第 5 期。

潘剑波、李克林、郭登峰：《"供给侧改革"视野下的高校科技转化政策实施效果》，《统计与决策》2021 年第 3 期。

中国科技评估与成果管理研究会等编著《中国科技成果转化年度报告（2022）》，科学技术文献出版社，2023。

雷朝滋、刘怡：《加快高校科技成果转化 推动企业主导的产学研深度融合》，《中国高教研究》2024 年第 9 期。

B.15
陕西省科技人才队伍评价体系建设研究

陕西省科学技术协会课题组 *

摘　要：　深入推进科技人才评价改革，对于加快建设教育强省、科技强省、人才强省具有重要战略意义。本文在分析评估陕西推进科技人才评价改革取得的成效及面临的问题基础上，从坚持原则、把握关键、突破重点、优化机制方面，研究提出相关对策措施，旨在加快建立以创新能力、质量、实效、贡献为导向的科技人才评价体系，形成有利于产学研深度融合、科技成果转化成效显著的创新驱动发展新局面。

关键词：　科技人才队伍　科技人才评价体系　陕西

党的二十届三中全会审议通过的《中共中央关于进一步全面深化改革推进中国式现代化的决定》提出，构建支持全面创新体制机制，必须深入实施科教兴国战略、人才强国战略、创新驱动发展战略，统筹推进教育科技人才体制机制一体改革，健全新型举国体制，提升国家创新体系整体效能，同时提出，深化人才发展体制机制改革，建立以创新能力、质量、实效、贡献为导向的人才评价体系。深化科技人才评价改革，是陕西深刻把握构建支持全面创新体制机制战略部署，推动教育强省、科技强省、人才强省建设的关键性问题，是进一步全面深化改革谱写陕西新篇、争做西部示范的一项具有引领性、撬动性改革任务。

---

* 课题组组长：李肇娥，陕西省科学技术协会常务副主席。主要成员：张燕玲，陕西省社会科学院政治与法律研究所助理研究员；秋文娟，陕西省科学技术协会发展规划与研究部四级调研员。

一　陕西省科技人才队伍评价改革实践

党的十八大以来，陕西省委、省政府推进实施人才强省战略，把人才作为创新驱动发展的第一引擎、高质量发展现代化建设的第一优势，聚焦促进人才队伍量质齐增、建设人才高地的目标，持续深化科技人才发展体制机制改革，多措并举激发科研人员创新创业活力，在推动陕西高质量发展的进程中，形成了具有陕西特色的科技人才评价工作模式。

（一）构筑多层级、多领域、多部门协同的科技人才评价政策体系

近年来，陕西紧跟国家科技人才评价改革步伐，相继出台一系列政策，落实各项举措，全省科技人才总量稳步增长，规模不断扩大，取得良好成效。形成以《陕西省"十三五"人才发展规划》为总纲，以《关于深化人才发展体制机制改革的实施意见》《关于进一步激发人才创新创造创业活力的若干措施》《关于深化项目评审、人才评价、机构评估改革的意见》等为支撑的政策体系，对全省包括人才评价改革在内的人才体制机制改革做出顶层设计、进行系统部署。陕西省科技厅、陕西省人社厅、陕西省教育厅等部门相继出台《关于深化人才发展体制机制改革的实施意见》《关于进一步加强高校科技成果转化的若干意见》《深化科技奖励制度改革方案》《陕西省科技计划及项目管理调整方案》《关于做好陕西省高校技术转移转化专业人才职称评审工作的通知》等文件，明确了科技人才支撑教育强省、科技强省、人才强省的重点方向和主要任务，全省科技人才评价政策体系日趋完善。与此同时，健全完善科技人才队伍发展组织架构，构建齐抓共管、多跨协同的工作体系，推进全省科技人才评价改革向专业化、科学化、精细化方向发展。政策驱动下，2024 年，陕西综合科技创新水平指数达到 72.2%，较 2023 年提升 0.48 个百分点，居全国第十位。①

---

① 张梅：《创新引领激活发展新动能》，《陕西日报》2024 年 12 月 30 日，第 6 版。

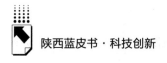

（二）确立以创新能力、质量、贡献、绩效为导向的科技人才评价标准

针对破"四唯"导向，陕西面向科技人才等6类重点领域人才，从人才分类、评价标准等方面开展了人才评价机制改革。面向科技人才，提出建立以科研诚信为基础，以创新能力、质量、贡献、绩效为导向，有利于科技人才潜心研究和创新的人才评价制度。开展清理"四唯"专项行动，"唯论文、唯职称、唯学历、唯奖项"的倾向被逐步打破；规范使用高校SCI论文指标、规范使用高校人才称号等，人才"帽子"满天飞的现象得到遏制；破除简单"数论文"式的评价方式，扭转了少数人急功近利、创新价值扭曲等问题，对促进作风和学风转变具有重要意义；淡化行政干预，减少评价结果与学术资源配置直接挂钩等。破"四唯"和"立新标"并举，逐步建立以创新和结果为导向的科研机构评价机制、以自由探索和任务导向为分类的科技项目评价制度和以质量、贡献、绩效为导向的科技人才分类评价标准。强调既全面准确评价科技人才产生新思想、新理论、新方法和新发明的能力，又重点考察科技人才通过科技活动所产生的成果以及成果所带来的经济价值、社会价值、文化价值、生态价值。

（三）分类推进科技人才评价机制改革

建立不同类型、不同领域的人才分类评价标准。在国家关于开展科技人才评价改革试点方案的总体框架下，陕西按照创新能力、质量、实效、贡献的评价导向，分类部署四大类科技人才的改革试点工作，探索建立与科技活动属性相适应的人才评价体系。针对承担国家重大攻关任务类人才，以支撑国家安全、突破关键核心技术、解决经济社会发展重大问题的贡献和价值为评价指标；针对基础研究类人才，以体现国家战略需求、原创性贡献以及学术影响力为评价指标；针对应用研究和技术开发类人才，以技术突破、产业贡献、高质量专利、成果转化产业化、产学研深度融合成效等代表性成果的市场价值和应用实效为评价指标；针对社会公益研究类人才，以体现成果应用效益、社会效益和科技服务满意度为评价指标。随着分类评价新标准的确立、推广和执行，不同学科、研究领域以及创新链不同环节的科技人才，其研究类型、结构逐步优化，人才评价"一刀切"现象大为改观，为各领域科技创新和高质量发展提供了充足动力。

（四）推进完善多元化科技人才评价方式

改进科技人才评价方式。2021 年，陕西省教育厅、陕西省科技厅印发《关于进一步加强高校科技成果转化的若干意见》，探索建立基于同行评价的科技成果业内评价机制，鼓励引入技术同行、用户等第三方，以行业评价、用户评价、市场绩效评价相结合的方式进行综合评价。对基础研究类人才，建立以同行学术评价为主的评价方式，采用"谁委托科研任务谁评价""谁使用科研成果谁评价"的主体责任制；对技术开发和应用研究类人才，探索引入第三方评价的评价方式；对实验技术、科技管理服务和社会公益研究类人才，倡导以用户和社会评价为主的评价方式。深化专业技术人才职称制度改革。结合学校特点和办学类型，在全省高校开展分类分层评价，完善同行专家评议机制，健全外部专家评审制度，探索第三机构开展独立评价。同时，遵循不同类型人才成长发展规律设置评价和考核周期，特别是对于基础研究人才、青年人才，适当延长考核评价周期。

（五）创新技术转移转化人才职称评审

明确技术转移人才职称评审路径和标准。2022 年起，陕西省在全省高等学校、科研院所、医疗卫生机构等，探索开展以职务科技成果单列管理、技术转移人才评价和职称评定、横向科研项目结余经费出资科技成果转化为主要内容的"三项改革"。改革聚焦长期制约陕西科技成果转化效能提升的职务成果权属、团队资金投入和人才激励等关键问题，在全省工程系列各层级职称评审委员会中增加技术转移转化专业评审范围；支持从事技术转移转化工作的社会机构开展技术转移转化人才职称评价；支持高校、科研院所、具有技术转移转化职能的事业单位，增设技术转移转化特设岗位，专门用于评聘符合条件的技术转移转化人才。2024 年,陕西省出台"八条措施",进一步增加技术转移转化人才供给,进一步细化科技成果转移转化人才支持政策,以更大力度助推科技成果落地转化。党的二十届三中全会指出,建立职务科技成果资产单列管理制度,深化职务科技成果赋权改革,标志着这项改革由陕西试点向全国推开。截至 2024 年 9 月,全省 157 家单位推广实施"三项改革",单列管理科技成果 9.3 万项、转移转化科技成果 2.5 万项、新成立科技成果转化企业 1572 家、576 名科研人员凭借科技成果转化贡献实现了职称晋升。① 截至 2024 年 7 月,陕西科技型中小企业已超过 2 万多家,专兼职技术转移转化人才 2000 余人。② 截至 2024 年 10 月,陕西省科技成果登记系统累计登记成果 32675 项,其中新增登记成果 3744 项,新增办理证书 2625 项。③

(六)畅通科技人才评价"绿色通道"

建立职称评定"绿色通道"。2019 年,陕西省人社厅印发《陕西省突出贡献人才和引进高层次人才高级职称考核认定办法》,健全高水平科技人才评价机制。放宽职称资格、任职年限要求,做出突出贡献的人才可以不受学历、论文等条件限制;外资企业、民营企业人才只要符合考核认定标准可申报高级职称;在专业领域有突出贡献或显著成绩的专业技术人才,可通过"绿色通道"直接申报高级职称。2024 年,陕西省人社厅印发《陕西省职称评审管理规定》,突出品德、能力、业绩的评议和认定,为符合条件的特殊人才"一步到位"开辟"绿色通道"。2021~2023 年,成功引进 8000 余名突出贡献人才和高层次人才。

---

① 张梅:《陕西:"三项改革"加速释放科教潜力》,《陕西日报》2024 年 9 月 23 日,第 1 版。

② 王佳祯:《秦知道|陕西如何打破职称晋升"老传统",让科研工作者"名利双收"?》,西部网,http://news.cnwest.com/bwyc/a/2024/07/12/22680173.html。

③ 陕西省科技资源统筹中心:《科技成果登记工作初见成效》,陕西省科技资源统筹中心网,https://www.sstrc.com/Info/news_page?infoid=41008085929368。

二 陕西省科技人才队伍评价改革存在的主要问题

客观来看，陕西科技人才队伍评价体系与主导产业发展匹配度有待提高，人才分类评价政策和机制实施效果有待进一步显现，科技人才赋能经济高质量发展的活力尚待进一步激发。

（一）科技人才队伍评价体系与主导产业发展匹配度有待提高，产学研深度融合的人才堵点未完全打通

第一，人才评价体系与主导产业发展需求存在一定程度的脱节。制造业作为陕西国民经济的支柱产业，承载着推动经济高质量发展的重任。先进制造业人才密集且人才评价需求相对集中，而人才评价导向却与制造业发展需求存在一定程度的分离。"双碳"、节能、新能源、数字化转型、高端装备、先进制造、流通、大数据等，作为近年来不断培育新质生产力的重要代表领域，有的还没纳入陕西科技人才职称评审体系，有的还未实现评审专业细分和新增。第二，人才评价导向与企业发展实际需求不完全匹配。相比高校和科研机构，企业开展人才评价较为困难，表现在人才评价体系适用难、企业高层次人才评价难、缺乏独立开展职称自主评审能力的中小微企业人才评价难。在调研中了解到，人才评价政策与企业实际需求不完全匹配，对企业急需的产业人才、技能人才，政策关注度有待提高。第三，人才评价改革进度相对滞后于产业发展速度。人才评价倾向于产业链前端，而产业化的"最后一公里"存在真空。在知识快速迭代的过程中，产业发展需要快速投入应用的高质量成果，以及快速适应变化、集研发和应用能力于一体的人才，但目前科技人才评价体系无法做到实时更新，在市场需求、产业升级背景下略显更迭不及时。

（二）科技人才队伍评价政策落地实效有待提升，科技人才队伍评价机制的整体性、系统性有待增强

第一，政策统筹协调机制不太顺畅。科技人才评价政策预期和实施的效

果，与用人主体实际感受存在一定落差。人才评价政策研究、制定和实施的全过程，用人主体缺乏相应政策获取、沟通和反馈渠道。即使知道有可能涉及自身发展，也存在"概念不太懂""条款不会用"等现象，相关政策还存在"看得见用不上"、政策落地"最后一公里"不通畅等问题。同时，涉及人才评价的职能部门都在各自的口径上发布人才政策，有些人才政策与其他政策之间衔接不够畅通，缺乏一目了然、简洁清晰的归纳性政策清单，政策可操作性和执行性还有待提高。第二，人才评价机制不够健全。一是人才评价方式比较单一。"唯论文、唯职称、唯学历、唯奖项"没有彻底破除，用人主体、市场认可的多元评价机制还未完全建立，存在"评在此岸、才在彼岸"的脱节现象。二是非公企业、科技型中小企业科技人才缺少相适的人才评价机制。表现在：职称与目前的薪酬待遇不挂钩、用人主体缺少与职称相关联的考核评价机制、人才评价标准与非公领域人才实际工作相适性不足等。三是动态监管、动态评价机制有待完善。绝大部分"人才帽子"被授予之后就相当于给人才贴上了"永久标签"，较少有对人才评价的动态调整措施。第三，评用结合机制有待完善。一是对于评价结果"怎么用"的系统性谋划有待加强。简单采取薪酬绩效等方式来激励考核评价优秀的科研人员，而忽视了给予其所需的科研资源、岗位锻炼、职务调整等方面支持，就会出现人才评价与人才使用脱节、"评上的用不上、用上的评不上"等问题。二是评价结果反馈不足。人才评价不是要为人才盖棺定论。人才评价结果如果不能充分反馈到本人，使人才不了解自身产出与组织目标之间的差距，就很难达到人才评价期望的效果。三是评价结果的互通互认机制还不完善。省内与省外人才、体制内与体制外人才、机关、团体、企业、事业单位人才的互通机制尚未完全建立；在政策、标准、资源和服务等方面，存在区域差异、行业差异、单位个体差异，导致评价结果应用领域受限，人才评价的市场价值未充分激发。

（三）科技人才队伍分类评价精细化程度还不够，多元评价配套措施仍然不足

第一，评价标准仍需进一步优化。一方面，缺乏"破"与"立"的有机

统一。人才评价倾向于高学历，围绕"课题—成果—获奖—职称"单向循环，对于人才素质、社会影响、效益产生等综合性指标缺乏系统评价；评价重点主要停留在静态的过往价值贡献，对更能体现人才未来价值创造能力的学术潜力和创新能力缺乏相应评价。另一方面，缺乏差异化的科技人才评价指标。从用人主体来看，有些评审将民营企业、非公组织和行业组织等与央企国企混在一起，按同一评价标准，而这类用人主体的课题、论文、项目、获奖等都远远无法与高校、科研院所、大型国有企业相比；从人才个体来看，不同职业、不同岗位、不同层次人才的分类评价细则还不健全。第二，评价主体仍需进一步多元。一是行政主体干预。科技人才评价可能存在领导意志占主导地位的现象。二是用人单位主体作用发挥不足。"有空编招人需提前申请""科研机构专技岗位比例不能满足人才需求""科研人员对绩效工资动态调整感受度不高""科技成果转化处置权、收益权合规尽责口径不明"等困扰着用人主体和科研人员。三是社会主体缺位，市场化程度偏低。人才评价的市场定位尚不明确，社会和市场上的专业中介力量参与不够。第三，评价效果和效力仍需进一步提高。一是科技人才评价工具短缺，测评技术应用不广。目前，我国自主开发的人才评价工具比较少，对品德、诚信度、创新度等难以量化的人才素质少有评价工具涉及。二是"同行评议"仍存在一定程度的局限性。细分领域专家不对口，"同行"覆盖面小，专家主观作用较大，过分注重论文、项目、专利、获奖等是目前同行评议的主要局限。三是现有的专家评委会、学科组设置主观性较强，可能产生阻碍科学公正性的个别行为。

三　推进陕西省科技人才队伍评价体系建设的策略路径

进一步完善人才评价体系，应按照坚持原则、把握关键、突破重点、优化机制的推进思路，加快建立以创新能力、质量、实效、贡献为导向的评价体系，形成有利于产学研深度融合、科技成果转化成效显著的创新驱动发展新局面。

（一）坚持"三个原则"，提高科技人才队伍评价政策的科学性、系统性、有效性

1. 坚持党管人才原则，确保改革的正确方向，提升科技人才评价政策的科学性

一是要把牢人才之舵，以"管"凝聚合力。发挥党管人才的组织优势和作用，搭建人才评价改革的"四梁八柱"，切实增强人才评价政策研究和工作落实的突破力、穿透性。二是要筑牢爱才之观，以"管"强化认知。坚持"四个面向"，将"人才是第一资源""抓人才就是抓发展"贯彻到位，为全面推动科技人才评价改革提供思想和政策保障。三要推动党管人才落实，以"管"抓出成效。建立各级党委（党组）书记重点人才项目责任制，"一把手"带头抓"第一资源"，像抓招商引资一样抓人才引进，像抓项目建设一样抓人才评价，筑牢陕西党管人才的政治优势、组织优势。

2. 坚持系统性原则，强化政策联动，提高科技人才评价政策的系统性

一是加强顶层设计。围绕向科技成果转化大省、科技产业强省迈进的总体目标，研究制定"陕西省科技人才评价改革试点工作方案"；统筹考虑不同类型和发展阶段科技人才的功能定位，在《科技人才评价规范》国家标准（GB/T 44143-2024）基础上，研究制定陕西省《科技人才评价系列地方标准》；聚焦产业创新人才需求，研究制定陕西省《产业科技人才教育一体发展规划》；立足支撑服务全省人才发展雁阵格局的总体布局，开展科技人才评价改革综合试点工作，努力形成一批具有典型性、代表性的经验做法。二是建立统筹协调治理体系。加强科技、产业、人才、金融等政策间的衔接协同，加强指导监督、政策支持和服务保障，协调解决科技人才评价改革过程中遇到的新情况、新问题，形成适应科技人才健康发展的政策治理体系。

3. 坚持目的性原则，强化需求导向，增强科技人才评价政策有效性

围绕国家发展战略需求，围绕服务西安"双中心"建设和高质量发展目标，从人才供给政策、人才评价政策、人才配套政策、人才政策评价四个方面系统部署。一是人才供给政策需求导向。面向科技和产业需求培养人

才，建立符合科技和产业需求的学科动态调整机制，统筹考虑战略科技人才、科技领军人才、卓越工程师和青年科技人才等不同层次、不同类型人才发展需求差异性等，优化全省科技人才分类评价体系。二是人才评价政策需求导向。健全符合科研投入产出周期规律的长效评价机制，鼓励引导科技人才开展面向长期目标的科学探索活动，培养人才的全局性、前瞻性思考能力。三是人才配套政策需求导向。为科技人才提供有效公共服务保障，在住房、子女入学、医疗健康等方面提供帮助，切实解决人才后顾之忧。四是人才政策评价需求导向。考察科技人才评价政策是否满足陕西产业创新和转型升级的需求，评估政策实施效果和存在的问题，提高政策体系的系统性和精准性。

（二）紧扣"三个环节"，加快建立以创新能力、质量、实效、贡献为导向的、有利于科技人才潜心研究和创新的人才评价体系

1. 健全人才分类评价标准，构建体现陕西特色的科技人才分类评价体系

第一，健全科技人才分类评价体系。遵循科技创新规律和科技人才成长规律，将科技人才划分为承担国家重大攻关任务人才、基础研究类人才、应用研究和技术开发类人才，以及社会公益研究类人才等四大类，分类制定人才评价标准。以职业属性和岗位要求为基础，突出使命导向、成果导向，在加强对科学精神、学术道德等评价的基础上，分类建立涵盖能力、创新业绩、贡献等要素且科学合理、各有侧重的评价标准，激励和引导科技人才为陕西高质量发展增动能，为实现高水平科技自立自强作贡献，加快产出一批标志性重大科技成果。第二，持续深入打破"四唯"，深化"立新标"。在全省范围深入推广科技项目、人才项目、职称评审、经费使用及机构评估等相关管理办法，按照破"四唯"进行清理和改进，从制度根源上解决"四唯"问题。健全不同学科、不同用人主体对论文质量、贡献、影响的评价机制，防止简单量化、重数量轻质量。全面推进科技人才评价"立新标"，建立科学权威、定性和定量相结合的人才评价标准。全面推行代表性成果评价机制，改革外审评价机制，代表性成果可采用"双盲评审"方式，重大标志性成果可采用"透明专家"评审方式。第三，突出以实际贡献为导向的市场化人才评价标准。把服务经济社会发展特别是产业发展作为科技人才评价改革的根本落脚点，在陕西特色优势产业、战略性新兴产业领域，推动由科技领军企业等牵头制定人才评价标准；注重将市场认可、行业通行的指标作为科技人才评价的重要标准，以人才的市场议价能力凸显其个人价值；进一步完善科技成果转化评价标准，建立与科技成果转化成效等相匹配的人才岗位聘用、职称评聘和薪酬激励制度等；探索非公企业、自由职业者科技人才的评价权重，比如在职称台阶方面，可以每缺一个层级台阶增加1年总专业年限，比照同等条件人员申报相应层级职称等。

2.发挥多元评价主体作用，形成科学化、社会化、市场化的人才评价方式

第一，构建专家评价技术水平与市场评价产业价值相结合，市场、用户、第三方深度参与的评价方式。按照"谁委托谁评价""谁使用谁评价"原则，探索由专家唱"主角"向市场、用户、第三方深度参与的评价方式转变。对承担国家重大攻关任务的人才，完善科研任务导向的评价方式；对基础研究类人才，增加"国际声音"和"青年声音"，引入学术团体等第三方评价；对应用研究和技术开发类人才，突出市场评价的作用，构建专家重点评价技术水平、市场评价产业价值相结合的评价方式；对社会公益研究类人才，充分听取行业用户和服务对象的意见，注重政府和社会评价。第二，探索"大数据分析+小同行评价"的人才评价方式。通过大数据分析，对科研成果、贡献等进行全面、客观的评价，提供原创价值、创新价值、转化应用价值、社会价值等多维度、多层次的评价；通过小同行评价，实现"内行评内行"，提高评价的精准性和专业性，确保评价对象与评价者之间的匹配度更高。第三，以社会化评审方式开展职称评价。深入实施"个人自主申报、行业统一评价、单位择优使用"的社会化评价模式，科技人才不受申报人户籍、档案、所在单位性质等限制，凡在陕有工作单位、符合条件的人员均可申报，让更多非公企业和机构的人才能够获得职称评价服务。

3. 合理使用人才评价结果，建立人才评价结果与实践应用相贯通的评价机制

第一，体现结果公平。人才评价机制是否公平公允，是人才评价改革成功与否的关键。因此，要充分保证人才评价程序的规范性、透明性、独立性，力求评价更科学合理。可利用人才大数据动态监管人才评价的效果，建立动态评价周期，并实施优胜劣汰的动态跟踪和动态调整机制。建议尽快搭建一个公平、开放、统一的省级人才评价支撑平台，系统整合各种人才计划并公开评价，在此基础上建立相应的学术声誉机制，塑造健康科研创新环境。第二，体现激励导向。深化"三评"改革联动，突出评价、用好和激励结合，完善承担支撑国家重大战略需求和国家科技创新战略任务、"赛马制""揭榜挂帅制"等项目管理中的人才评价机制，适当考虑机构式资助，用于揭榜挂帅项目、引进人才的专项工作经费、配套资金等。优化科技人才奖励表彰机制，完善省级科学技术奖励办法实施细则。建立优秀科技人才"直通车"制度，由一线科学家举荐优秀科技人才担任重要科研岗位，加大对业绩上做出贡献突出的科技人才的倾斜支持。第三，体现示范效应。推动落实科技成果转化"三项改革"试点和科研机构自主权试点，建立重点领域紧缺急需人才破格竞聘岗位规定或岗位晋升绿色通道，打通管理岗位和专业技术岗位的职业转换通道。遴选省内一批有代表性的试点单位，以"综合授权+负面清单"方式，在机构绩效评估、专业技术职务聘任体系、职称评审制度、绩效考核制度等方面率先突破。确定并实施省级高层次人才编制保障工程，统筹一定配额编制和高级岗位，打破单位性质、人员身份限制，跨界重点支持各类非机构编制，保障高层次人才用编用岗需求。

（三）壮大"四支队伍"，高水平推进关键领域科技人才评价改革

1. 高水平推进专业化技术转移转化人才队伍评价改革

加快建设高水平的专业化技术转移转化人才队伍，对推动经济高质量发展和建设科技成果转移转化大省意义重大。截至 2024 年 10 月 31 日，全省已累计开展 5 批次技术经理人申报认定工作，体系建设走在了全国前列，但

仍面临专职人数偏少，教育培训、评价激励不足等问题，可以从以下几个方面完善。一是进一步细化激励科技成果转移转化的职称评审导向制度。适当提高技术创新创造、高新技术研究成果转化业绩，以及转化产生的经济效益和社会效益在职称评审中的权重。细化科技成果转移转化达到什么标准就可以替代一项纵向课题要求或者相关论文要求的具体做法，确保人才真正享受到政策红利。二是进一步拓宽技术转移人才职称通道。推动建立科技成果转化与职称评审、绩效考核、岗位晋升、人才评价等相结合的评价体系；推动不同用人主体普遍设立科技成果转移转化专门岗位，聘用高水平技术经理人（团队）开展工作；加快培养科技成果转移转化领军人才，将高层次技术转移人才纳入陕西高层次人才特殊支持计划；进一步完善科技转移转化人才高级职称评审绿色通道。三是明确科技成果转移转化政策导向，以人才评价带动产业升级。立足秦创原加快科技成果转移转化的功能定位，围绕人工智能、生物医药、高端装备制造、碳达峰碳中和等重点领域，建立跨区域、跨行业、跨部门创新联合体互通互认评价机制，共建"一带一路"区域协同创新联合体，集中攻克"卡脖子"关键技术，增强科技成果转移转化成效。

2. 高水平推进数字科技人才队伍评价改革

2023 年，陕西省数字经济规模达到 1.4 万亿元，占 GDP 比重超过40%，数字产品制造重点行业增加值增长 18%。[①] 数字经济已成为构建陕西新发展格局的战略支撑，高水平推进数字技术人才队伍的评价改革势在必行。一是要加强规划引领，明确陕西省地方数字技术人才评价标准，完善数字技能类培训标准和技能等级认定体系。按照《国家职业分类大典》中数字技术分类，建议将 14 个相关专业全部囊括，制定系统性、专业性、引领性的省级数字技术专业人才职称评审办法，争取在新增数字经济工程相关专业开展职称评审试点。二是拓展数字技术人才评价新形式。依托陕西高校"一带一路"智库机构联盟、丝绸之路大学联盟和"一带一路"职教联盟等

---

① 王禹涵：《2023 年陕西数字经济规模预计达 1.4 万亿元占 GDP 比重超四成》，中国科技网，2024 年 3 月 27 日，http://www.stdaily.com/index/kejixinwen/202403/c3e9dfb4240c454d9b765addaeo9b89b.shtml。

数字人才培育载体，扶持发展第三方数字化服务机构，加大发明专利授权、制定技术标准、推进成果转移转化、数字化平台设计开发等作为评价要素所占比重，重点考察和培养数字技术人才的实践和应用能力。三是探索育评结合、以赛代评等评价新机制。比如，通过一次考试可以拿下职业技能等级认定证书和企业认证证书，既贯彻落实了人社部关于探索职称评审与数字技术工程师培育项目有效衔接的要求，又探索了育评结合的数字人才评价新机制。

3.高水平推进跨学科复合型科技人才队伍评价改革

当前，科技创新已进入大科学时代，突破"卡脖子"技术的高层次人才大多分布在跨学科领域。陕西拥有110余所高等院校及1800余所科研机构，但目前跨学科专业设置还无法完全满足"卡脖子"技术突破的实际需求，如集成电路、云计算、转化医学与精准医学等新兴学科及交叉学科领域，有些还未设置专门学科进行人才培养。一是建立完善有利于学科交叉融合发展的人才评价政策和保障机制，让改革更有动力。以深入实施省级人才项目为抓手，支持领军人才牵头组建跨学科、跨专业的创新型研究团队；用人主体在高水平人才特聘中要明确建立新学科、建设交叉学科的任务和要求，并将学科交叉融合作为内部评估与督导的一项重要指标；引导和支持广大科技工作者开展学科交叉融合研究，在各类科技项目中进一步增加跨学科项目数量。二是要建立与完善促进学科交叉融合的评价体系。将已有的学科评价体系中有利于高层次培养需求的部分与学科交叉融合的需求相衔接，建立客观公正的学科融合评价机制。三是健全跨学科交叉创新团队评价体系。建强团队集聚机制，实施以解决重大科技问题能力与合作机制为重点的整体性评价，破解跨学科交叉团队"交而不融"的难题。四是探索"双轨制""多轨制"复合型人才认定标准。建立学术型和应用型"双轨制"和学术型、应用型、技术转移型"多轨制"人才认定目录，优化调整人才认定标准、丰富细化人才评价指标。

4.高水平推进青基科技人才队伍评价改革

青基人才是实现高水平科技自立自强的人才根基。一是完善青年科技人才成长与发展的多样化职业通道。完善青年科技人才举荐制，在人才计划、学术研修、职称评审等方面给予单独通道与配套支持，促进其快速成长、脱颖而出。针对不同类型青年科技人才特点设定差异化的评价指标，实现"人尽其才、才尽其用"。二是探索建立面向未来的顶尖人才早期发现、跟踪评价和激励机制。打造关键领域青年人才"蓄水池"，支持用人主体采取灵活方式引进、储备未来发展需要的青年科技人才；提倡对青年科技人才的资助阶段前移，推动职业早期青年脱颖而出；切实帮助青年科技人才组建科研团队和建设科研平台，支持青年科研人员自主选择细分研究领域和研究内容。三是构建基础研究人才长效支撑评价体系。省级科技计划和人才项目评审向青年科学家适当倾斜，引导支持其在重大科技任务中"挑大梁""当主角"；加强针对基础科技人才的长周期培养、评价和资助体系建设；建立老、中、青科技人才"传帮带"机制，重视对青年基础研究人才发展的指导和培养活动。

（四）优化评价机制，构建人才链与产业链创新链资金链融合发展的长效机制

1.围绕重点产业链，放大企业用人主体作用，构建"授、用、促"全周期人才评价机制

科技人才评价改革的重心和抓手在企业，要进一步破除制约企业人才评价和发展的壁垒和藩篱。一是探索企业科技人才认定充分授权。结合秦创原产业创新聚集区建设和重点产业链群布局，探索建立具有科技人才自主认定权限的企业"白名单"，覆盖现代化产业体系中的重点企业、龙头企业、"四链"融合型高能级链主、"小巨人"、上一年度纳税100强企业等用人主体，支持其自主认定人才并直接纳入支持范围。二是确保自主权限接住用好。建立"企业评价、人才评价、项目评价"三评联动机制，保证企业评价与科技人才评价导向的一致性；建立放权授权企业"白名单"动态调整机制，对科技人才自主认定效果进行持续跟踪，加强事中事后监管；健全职称评审风险管控防控制度体系，建立有效的自我约束和外部监督机制，做到责任明晰、

制度健全、运行规范。三是促进政策服务叠加赋能。集成省、市、区（县）和用人主体的人才政策，制定秦创原科技人才创新创业、生活安居全方位保障政策服务包，支持用人主体与科技、教育、工信、人社等有关部门加强交流、协同联动，构建政策共享、资源整合的"秦创原人才发展共同体"。

2.围绕产业链部署创新链，深化非公企业、科技型中小企业职称评审，努力形成科技人才汇聚发展的新"极点"

2021年3月秦创原启动建设以来，陕西科技型中小企业已从8069家增至2.394万家，年均增长43.69%；高新技术企业从6198家增至1.675万家，年均增长39.3%。[①] 可见，深化非公企业、科技型中小企业人才评价，其时已至、其势已成、其兴可待。一是扩面开展企业职称自主评审。目前，陕西高级职称自主评审基本做到应放尽放、能放尽放。接下来，应以行业龙头企业为依托，争取在专业人员密集、人事管理规范、具备承接能力的非公企业、科技型中小企业开展职称自主评审，优化整合岗位能力矩阵、任职资格标准、职业技能等级认定标准，形成"一个体系、一套标准、一次评价"。二是建立健全非公企业、科技型中小企业职称评审"直通车"评价机制。围绕推进"登高、升规、晋位、上市"四个工程，优化人才评定标准，重点评价推动重点行业发展、关键技术难题攻关、促进科技成果转化等工作实绩，坚持业内评价前提下，积极吸纳非公企业、科技型中小企业专家进入评委会，科学客观评定科技人才。对于优秀创新型企业，适当放宽评审通过比例，对于有重大科技突破、原创性科技成果和做出突出贡献科技人才可"一票决定"。三是支持非公企业、科技型中小企业自主聘任"首席专家"，针对性解决此类企业高层次人才评价难问题。产业领域重点科技型企业聘任"首席专家"，应不受名额限制，优先推荐申报人才项目；重点科技型企业可每年自主评价推荐优秀科技人才，择优评定省、市"卓越工程师""首席技师"等，推动高层次科技人才和团队向科技型中小企业集聚。

---

① 张梅：《科技企业拔节生长》，《陕西日报》2024年3月26日，第2版。

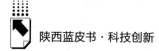

3.围绕资金链，引导和促进金融资源高效匹配人才创新，丰富和完善科技人才评价体系

一是倡导以市场评价标准遴选人才项目的运作方式。健全由第三方创投机构和用人单位等市场主体评价人才的机制，将人才遴选由政府主导向市场主导转变。改变以往聘请专家团队开展人才项目评审的传统方式，树立以企业认可、贡献、能力等为导向的评价标准。引导建立省级科技创新人才专项基金，由受托管理机构和基金管理人作为评审主体，对人才项目的前瞻性、可行性和市场前景进行分析评价，以市场化手段和专业能力实现对科技人才团队及项目的高效挖掘。第二，发挥资本引导效应，变被动评审为主动"猎""投"。可在升级版"人才贷""科创人才创新创业板""知识产权证券"等金融产品中试行双线评审，一方面本地的科技人才自主申报，另一方面基金管理公司对接全国创新创业人才，以市场化方式对高层次人才早中期创业项目主动挖掘、推动转化。由基金管理人推荐的项目，可直接进入前置审查阶段，实现"内培""外引"双轮驱动。

参考文献

习近平：《深入实施新时代人才强国战略 加快建设世界重要人才中心和创新高地》，《求是》2021年第24期。

《中共中央关于进一步全面深化改革 推进中国式现代化的决定》，人民出版社，2024。

科学技术部编写组：《深入学习习近平关于科技创新的重要论述》，人民出版社，2023。

中华人民共和国科学技术部编《中国科技人才发展报告（2022）》，科学技术文献出版社，2023。

《中共中央印发〈关于深化人才发展体制机制改革的意见〉》，中国政府网，https：//www.gov.cn/zhengce/2016-03/21/content_5056113.htm。

B.16
科技创新赋能黄河流域（陕西）
生态保护的路径研究*

司林波　刘　畅**

摘　要：　科技创新在黄河流域生态保护中发挥着重要支撑作用，如何以科技创新赋能高水平保护，是陕西当前需要重点关注的问题。本文深层次剖析生态保护科技创新动力系统及其内在要素，聚焦创新政策、多元协同、要素投入、信息平台、成果转化五大关键要素，分析评价陕西在黄河流域生态保护中科技创新赋能的现状、存在的问题，研究提出完善政策措施、促进技术与资源联动、优化要素配置、强化平台建设、畅通成果转化等对策，进一步优化完善科技创新赋能黄河流域（陕西）生态保护路径。

关键词：　黄河流域　科技创新　生态保护　陕西

　　2024 年 9 月，习近平总书记主持召开全面推动黄河流域生态保护和高质量发展座谈会，强调"以进一步全面深化改革为动力"，"开创黄河流域生态保护和高质量发展新局面"。① 2021 年 10 月，中共中央、国务院发布《黄河流域生态保护和高质量发展规划纲要》，强调要"加大科技创新投入

---

　*　本研究受陕西省创新能力支撑计划软科学项目"科技赋能黄河流域（陕西）生态保护的创新路径与政策体系研究"（项目编号：2023-CX-RKX-119）支持。

　**　司林波，西北大学公共管理学院教授、博士生导师，从事环境治理与公共政策研究；刘畅，西北大学公共管理学院，从事环境治理研究。

　①　《新华社消息｜习近平主持召开全面推动黄河流域生态保护和高质量发展座谈会强调以进一步全面深化改革为动力开创黄河流域生态保护和高质量发展新局面》，新华网，https://www.news.cn/politics/leaders/20240912/48363d7614634b6683f19b9d9c0e1399/c.html。

力度"，"开展黄河生态环境保护科技创新"，并把黄河流域建设成为"大江大河治理的重要标杆"。2021年陕西省政府印发《陕西省黄河流域生态保护和高质量发展规划》，明确提出"实施创新驱动发展战略"，"加大科技创新投入力度"，将黄河流域打造成为"西部地区重要生态安全屏障"。科技创新是实现生态环境高水平保护的重要驱动力。因此，坚持科技创新在陕西省黄河流域生态保护中的核心地位，既是响应落实国家战略的现实要求，也是满足自身发展需求的必然选择。① 本文系统分析黄河流域（陕西）生态保护的科技创新动力，明确黄河流域陕西段科技创新赋能生态保护现状的考察维度，针对陕西省在黄河流域生态保护中的科技创新短板和难题，提出科技创新赋能黄河流域（陕西）生态保护的优化路径。

一 黄河流域（陕西）生态保护的科技 创新动力系统分析

陕西省作为黄河中游流经省份，存在着流域水资源承载力有限、生态环境脆弱、部分地区污染严重和环境风险隐患突出等地域性问题，黄河流域陕西段生态环境保护结构性、根源性和趋势性压力尚未得到根本缓解。黄河流域陕西段科技创新动力系统的构建要遵循目标导向与问题意识。充分认识黄河流域生态保护面临的重要问题与困境，应以解决实际问题为目标引领，以黄河流域生态环境的优化为价值导向。黄河流域（陕西）生态保护的科技创新动力系统及其运行机制应该紧紧围绕流域内生态保护现状及问题展开。

首先，黄河流域陕西段生态保护科技创新动力系统以创新政策为目标导向和基础保障，针对性识别黄河流域生态问题以及现实需求，对流域生态保护工作做出科技创新相关的整体性规划和布局。在此阶段，创新政策起到了将问题与需求转化为解决措施的核心作用，从空间规划、资源调配、市场监

---

① 任保平、裴昂：《黄河流域生态保护和高质量发展的科技创新支撑》，《人民黄河》2022年第9期。

管、人才和税收制度等多个方位打造陕西省科技创新的政策环境，从而形成科技创新促进黄河流域陕西段生态保护的引导力。

其次，根据创新政策的部署，陕西省积极协同多元创新力量，以政府、企业、科研机构及其人员三大创新主体为核心，以政策规划为创新方向，以主体活力为动力源泉，将其不断注入创新动力系统形成驱动力。一方面，通过创新主体的内部驱动和外部支持，为陕西省科技创新提供各项科技要素的投入，如财政资金、基础设施、金融信贷、技术成果和人才队伍等；另一方面，通过创新主体的协同配合促进创新要素的充分流动。在多主体、全要素的不断整合中，陕西省搭建秦创原创新驱动平台与陕西省智慧黄河信息平台，利用科技手段对主体协同和要素分配进行全程把控，对流域生态环境进行全方位监控，是动力系统稳定运行的保障。

最后，在信息平台和创新平台的双重支持下，通过科技成果转化环节完成从技术创新到流域内生态保护协同的问题衔接和需求对应，其转化成果直接反映为黄河流域生态环境在资源开发与利用、生态修复、水土保持、污染防治以及灾害防御等多领域的变化，这些变化又为陕西省科技创新政策的实施和改进提供了有效反馈，从而形成完整的闭环。

黄河流域（陕西）生态保护科技创新动力系统的具体运行过程中，不同环节发挥着不同的作用并形成合力。黄河流域（陕西）生态保护的科技创新动力系统结构如图 1 所示。

（一）引导力：以科技创新政策落实生态保护理念

陕西省政府作为黄河流域生态保护的主要责任主体，肩负着生态治理的各项职能。基于《黄河流域生态保护和高质量发展规划纲要》，结合流域内生态保护实际，陕西省陆续出台了《陕西省黄河流域生态环境保护规划》《陕西省黄河流域生态空间治理十大行动》《陕西省黄河流域污水综合排放标准》《陕西省渭河保护条例》等一系列环保政策，并辅以相应的农业、工业环保补贴，以及政府拨款等各项奖惩措施和制度保障。而在科技创新方面，陕西省通过科技创新人才引进、激励和培养等人才政策和企业绿色发展

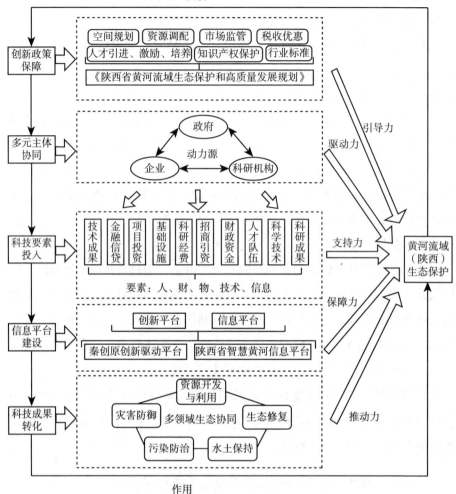

图1　黄河流域（陕西）生态保护的科技创新动力系统结构

的行业标准和规范发布等一系列政策部署，从理念到决策、目标到激励、规范到保障，从环保到科技再到人、财、物和技术，多领域、全方位对黄河流域生态保护做出目标指引、统筹规划和规范保障，以打造更加完善的生态保护科创政策体系。因此，政策既是科技创新面向黄河流域生态保护的强大引导力和凝聚力，也是战略目标和制度保障的核心与关键。

（二）驱动力：以多元主体协同提高生态协调效应

黄河流域科技创新的动力源是以政府、企业和科研机构及其人才共同构成的多元主体协同，并以生态保护为共同目标和价值理念作为科创行动的出发点和落脚点。[①] 陕西省生态环境厅对政府出台的地方性生态保护法规和标准进行公示并进行政策解读，对全省范围内的大气、水、土壤等进行综合性生态监控，横向联合陕西省林业局、水利厅等多部门，纵向联合西安市、榆林市等地市，进行"清废行动"等专项治理。陕西测绘地理信息局与陕西省发展和改革委员会依托陕西省第三测绘工程院，联合成立了陕西省智慧黄河研究院，并面向社会和企业公开招标进行陕西省"智慧黄河"信息平台建设（一期）。高校与企业积极响应国家号召，先后成立陕西省黄河研究院、陕西省黄河科学研究院等多个研究平台与多家环保企业，致力于生态环境保护与绿色低碳发展战略的执行与落实，提高流域内生态协调效力。在政府的政策引导下，黄河流域陕西段科技创新更加注重多元主体的合作交流与优势互补，以政府的政策保障并激励企业和科研机构科技创新，以企业的市场催化促进科研机构的成果应用，以科研机构的智力支持激发创新活力，三者之间互动互促、互惠互助，创新利益共享、环保责任共担、生态成果共享，从而形成良性的科技创新协作效应和生态保护的自发驱动力，投入多样化科技创新要素，共同应对黄河流域陕西段生态保护问题，提供生态保护解决方案，源源不断输送各项各类科技创新成果，以积极运用于黄河流域陕西段生态保护工作。

（三）支持力：以科技要素投入驱动多元力量整合

黄河流域陕西段生态保护的科技创新除了政策要素的投入，还需要人、财、物、技术以及信息等各方面的要素，而各要素之间的整合重组与流动调

[①] 廖建凯、杜群：《黄河流域协同治理：现实要求、实现路径与立法保障》，《中国人口·资源与环境》2021 年第 10 期。

配可充分发挥各要素的优势，形成科技要素在创新投入阶段的优化。陕西省政府积极提供科研补贴，以科研经费激活企业与科研机构创新活力，以财政资金助力科研创新，以基础设施建设为科技创新搭建良好的服务平台，通过招商引资等途径攻克重点科技难题。企业通过项目投资和金融信贷等方式为科技创新带来资金集聚以及融合效应，科研机构则在人才及其队伍、科研成果和科学技术等方面提供智力支持。在多元主体的多样化要素投入过程中，要素通过主体间的协同合作不断流动、重组、聚集、分配，直到各项要素的投入与科技创新的适配得到充分优化和充分利用。

（四）保障力：以信息平台建设保障科技创新效能

信息平台是科技创新的融会交流中心，创新平台则是科技创新的生产工厂，二者的建设为黄河流域（陕西）生态保护提供了坚实的基础和有力的保障。陕西省积极建设秦创原创新驱动平台，通过平台汇聚多元主体，融集多元要素，打造从创新投入到创新成果产出全流程、全链条的综合性科技孵化平台。秦创原创新驱动平台在吸引"产、学、研、用、金"各种创新要素的同时，加强了高校、科研机构和企业之间的联系，形成各得其所、各取所需和共同建设的协同形态，充分调动多元主体自主研发与合作交流的积极性，将企业的资金与技术、科研院校的人才与成果、政府的平台与设施高效整合，打通壁垒的同时优势互补，为黄河流域陕西段生态保护的科技创新提供主体与要素融合流通、研发与应用转化承接的多功能创新平台。[①] 陕西省智慧黄河信息平台是黄河流域陕西段生态保护的信息中心，承载着黄河流域陕西段生态环境的实时数字化监控和全面信息化管理，为黄河流域（陕西）生态保护的决策科学化、风险灾害的预防、治理成效的可监控、数据信息的公开与记录、多部门的融合联动以及信息实时反馈等提供了智慧化的方法手段和科技工具。2021年，陕西省智慧黄河信

---

① 陈敏灵、米雪梅、薛静：《创新驱动平台的构建、协同创新机制及治理研究——以陕西秦创原为例》，《科学管理研究》2023年第2期。

息平台基本框架建成，2022年"智慧黄河"大数据库方案也顺利形成，黄河流域数字空间底座正不断完善，以实现数据管理信息化、分析运算智慧化、决策制定科学化。

（五）推动力：以科技成果转化推动绿色转型发挥推动力

陕西省科技成果转化是创新驱动黄河流域生态保护最后环节的关键一步。科技创新能否运用于实处，能否对生态环境保护产生积极正面的影响都需要实践来检验。黄河流域陕西段生态保护的科技创新表现为以"秦创原"和"智慧黄河"双平台建设为代表的多领域全方位绿色协同。如清洁能源开发利用的创新有助于绿色能源供应，从而实现黄河流域陕西段大气质量、资源利用等的绿色生态协同进步；绿色产业技术开发则对应绿色低碳经济发展，形成绿色产业链的转型升级和良性循环，淘汰落后污染企业，从源头上控制污染；而污水及废弃物处理、环境检测与评估等技术的开发则为绿色生态保护提供了工具和方法上的助力。陕西省通过科技创新成果运用，为产业结构转型升级、绿色低碳能源利用与开发、节能减排等各方面提供有效解决方法及相应的技术，将科技创新动力变为生态保护实力，将科技创新投入变为生态保护的持续输出，促成多领域生态协同。

二 科技创新赋能黄河流域（陕西）生态保护现状与问题

当前，黄河流域呈现高污染、高消耗、高排放的特点，环境污染与经济发展不均衡。以下以科技创新系统结构为分析框架，通过对陕西省创新政策的产出、多元创新主体的协同、科技创新要素的投入、信息平台的构建以及科技成果转化的实际情况与黄河流域其他省份进行横向比较，分析当前陕西省科技创新赋能生态保护现状，识别科技创新赋能黄河流域（陕西）生态保护所面临的问题，为提出科技创新赋能生态保护的优化路径提供参考。

（一）现状分析

陕西省位于黄河流域中段，地处黄土高原，水土流失形势较严峻，陕西省内黄河流域输沙量占到黄河流域总输沙量的60%以上。[①] 且陕西省工业结构偏重，"三废"排放量远高于黄河流域其他省区，科技创新赋能环境治理与生态保护任务艰巨。

1. 科技创新政策因素

为确保政策数据的全面性、准确性和代表性，本研究以2022年1月至12月为时间范畴，以"黄河+科技""黄河+绿色""黄河+创新""黄河+技术""黄河高质量发展""科技赋能+黄河"为关键词，以各省区地方政府官网、北大法宝数据库为检索平台，选择黄河流域9省区地方政府出台的有关黄河流域科技创新的省级地方性法规、地方政府规章、地方规范性文件、地方工作文件、地方司法文件等政策文本作为文本数据集。

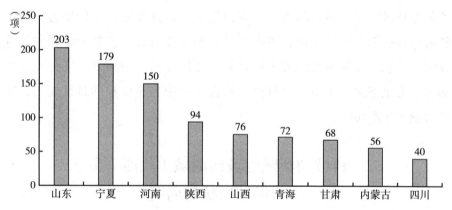

图2 2022年黄河流域九省区地方性科创政策法规数量统计

资料来源：各省区地方政府官网、北大法宝数据库。

由图2可知，2022年陕西省地方性科创政策法规数量在全流域层面位于中等水平，与黄河流域下游科创发展水平较高的河南、山东两省相比科技

[①] 《壮美黄河｜陕西：让黄河在"绿"中穿行》，新华网，https：//www.news.cn/local/2023-09/09/c_1129853901.htm。

创新政策投入力度还不够。目前，陕西省地方性科创政策多是基于《黄河流域生态保护和高质量发展规划》，结合流域内生态保护实际陆续出台的一系列环保政策如《陕西省黄河流域生态环境保护规划》《陕西省黄河流域生态空间治理十大行动》《陕西省黄河流域污水综合排放标准》《陕西省渭河保护条例》等，并辅以相应的农工业环保补贴、政府拨款等各项奖惩措施和制度保障。而在科技创新动力方面，缺乏从理念到决策、目标到激励、规范到保障，从环保到科技再到人、财、物和技术，多领域、全方位对黄河流域生态保护有目标指引、统筹规划和规范保障的生态保护科创政策体系。科创政策既是科技赋能生态保护的战略目标和制度保障的核心关键，也是科技创新面向黄河流域生态保护的强大引导力和凝聚力。陕西省亟待有更多具有统领性、指导性、针对性的能够从根本上激发全省科技赋能生态保护积极性与创造性的地方性科创政策法规。

2. 科技创新参与主体因素

黄河流域科技创新的动力源是以政府、高校和科研机构、工业企业及其人才共同构成的多元主体协同，并以生态保护为共同目标和价值理念作为科创行动的出发点和落脚点。以 2022 年为时间范畴，黄河流域九省区高等学校、研究与开发机构、规模以上有 R&D 机构的企业数量，如图 3 所示，黄河流域九省区科创参与主体数量呈现 3 个层次梯度，山东、河南、四川三省属于第一梯度，山西、陕西、内蒙古三省区属于第二梯度，甘肃、宁夏、青海属于第三梯度。位于黄河流域中游的山西、陕西、内蒙古三省区属于第二梯度，陕西省高校、科研机构和工业企业数量较平均，整体协调度高，且高校相比于山西、内蒙古两省区多，可以为科技创新提供人才、技术等方面的支持，意味着陕西省在创新、绿色发展方面潜力很大。但陕西省规模以上有 R&D 机构的企业相对较少，反映了工业企业科技创新的参与度还不够，参与水平较低，是未来需要重点考虑的发展方向。

3. 科技要素投入因素

科技要素投入维度主要分为人力、财力、物力三个方面，分别选取 2022 年 "R&D 人员全时当量（人年）" "R&D 经费内部支出（万元）" "能源消

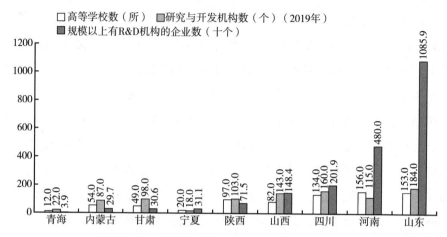

图3 2022年黄河流域九省区科创主体参与数量

资料来源：《中国科技统计年鉴2023》、国家统计局官网。

费总量（万吨标准煤）（2021年）"作为代表黄河流域九省区人力资源、财力资源、物力资源的指标。

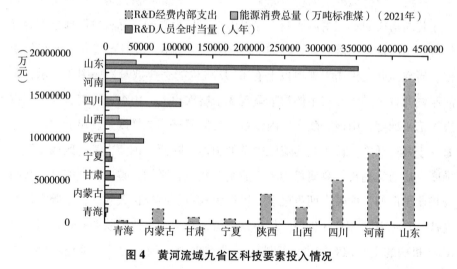

图4 黄河流域九省区科技要素投入情况

资料来源：《中国科技统计年鉴2023》。

由图4可知，对于科技创新赋能流域生态保护而言，R&D人员是科创发展的典型人力资本。在2022年R&D人员全时当量上山东省以远超其他八省（区）的数值位于第一梯队，河南、四川、陕西三省属于第二梯队。陕西省在科技创新赋能黄河流域生态保护的人力资源投入方面，高于与陕西省相邻的黄河中游其他两省份，R&D 人员全时当量约为山西省的 1.5 倍、内蒙古自治区的 3 倍。在黄河流域中游流段相似的地理地貌、社会经济发展环境下，陕西省在科创人力资本投入方面发展良好，这得益于陕西省高校众多，科技创新氛围浓厚。R&D 经费内部支出与科技创新活动的关系是密切而复杂的，高 R&D 经费内部支出意味着更多的资源投入到科技创新活动中，反之，投入资源较少。对比分析图 4 中陕西省 R&D 经费内部支出情况与 R&D 人员全时当量情况基本一致，同属于黄河流域九省区第二梯队，尽管与一些经济强省山东、河南、四川相比还存在一定差距，但已显现明显的优势。综上所述，陕西省在现有经济发展水平的基础上，对科技创新的重视程度较高，其在人力、财力投入方面与同流段其他省区相比较大。由于黄河流域的工业结构偏重，以能源消费为主，因此本研究采用能源消费总量作为物力资源投入的指标，2022 年部分省区能源消费总量尚未更新，因此选取 2021 年数据。黄河流域不同省份在工业生产和消费能源方面存在差异。山东省的能源消费总量最高，其后是内蒙古、河南、四川和山西四省区，相比之下陕西省的能源消费总量较低。山东省的能源消费总量远高于其他省份，表明该省的工业生产规模较大，对能源的需求也较高，可能与山东省的经济结构和工业发展情况有关。而陕西省作为能源生产大省，其产业结构偏重工业，而能源消费总量在黄河流域层面排名靠后，可能是由于能源输出与消费的平衡问题，其自身生产的能源主要用于外输，而自身消费的能源相对较少。且陕西省近年来也在积极推动产业结构调整和优化，促进转型升级；在能源利用方面积极推动技术创新和节能减排，提高能源利用效率。通过采用高效节能技术和设备，降低能源消耗和排放。

4.科技创新信息平台因素

根据《中国科技统计年鉴 2023》中的数据对比分析 2022 年黄河流域九省区科技创新平台构建情况（见图 5）。陕西省在统科技企业孵化器数量和众创空间数属于流域中等水平，在统科技企业孵化器数量略低于山东、河南、四川三省，而众创空间数则列全流域第4位，略高于四川省。这反映了陕西省工业企业对于科技创新平台的建设意愿不足、参与意识薄弱，相较于通过科创平台共享科创资本与成果，工业企业可能更倾向于在本企业内部进行科技研发与创新生产，因此在后续发展中需要调动工业企业积极性，发挥多元主体参与合力。

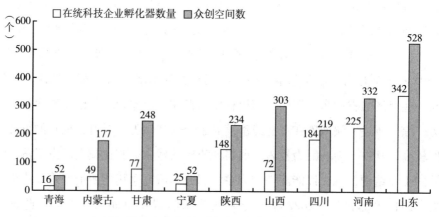

图5 2022年黄河流域九省区信息平台搭建情况

资料来源：《中国科技统计年鉴2023》。

5.科技成果转化因素

从经济效益和科技产出效益、生态环境效益三方面来看，科技创新赋能黄河流域（陕西）生态保护科技成果转化呈现良好的发展态势。通过实施一系列科技创新措施和成果转化项目，不仅改善了生态环境、提高了经济效益，还推动了产业结构的优化和绿色低碳发展。

（1）经济效益

新产品是指采用新技术或新工艺生产的产品，代表着企业技术的创新和进步。2022年黄河流域九省区规模以上工业企业新产品销售收入情况如图6所示。各个省区存在明显的差异。陕西省规模以上工业企业新产品销售收入位列黄河流域第四名，远低于山东省。尽管在过去的几年中，陕西省规模以上工业企业新产品销售收入有所增长，增长率却处于一个较低的水平，仍有

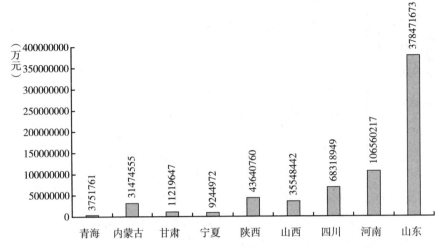

图 6　2022 年黄河流域九省区规模以上工业企业新产品销售收入

资料来源：《中国科技统计年鉴 2023》。

很大的增长潜力。为了实现新产品销售收入的增长，陕西省政府可以参考借鉴山东省科技成果转化措施，因地制宜制定符合省情的科技创新成果转化政策，从而促进经济效益提升。企业需要更加注重技术的研发和创新，提高新产品的质量和性能，加大科技创新投入，与科研机构、高校等加强合作，促进科技成果转化，提高转化效率，让科技成果真正落实到产品上。

　　（2）科创产出效益

　　以技术合同数为判断依据，分析黄河流域九省区技术市场技术流向地域情况，可以直观地比较出流域内各省区的科技创新成果的转化情况。按照合同的类别可将技术市场的合同分为技术开发、技术转让、技术咨询、技术服务四种类别。如图 7 所示，2022 年陕西省技术合同总数达 35139 件，在黄河流域九省区中排入第一梯队。由此可以看出，陕西省技术市场庞大且活跃，科技创新前景广阔，技术的不断交易需要大量的科技成果转化提供支持，将环境监测、虚拟仿真等方面新科技创新成果不断应用到黄河流域的数字孪生、智慧治理等技术实践中，从而推动科技创新赋能黄河流域陕西段的生态保护。

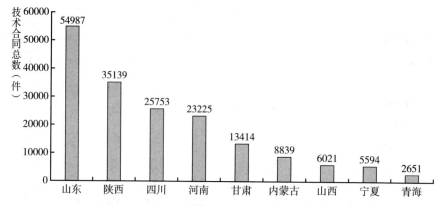

图7 2022年黄河流域九省区技术市场技术流向地域

资料来源：《中国科技统计年鉴2023》。

（3）生态环境效益

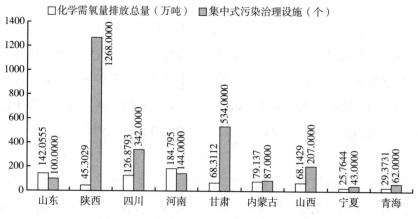

图8 2022年黄河流域九省区废水排放情况

资料来源：《中国环境统计年鉴2023》。

通过化学需氧量（COD）排放总量以及集中式污染治理设施的数量这些数据分析黄河流域九省区废水排放情况。由图8可见，陕西省在集中式污染治理设施数量上显著领先，拥有1268个设施，这显示了陕西省在科技创新赋能生态保护方面的积极投入和决心。陕西省通过建设大量的集中式污染治理设施，利用先进的技术手段对污水进行处理，有效降低了COD的排放总量。然而，尽管设施数量众多，陕西省的 COD 排放总量仍然达到 45.3029 万吨，这可能与科创成果转化效率不高有关。科技成果从实验室研究到实际应用之间需要跨越多个环节和障碍，如果转化机制不顺畅，科技成果就无法有效转化为实际的生产力，从而影响到生态保护的效果。

（二）科技创新赋能黄河流域（陕西）生态保护问题分析

根据对科技创新系统的分析发现，虽然陕西省在科技创新赋能生态保护方面取得了显著成效，但在创新政策制定、多元主体协同、科技要素投入、信息平台建设、科技成果转化等方面仍存在一些问题，这些问题限制了陕西省在生态保护方面的科技创新能力和整体发展水平。

1.科技创新政策体系不健全导致赋能方向模糊

虽然陕西制定了相关科技创新政策文件，但在激发科技赋能生态保护方面的作用发挥不足。一是现有政策对于生态保护领域的科技赋能并未给予足够的重视和支持。当前陕西省政策主要集中在生态保护规划、环保政策、奖惩措施等方面，缺乏对科技创新的全面支持和指导。政策体系中科技赋能生态保护的具体措施和支持政策不够明确，缺乏有针对性的政策导向，导致科技创新资源的配置和利用不够有效，制约了科技创新赋能生态保护的深入开展。二是陕西省缺乏对科技创新赋能生态保护的激励政策。在科技创新领域，一个全面的政策支持体系应该包括从科研项目资助到科技成果转化的各个环节。然而陕西省的政策在这方面尚未形成系统性的支持体系。具体而言，陕西省缺乏对科研项目的长期资助计划和科研机构的激励机制，以及对科技成果的市场化推广和产业化转化的政策支持，这都限制了科技创新在生态保护领域的深度发展。三是陕西省政策体系缺乏灵活性和应变能力。陕西省地方性科创政策法规多是基于《黄河流域生态保护和高质量发展规划纲要》，结合流域内生态保护实际陆续出台的《陕西省黄河流域生态环境保护规划》《陕西省黄河流域生态空间治理十大行动》等政策。政策体系缺乏灵活性，往往难以及时应对生态环境变化和新情况，使得科技创新无法及时跟进和适应新的需求。缺乏灵活性的政策体系会限制科技创新的实效性，使得赋能方向更加模糊。

2. 多元主体协同水平较低导致赋能过程碎片化

在多元主体协同方面，陕西省面临着一些突出的问题。一是缺乏有效的沟通和协调机制。在陕西省内，由于缺乏统一的平台或组织来促进各方之间的交流与合作，信息不畅通、资源分散、行动不协调。二是利益驱动导致合作意愿不足。陕西省科技创新赋能生态保护的各个主体往往受到各自的利益驱动，缺乏共同的目标和利益诉求。一些部门或机构可能更关注经济发展或政绩考核，而非生态保护。一些企业从自身利益角度，考虑到科创技术的高成本，并不愿意应用相关环保新技术。因此，缺乏合作意愿和共识，使得协同合作的难度增加，协同水平降低，协同合作的效果受到限制，赋能过程容易出现碎片化现象。三是管理体制分割导致责任不明确。陕西省在科技创新赋能黄河生态保护方面存在着管理体制分割的问题，各部门和机构之间责任不明确。生态保护涉及多个领域和部门，却缺乏统一的管理机构和责任分配机制，导致责任不明确、任务重叠、推诿责任等情况的发生，进而影响了协同合作的效果和水平。

3. 科技要素多元化投入力度不够使得赋能动力不足

陕西省在科技要素投入方面与黄河流域其他经济发展强势省份相比还存在一定差距。一是陕西省科技研发投入的结构不够合理。尽管陕西省在科技研发投入方面加大了力度，但在一些重大项目和高科技领域的研发力量不够集中，导致其在这些领域的研发成果相对较少。许多重大科技项目的开展往往依赖单一的科研机构或企业，使得一些有潜力的科研项目无法得到充分的开发。二是在资金投入方面，陕西省金融信贷等多元化资金投入不足。财政拨款是陕西省科技创新赋能生态保护的主要资金来源，金融信贷等其他形式的资金投入也具有重要意义。由于环保项目具有一定的不确定性和长期性，许多金融机构更倾向于向传统行业或者高回报领域提供贷款，对于生态保护领域的投入相对较少，对于此类项目的投资意愿较低。三是陕西省资源优势未得到充分利用，科技人才队伍建设还需要加强。陕西省作为拥有丰富资源的地区，自然资源和人力资源丰富。但科技要素的投入过于集中在某些领域，未能充分利用资源的多样性，这导致科技创新赋能的动力不足。且陕西省的科技人才数量不断增加，而高端人才和团队引进力度还不够。在一些关键领域和重大项目中，缺乏具备国际视野和丰富经验的领军人才和团队，这限制了陕西省在科技创新方面的突破和进展。

4. 科技信息平台建设不完备加大赋能难度

在信息平台建设方面，陕西省亟须加强与国内先进省市的交流与合作。当前，陕西省在黄河流域生态保护的科技创新赋能领域的信息平台建设尚未达到理想状态。一是陕西省科技信息平台存在信息资源不全面、更新不及时的问题。由于缺乏完善的信息采集、整合和发布机制，科技信息平台上的数据和信息往往不够全面和及时，无法满足科技创新和生态保护工作的实际需求。这使得科技创新赋能的过程缺乏足够的科学依据和信息支持，增大了赋能的难度。二是信息平台的交互性和服务性不足。平台上有一些数据和信息，但用户难以方便地获取所需信息，缺乏交互式查询和个性化服务功能。这使得科技从业者在寻找相关科技支持与合作机会时面临困难。三是与其他平台和系统融合不足。陕西省内信息平台与其他相关平台和系统的融合程度不高。生态保护涉及多个领域和部门，需要跨机构、跨领域的信息共享和协同合作。由于陕西省内科技信息平台与其他平台和系统的融合不足，信息孤岛现象严重，影响了赋能的全面展开和深入推进。

5. 科技成果转化不足致使赋能效果欠佳

在科技成果转化方面，陕西省在科技创新赋能生态保护方面取得了一些成果，部分科技成果的实际应用价值还需进一步验证和完善。一是在科技成果与实际应用方面存在脱节现象。在陕西省内有一些科学研究取得了一定的成果，但往往难以转化为实际生产力或生态保护的实际行动。这种脱节导致了科技创新赋能的效果不佳，科技成果无法直接应用于生态保护实际问题的解决。二是科技成果转化渠道不畅。缺乏有效的科技成果转化机制和平台，科研机构和企业之间缺乏有效的合作机制，科技成果难以顺利地转化为实际生产力。这种情况使得科技创新赋能的效果受到限制，因为科技成果无法通过适当的渠道转化为可实际应用的技术和产品。三是产学研合作不畅。陕西产学研合作机制可能存在一定程度的不畅，导致科技要素的投入缺乏实际应用的支撑。产业界、学术界和研究机构之间缺乏有效的合作机制，使得科学研究往往停留在学术领域，无法有效地转化为实际生产力，从而影响了科技创新赋能效果。

三 科技创新赋能黄河流域（陕西）生态保护的路径优化

要系统施策，促进科技创新成果与生态环境保护深度融合，提升流域生态治理效率、推动流域治理体系迈向现代化。[①]

（一）创新政策保障：完善政策保障与供给体系，明确赋能生态保护方向

一是加快科技创新政策体系建设，激活政策积极引导作用。在黄河流域（陕西）的生态保护与高质量发展征途中，构建一套高效、协同且适应黄河流域（陕西）地区的科技创新政策体系，充分激活其正向引导作用，是破解区域生态保护难题、推动经济转型升级的关键所在。陕西省应着重于立足黄河流域陕西段的独特生态条件与资源优势，通过精准施策，制定有针对性的科技创新发展规划、加大对生态环境领域基础研究的支持力度、促进关键技术联合攻关与成果转化、深化产学研用一体化合作、构建多层次科技创新平台网络、扶持科技领军企业并强化其在重大科技项目中的引领作用等，旨在形成一套既符合黄河流域生态保护需求，又能促进陕西地方经济特色发展的政策体系。这一系列政策不断完善并激活其引导作用，不仅能够有效应对水资源管理、生态修复、污染防治、水土保持等方面面临的紧迫挑战，还能通过科技创新驱动，培育绿色新兴产业，优化升级传统产业结构，进而在保障生态安全的同时，推动黄河流域（陕西）实现经济社会的高质量发展，彰显其作为生态文明建设与科技创新融合发展的典范作用，为黄河流域内其他

---

① 司林波、闫芳敏、裴索亚：《要素融合与模式选择：科技赋能流域生态保护何以可为？——基于长江、珠江和黄河流域的经验比较分析》，《青海社会科学》2023年第5期。

地区或其他流域的科技创新赋能流域生态保护提供政策体系构建路径参考。二是提升科技创新政策供给水平，强化政策保障效果。科技赋能黄河流域（陕西）生态保护政策落实工作涉及财政、科技、组织等多个不同的领域，需要多个部门以精准有力的政策供给推动供需高水平均衡。要保障资金、信息、人才等创新要素的持续支持，需要合理调整政策的内部结构。通过精准有效供给，使科技赋能黄河流域（陕西）生态保护政策的提供更具个性化与侧重点。陕西省应当持续加大对企业的减税降费力度，出台财税调节等鼓励性政策，吸引民间资本参与陕西省生态科技研发和创新，尽快形成清晰和针对性强的系统性资金扶持计划。陕西省必须在有效供给上下功夫，保障资金、人才、信息等要素的持续供给，增强供给型政策的针对性。统筹流域内政策资源，及时增加政策供给量，适当减少宏观引导型政策的供给，推进生态科技专项政策规划和实施细则方案的出台，优化陕西省科技赋能生态保护政策的使用比例，提升政策的活力和动力。

（二）多元主体协同：促进技术与资源联动，共创生态保护新协同

一是打造科技创新协同体系，保障生态可持续发展。在科技创新赋能黄河流域（陕西段）生态保护与高质量发展的进程中，需要跨领域、跨区域的多元化主体共同朝一个方向努力，协同工作形成合力。当前，陕西省面临着多元主体系统水平低导致的赋能碎片化问题。为了充分发挥科技创新的引领作用，必须致力于构建一个高效、协同的科技创新体系。这一协同体系应涵盖跨区域、跨领域的科技协同创新机制，通过政策引导、资金支持等措施，促进陕西省政府、企业、高校及科研机构之间的深度合作与资源共享。一方面，构建多元主体之间的信息沟通平台，实现黄河流域内科技创新生态信息、技术资源等要素共享，打破科技创新赋能主体的信息交流障碍，并使之逐渐演化为网络化、智能化运行机制。另一方面，明确不同主体所承担的责任和义务，实现井然有序的协同工作，不断提高协同水平，共同塑造流域科技协同治理的新模式，为黄河流域的生态可持续发展奠定坚实基础。二是加强科技创新政策规范引导，明确多元主体责任。在科技创新赋能黄河流域

陕西段生态保护中,通过加强科创政策规范引导,明确多元主体责任,是解决多元主体协同效率低导致的赋能碎片化问题的关键。应强化政策的规范引导作用,通过政策文件或合作协议等形式,明确不同主体在这一过程中应承担的责任和义务,以提高协同效率。明确陕西省科学技术厅、陕西省生态环境厅、陕西省水利厅及陕西省人民政府等不同部门在科技赋能黄河流域(陕西)生态保护中的目标与任务、职责与分工、组织与保障,成立专门的协调机构或工作小组,负责协调多元主体生态保护工作,解决协同过程中的问题和矛盾;加强对生态保护项目的监管,确保项目按照既定目标和要求实施,避免出现碎片化现象。高校和科研机构应聚焦黄河流域生态保护中的关键问题和技术难题,开展有针对性的技术研发和创新工作;组建跨学科、跨领域的生态保护研究团队,提高协同创新能力,为生态保护提供智力支持。相关企业应积极承担社会责任,将生态保护纳入企业发展战略,推动绿色发展;加大科技创新投入力度,开展生态保护技术研发和应用工作,提升企业核心竞争力;积极参与生态保护项目示范与推广工作,将先进技术和经验应用到实际项目中,发挥示范引领作用。政府、高校和科研机构、企业三大主体应充分发挥各自优势和作用,共同推动科技创新赋能黄河流域(陕西)生态保护工作取得实效。

(三)科技要素投入:优化多要素配置策略,提升生态保护支持效能

一是加大科技创新政策支持力度,重视多元要素投入。准确把握科技赋能黄河流域(陕西)生态保护的政策方向,加大政策的支持力度,重新合理调配和优化完善政策体系的内部配置,加强科技创新要素的多元化投入,从整体上提升科技赋能效果。为了提升在生态保护方面的科技创新能力和竞争力,陕西省需要进一步优化科技研发投入的结构,解决科技投入的持续性不足问题,加强科技人才队伍建设,优化科技要素投入的环境。只有全面提升科技要素投入和管理的水平,才能推动陕西省在科技赋能黄河流域生态保护领域取得更大的突破和进展。在现有财政支持的基础上,引入

多样化资金投入方式，撬动社会资本服务绿色技术的专项研发和原始创新研究，实现对陕西省的数字赋能和技术互鉴互助，真正推动陕西省生态环境高水平保护。陕西省应以全域统筹为导向，在保证政策合理支持的同时，甄别不同领域、主体和部门的科技创新优势、层次与水平，加强多元化创新资源的投入，并在企业、高校、科研院所等不同创新主体之间实施有针对性的科技创新政策，保证政策的贴合度，合理分配创新资源和要素。二是满足生态保护要素需求，构建科技创新链。充分发挥陕西高校资源聚集优势，加强人才的针对性、前瞻性培养，打造适应科技创新赋能黄河流域（陕西）生态保护需求的人才要素资源库，优化流域内科创人才激励政策，推动流域内科创人才流动，促进创新链与人才链的精准衔接。探索陕西省资金多元投入格局，加大政府和企业对生态保护相关的科创项目投资力度，全方位拓展黄河流域陕西段科技创新资金链。搭建黄河流域内技术交流链，加强创新技术要素共享，推动技术要素资源在黄河流域上中下游之间自由流动，实现创新链与技术链的深度融合。通过构建科技创新链，将人、财、技术要素链条深度衔接融合，赋能黄河流域（陕西）生态保护。

（四）信息平台建设：强化平台建设，精准对接生态保护需求

一是重视科技创新政策需求反馈，完善信息共享平台。信息共享平台通过整合数据挖掘、统计分析等大数据技术，对陕西省科技赋能生态保护的相关政策需求信息进行整合提取，既可以为陕西省相关政策的实施效果提供分析依据，也可以为新政策的制定提供科学专业的决策支持，提高政府部门的政策制定的效率和质量。针对当前信息平台建设不完备，信息共享不畅、传递滞后和管理不足等问题，陕西省应加快完善科技创新赋能生态保护的信息共享平台，及时收集需求群体的反馈信息，使其成为联结政府、市场、科研机构、高校和科技服务组织的信息存储站和中转站。通过加强与其他先进省市的交流与合作，打造多层次、宽领域、全覆盖的科技创新资源共享平台，促进各方信息的畅通流动，整合不同领域的信息资源和技术力量，实现跨领

域的协同合作，从而提高科技创新的效率、促进科技成果的转化。必须坚持系统观念，注重不同领域和部门的环境利益和经济利益，注重不同地市之间的部门联动与合作交流，充分利用好大数据、区块链等技术助推陕西省科技赋能政策落实的高效化和协同化。二是强化科技创新的平台驱动，抢抓智慧治理前沿建设。党的二十届三中全会审议通过的《中共中央关于进一步全面深化改革 推进中国式现代化的决定》（以下简称《决定》）提出，改进科技计划管理，强化基础研究、交叉前沿、重点领域前瞻性、引领性布局。针对当前黄河流域陕西段科技创新平台建设发展问题，要顺应流域生态保护和科技创新发展的时代新要求，进一步挖掘科技创新平台在流域全方位、高精度、多样化的生态保护功能。加快建设一体化智慧管理平台，将流域数字孪生、虚拟现实、模拟仿真等技术联合共享，探索流域治理耦合前沿科技，通过复杂的应用场景倒逼生态技术的研发；健全流域生态环境和灾害智慧预警体系，促进陕西省内高校和科研机构的生态科技向流域环境监测评估、智慧治理方向发展，实现黄河流域生态智慧管理技术的常态化研究，抢抓智慧治理前沿建设。全力激发"秦创原"和"智慧黄河"双平台活力，推进黄河流域（陕西）重点生态关键技术取得突破性进展，实现流域技术作用领域的横向拓展与深化，牢牢把握智慧治理研究发展前沿，力争将陕西省打造为黄河流域智慧治理的前沿阵地。

（五）科技成果转化：畅通成果转化路径，推动生态保护技术应用

一是破除制约科技成果转化障碍，营造顺应时代的科创新环境。为了更好地适应科技创新赋能黄河流域（陕西）生态保护的客观需要，需要加快破除制约科技创新成果转化的障碍，筛选和开发适用于解决陕西省生态环境问题的科技成果并促进其转化，从而形成各领域技术人才及科技成果有效服务生态环境治理的生动局面。建立目标明确、优势互补的科技创新政策体系，营造与时代发展相契合，充满创新活力与动力的科技创新环境。针对科技创新赋能黄河流域陕西段生态保护的应用场景，推动陕西省关键核心技术的突破和生态科技成果的转化。通过生态调研、环境监测、

效果反馈等方式，及时了解流域内生态保护需求的变化，从而调整科技创新的方向和重点，打破生态保护实际需求和科技成果之间的转化障碍。加强科技创新转化专业人才培养，培养既有专业技术背景，又懂法律和经济的高素质专业人才，打造科技创新成果转化的专业化队伍。[①] 优化科技成果转化的服务和保障，加强科技成果转化的政策普及和培训，建立科技成果转化的咨询平台和协同机制，提供专业的法律、市场等服务，强化科技成果转化的监督和评估，为陕西省生态环境高水平保护提供良好的科技环境。二是健全科技创新成果转化机制，加强科技创新赋能持续性转化。《决定》提出，要深化科技成果转化机制改革，构建同科技创新相适应的科技金融体制。对此，陕西省可以通过健全科技创新成果转化机制，加速将先进的科技成果应用于生态保护实践中，提高生态保护的科学性和有效性。同时，持续的科技创新转化还能推动黄河流域经济结构的优化升级，实现生态保护与经济发展的双赢。一方面，陕西省应积极响应国家《黄河流域生态保护和高质量发展规划纲要》的要求，结合陕西省实际，制定和完善支持科技创新成果转化应用于生态保护的法律法规和政策措施。明确成果转化中的权利归属、利益分配和知识产权保护，为科技创新成果在黄河流域生态保护中的转化应用提供响应机制。另一方面，陕西省应支持社会资本建立黄河流域科技成果转化基金，完善科技投融资体系，综合运用政府采购、技术标准规范、激励机制等促进成果转化。[②] 要强化产学研用协同创新，通过共享资源、联合攻关、协同创新，加速生态保护科技成果的研发与转化。此外，陕西省应积极参与国际化合作与交流，通过技术引进、合作研发等方式，引进国外先进技术和管理经验，提升陕西省科技创新和成果转化水平。持续促进科技创新成果在黄河流域（陕西段）生态保护中的转化应用，为黄河流域的生态保护和高质量发展提供坚实的科技支撑。

---

① 孙敬锋、高晨宇、王昊等：《生态环境科技成果转化瓶颈与对策分析》，《环境保护》2022年第19期。

② 《中华人民共和国黄河保护法》，《人民日报》2022年12月1日。

B.17
陕西省科技工作者动员机制建设研究

陕西省科学技术协会课题组*

摘　要：　本报告在分析研究陕西省科技工作者动员的实施现状以及面临的突出问题等基础上，提出分类施策，积极构建行政动员主导的"扇形"模式、项目动员主导的"伞形"模式以及典型组织动员主导的"轮形"模式，旨在通过构建不同的动员方式来畅通科技工作者动员机制，促进科技工作者的全面发展，推动陕西省科技事业的高质量发展。

关键词：　科技工作者　动员机制　陕西

科技工作者动员作为一种特殊类型的社会动员，它聚焦于科学技术领域，旨在整合科技资源、凝聚科技创新力量、促进科技进步和社会经济发展。早在 2007 年，中央组织部、教育部、科技部等就联合发布了《关于动员和组织广大科技工作者为建设创新型国家作出新贡献的若干意见》，明确指出各级科学技术协会（简称科协）要进一步动员和组织广大科技工作者为提高全民科学素质、增强自主创新能力、建设创新型国家作出新贡献。党的二十届三中全会进一步强调，教育、科技、人才是中国式现代化的基础性、战略性支撑，必须深入实施科教兴国战略、人才强国战略、创新驱动发展战略，统筹推进教育科技人才体制机制一体改革，健全新型举国体制，提升国家创新体系整体效能。

---

　*　课题组组长：吕建军，陕西省科学技术协会党组成员、副主席。成员：田世坡，陕西省科学技术协会企事业工作部部长；逯敏飞，陕西省科学技术协会办公室二级调研员；陈莹，西北工业大学科学技术协会办公室主任；郑烨，西北工业大学公共政策与管理学院副教授。

在此背景下，实现高水平科技自立自强迫切需要各相关主体协同开展科技工作者动员工作，引领广大科技工作者紧密团结在以习近平同志为核心的党中央周围，围绕国家重大工程建设、围绕国家重大需求潜心科研，砥砺前行，切实发挥科技第一生产力、人才第一资源作用。就陕西省而言，科技工作者动员涉及主体涵盖了多个层面的机构与组织，各相关主体均以不同形式动员科技工作者，但具体动员现状如何，动员实施过程中面临哪些突出问题，动员的具体机制有哪些，这些问题都值得深入探究。

鉴于此，从2024年6月起，课题组历时两个多月对陕西省科技工作者动员相关情况进行了深入研究。课题组面向在陕西省内各高校（"双一流"建设高校、其他普通本科、专科/高职院校）、企业（央企、国企、民企等）、学会（国家级学会及其分支机构、省级学会等）就职的科技工作者进行了问卷调查，共发放问卷923份，回收有效问卷811份，有效率为87.87%。同时，课题组通过与在陕西省内各学会、高校、企业等就职的相关科技工作者及部分科技管理者进行深度访谈，获取了大量一手资料。

一 陕西省科技工作者动员实施现状分析

陕西省科技工作者动员的主体涵盖了多个层面的机构与组织，包括政府层面的省科技厅、省教育厅、省人社厅、省工信厅、省委组织部（省委人才办）、省科协、省工商联、省知识产权局，社会层面的高校、企业、研究所、学会及其他行业组织，如新型研发机构和产业联盟等。其中，省科技厅作为重要的政策制定者与执行者，通过规划与实施科研项目、推广科技成果、支持科研基础设施建设等方式，激发科技工作者的积极性；省教育厅则致力于高等教育领域的科技创新能力建设，支持高校科研成果转化，强化科技人才培养；省人社厅开展人才管理与评比表彰奖励工作；省工信厅关注工业与信息化领域技术创新和技术改造，促进信息技术应用；省委组织部（省委人才办）制定高层次人才引进和培养政策，提供全方位的人才支持；省科协作为党和政府联系科技工作者的桥梁纽带，积极组织学术交流和技术推广，促进科技工作者全面发展；省工商联促进民营企业参与科技创新，为其提供技术支持与信息服务；省知识产权局强化对科技工作者的知识产权保护，鼓励创新；高校、企业与研究机构作为科技工作者进行科技创新的重要支撑，通过内部激励机制、产学研合作等方式，促进科技工作者的创新活动；学会及其他行业组织为科技工作者提供专业交流平台，促进跨学科合作；如新型研发机构与产业联盟则整合多方资源，加速技术研发与产业化进程，为科技工作者创造更多合作与发展机会。综上所述，动员陕西省科技工作者的主体通过不同形式的支持与服务，共同推动陕西省科技工作者队伍的发展与壮大。

长期以来，陕西省科协自觉肩负党和政府联系科技工作者桥梁和纽带的职责，落实好"四服务"，团结引领广大科技工作者，促进科技创新、科学普及、科技咨询，在弘扬科学家精神、国际民间科技交流合作中发挥骨干组织作用。以下将以科协组织为切入点，具体探讨其在动员科技工作者方面的独特作用与实践策略。

（一）制度环境与政策导向

调查结果显示，受访者对科协相关概念和平台建设的了解程度较低，约44%的受访者对科协的"四服务""三型组织"等概念不了解，22%对全国科技工作者日不了解，44%对"智汇中国"平台不了解。不同类型单位中，央企、国企和"双一流"建设高校受访者的了解程度较高，而民企、其他普通本科院校和专科/高职院校受访者的了解程度较低。具体而言，在央企和国企中，受访者了解程度较高的比例分别为64.79%和70.71%，而在民企中这一比例仅为45.33%。"双一流"建设高校受访者的了解程度也较高，达到64.33%，相比之下，其他普通本科院校和专科/高职院校受访者的了解程度较低，分别为50%和42.54%。

在密切联系科技工作者方面，63%的受访者认为科协做得较好，但仍有一定比例（33%）认为一般，需要进一步改进。不同类型单位中，央企、国企和"双一流"建设高校受访者的评价较高，而其他普通本科院校和专科/高职院校受访者的评价较低。

在科技成果评价体系方面，70%的受访者认为科协较为积极，认为"作用一般"和"作用不大"的仍有一定比例（22%）。具体到不同类型单位，国企和"双一流"建设高校的受访者对科协的作用评价较为积极，而其他普通本科院校和专科/高职院校受访者的评价略低。

在科协组织现有的科技人才激励措施方面，68%的受访者认为措施有效，也有24%的受访者认为效果一般或不佳。不同类型单位中，"双一流"建设高校和国企受访者对激励措施的认可度较高，而民企和其他公益组织受访者的认可度相对较低。总体而言，不同类型单位对科协的理解和评价存在显著差异，表明科协需进一步优化宣传和激励机制，以提升不同群体的认知度和满意度。

（二）科研生态与合作模式

调查结果显示，科技工作者对科协组织的学术交流会议参与度较高，67.69%的受访者参与过相关会议，其中38.22%偶尔参与、29.47%多次参与，但仍有32.31%的受访者未参与或完全不了解。不同类型单位中，央企、国企和"双一流"建设高校的参与度较高，而民企、其他普通本科院校和专科/高职院校的参与度较低。这表明科协在信息传播和动员覆盖面方面还需加强，尤其是对于参与度较低的群体。

在科技成果转化方面，约11.84%的受访者对"科创中国"平台非常了解并积极参与，26.76%的受访者比较了解但偶尔参与，41.06%的受访者听说过但不太了解，18.13%的受访者完全不了解。不同单位中，央企、国企和"双一流"建设高校受访者的了解程度较高，而民企和其他普通本科院校的受访者了解程度较低。多数受访者（82.12%）认为该平台对提升科技参与度较为有效，也存在部分受访者对其效果持保留态度或完全不了解。

在产学研成果共享方面，70.53%的受访者认为科协组织在促进成果共享方面有一定帮助或非常有帮助，也有13.19%的受访者认为帮助不大，12.82%的受访者不了解。在不同类型的单位中，"双一流"建设高校的受访者对此认可度较高，而其他普通本科和专科/高职院校的受访者认可度较低。

在跨学科跨领域协同合作方面，超过六成的受访者认为科协组织的服务较好或非常好，也有一些受访者认为服务一般或较差，另有11.47%的受访者表示不了解。不同类型单位中，国企和"双一流"建设高校的受访者评价较高，而民企和其他普通本科院校的受访者对此评价较低。

（三）青年科技人才培育与留存

调查显示，青年科技工作者对科协组织中青年科技工作者协会和学会青年工作委员会及其活动的了解和参与表现不均衡。仅9%的受访者表示"非常了解，并经常参加相关活动"，25.15%的受访者表示"了解，并参加过相关活动"，37.11%的受访者表示"听说过，一般了解"，14.43%的受访者表示"有印象但不多"，14.3%的受访者表示"完全不了解"。整体来看，青年科技工作者协会和学会青年工作委员会的知名度和影响力有待提升。

在参与科协组织举办的青年科技工作者培训与交流活动方面，7.64%的受访者表示"多次参与"，27.37%的受访者表示"偶尔参与"，51.66%的受访者表示"听过但没有参与"，13.32%的受访者表示"完全不了解"。这表明活动的知晓度虽有一定基础，但参与度和吸引力仍需提高。不同类型单位中，国企和"双一流"建设高校的受访者了解和参与度较高，而其他单位较低。

在对青年科技工作者支持计划和奖项的了解方面，17%的受访者表示"非常了解"支持计划，31.3%的受访者表示"了解"，27.5%的受访者表示"知道一些"，15.91%的受访者表示"不太了解"，8.38%的受访者"完全不了解"。对于奖项，12.95%的受访者表示"非常了解"，31.32%的受访者表示"了解"，30.58%的受访者表示"知道一些"，17.51%的受访者表示"不太了解"，7.64%的受访者表示"完全不了解"。整体来看，仍有相当一部分受访者对支持计划和奖项了解不足。不同类型单位中，国企和

"双一流"建设高校的受访者了解程度较高,而民企、其他普通本科院校、专科/高职院校和其他公益组织的了解程度较低。

在现有激励措施的实施效果方面,17.02%的受访者认为激励措施的效果"非常显著",36.99%的受访者认为效果"显著",26.76%的受访者认为效果"一般",3.58%的受访者认为效果"不显著",15.66%的受访者表示"不了解"。整体来看,大多数受访者对激励措施持积极态度,特别是省科协在全国科协系统率先实施的高校科协和企业科协青年人才托举计划,相关经验在全国推广,受访者对其评价较高。不同类型单位中,"双一流"建设高校受访者对激励措施的认可度最高,其他公益组织的认可度最低,表明不同单位在激励措施方面的政策和实践存在差异。

二　陕西省科技工作者动员实施中面临的突出问题

(一)政策执行所需资源配置不足,资源分配不均衡

1. 政策执行所需资源配置不足

其一,经费缺乏影响政策执行效果。各动员主体在进行科技动员活动时,有限的经费限制了其组织活动的质量和频率。相比奖项和证书这类精神激励,实际的支持对于激发科技工作者参与热情更为关键。因此相关部门尤其是省财政厅、省科技厅等应对科技活动投入更多经费支持,激励科研人员投身于高质量的研究工作,为科研人员提供更广阔的参与空间。其二,基层专职执行人力资源短缺,影响政策执行效果。这一情况在科协组织尤为明显,各动员主体在人员配置上存在明显不足,特别是缺乏专职人员,这直接影响了科技动员的日常运作和活动组织,限制了相关组织服务能力和活动效果。受访者认为,科技动员相关组织每年都通过下发文件和组织会议等多种方式进行政策宣传,营造良好的科技环境氛围,学会及科技工作者的实际参与度却受到一定的限制,原因在于缺少持续有效的激励机制以及专职人员的

支持。尽管高校、科协及学会等组织管理人员在科技工作者动员工作上投入了大量精力，非专职的身份却限制了其持续运作能力，进而影响了动员任务的执行。

2. 科技资源分配存在结构性不均衡

大型成熟学会等组织由于其规模和影响力，在某些方面已经形成了较强的自我发展能力，能够较为容易地吸引到资金、人才和技术支持。然而，中小规模及新成立的学会等基层组织在初期面临诸多挑战，这些组织往往缺乏足够的建设经验、启动资金、知名度和社会资源，这使得它们在人才吸引、项目申报等方面面临较大困难。例如在项目申报、资金扶持等方面的政策倾斜力度不足，导致这些组织难以获得成长所需的必要条件。这种情况不仅影响了这些组织自身的成长，也削弱了整个科技生态系统的多样性和活力，如调研中受访者提到，目前学会与学会之间的差异较大，各动员主体应该加强对部分新成立的科技学会/协会的关注，帮助其形成自身造血能力等。科技动员涉及相关主体范围较广，各主体部门资源分配也有差别，因此后续应当均衡各组织发展，尤其是随着科协组织在动员工作中扮演着越来越重要的角色，在省委省政府统一部署规划中，给予省科协更多经费支持，有利于对基层组织进行持续支撑，形成辐射带动效应。

（二）动员主体间缺乏沟通与合作机制

1. 科技动员主体与科技工作者之间缺乏定期和有效的沟通交流

通过访谈和调研发现，各动员主体日常对科技工作者的关注较为欠缺，对科技工作者仍需深入了解和支持，导致与各动员主体有一定距离感，影响了动员工作的实际成效。受访者建议，科协及其他各动员主体可以加强与科技工作者的日常联系，将科技工作者紧密团结在身边。综上，科协及各动员主体应加强对科技工作者的关心关注，增强科技动员体系自上而下的联系，如加强调研走访、实地考察、定期座谈与培训等，支持基层科技工作者的工作，收集基层科技工作者的建议意见等，在深度了解基层实际情况的基础上，完善科技动员体系的管理制度。

2.科技动员主体之间未建立有效的沟通合作机制，导致科技动员信息传递不畅与合作机会的流失

当前科技动员涉及多主体，由于缺乏有效的沟通合作机制，各动员主体在合作方面仍处于初级阶段，缺乏深度和广度。例如省科技厅、省教育厅、省工信厅、省科协等部门在资源配置、项目申报、成果转化等方面未完全形成合力。此外，由于信息不对称，各动员主体之间的合作潜力未得到充分发挥，这不仅影响了科技成果的转化效率，也限制了科技工作者的创新活力和科技型中小企业的成长速度。

（三）科技工作者动员生态环境体系尚未完全形成

1.科技动员整体宣传普及方面的工作不够充分，未能有效提升科技工作者对科技动员工作的认识

目前，科技动员的整体宣传力度不够，导致许多科技工作者对各动员主体（包括科协、省科技厅、省教育厅、省工信厅等）的工作内容及其重要性了解有限。例如，受访者们普遍对科协工作的认识相对有限，这可能与企业或科研院所的核心业务集中在技术研发上有关，而科协的工作重点在于思想引领、人才培养、奖项评定等方面，与企业的核心业务关联度不高。此外，省科技厅和省教育厅在科研成果推广方面的工作也需要加强，以提升社会各界特别是科技工作者对这些部门职能的认识。因此，各动员主体应进一步加强合作，通过多种形式提升自身影响力，同时加强对外宣传，提升公众尤其是科技工作者对各自职能的理解和支持。

2.科技动员政策和活动可能未能充分考虑科技工作者的实际需求和期望，导致现有激励和认可机制不够吸引人，不能有效激发科技工作者的参与热情

当前各科技动员主体的相关活动激励制度与科技工作者实际考核指标脱节，缺乏足够的吸引力和动力，基层科技工作人员参与部分科技活动被视为义务或公益活动，不会计入工作量或给予任何奖励。缺乏支持和激励严重影响了科技工作者参与活动的积极性和效率。因此，相关部门应进一步加强对

科技工作者实际需求的调研，根据调研结果适时调整激励政策，使其更加符合科技人员的职业发展和个人成长需要。同时，要加强对激励政策的宣传，营造鼓励创新、宽容失败的研究环境，让更多科技工作者了解并参与到激励计划中来，敢于尝试、勇于突破。

三　陕西省科技工作者动员机制建设的对策措施

基于上述分析和探讨，可以看出，当前陕西省科技动员工作面临着资源配置不足、动员主体间缺乏有效沟通合作机制以及动员生态环境体系尚未形成等突出问题。以问题为导向，分类施策，加快构建行政动员主导的"扇形"模式、项目动员主导的"伞形"模式，以及精英动员主导的"轮形"机制模式。

（一）构建行政动员主导的"扇形"模式

"扇形"模式——行政动员。该模式是在多个动员主体的协同下，以动员主体为核心，形成自上而下的科技动员网络，通过明确的组织结构和权力机制，确保科技动员活动的高效执行。具体而言，行政动员由省科技厅、省科协、省教育厅、省工信厅等多部门自上而下推进，通过行政指令或委派形式强制执行，具有强制性、时效性和单向性等特点。这种动员方式强调资源的高度集合和高效执行，通过强化组织边界，实现科技动员的资源绝对投入和尽可能的集中投放。这种动员方式依赖于各动员主体的强制性权力和强大的行政组织体系，通过强有力的执行力确保动员主体的各下属组织能够积极响应和支持所开展的各项科技动员活动，从而达到对陕西省科技工作者进行全面动员的目的。这种模式能够快速调动各方资源，形成强大的动员力量，确保科技动员活动的顺利进行。

在动力机制方面，陕西省科协可结合自身实际情况，广泛联合其他相关部门成立科技动员领导小组，发布例如"陕西省科技动员若干措施"等指导性文件，明确各下属组织的具体任务和职责，统一思想，明确目标。前期，省科协已在全省科协系统实施组织建设"扎根扩面"行动，召开系列工作会议，确保省科协各下属组织在动员工作中步调一致。同时，可进一步与省科技厅、省教育厅、省工信厅等部门沟通，加强政策引导，明确对中小规模及新成立学会等组织的支持力度，例如，可以在项目申报、奖项评选等方面给予政策倾斜。省科协将进一步发挥桥梁纽带作用，紧密配合各动员主体，加强枢纽型科协组织建设，紧紧围绕省委省政府的科技动员工作大局做好"公转"，聚焦服务科技工作者做好"自转"，以所属科技社团和科协基层组织为主体、以科技工作者为主力，促进产学研创新要素协同发力。此外，省科协还可以联合省科技厅、省教育厅、省工信厅等部门，共同制定详细的动员执行标准和操作方案，助力动员主体的具体工作，并加强智慧科协建设，完善人才数据库，拓展智库、学术、科普及党建数据库，实现数据采集工作的电子化、智能化、可核验，提升信息共享和协同工作效率。

在运行机制方面，陕西省科协可协助建立资源统筹平台，配合好省科技厅、省教育厅、省工信厅等部门的资源分配，为科技工作者争取到更多类型的资源支持。陕西省科协可继续加强基层科协组织建设，以"扎根扩面"行动为抓手，建设横向到边、纵向到底的组织工作体系；修订完善省级学会组织通则，支持在前沿基础研究、战略性新兴产业、交叉科学等领域新建学会或学会分支机构，通过这些措施，确保动员网络覆盖更广泛，协同动员效果更显著。同时，省科协将定期组织召开科技动员工作会议，协调工作进展，解决实际问题，提高工作效率。此外，还应建立科技动员工作的监督机制，定期评估各动员主体的工作成效，确保动员活动的顺利进行。

在保障机制方面，省科协可进一步强化全省科协系统的组织隶属关系，确保动员指令从最高层到最基层的有效传递和执行。同时，进一步夯实科技动员工作的反馈机制，持续深入收集科技工作者意见建议。此外，省科协将进一步加强高水平科技智库建设，建设专业性、区域性科协特色柔性科技智库体系，开展重大战略决策咨询研究，建设智库人才队伍，增强科技动员的科学性和前瞻性，研究探讨提质增效的规划和意见。后续，省科协可进一步联合省科技厅、省人社厅、省教育厅、省工信厅等部门，强化与主流媒体和网络平台的深度合作，拓宽传播渠道，搭建科协组织相关工作展示平台，利用传统媒体和新媒体加大宣传力度，提升科技工作者对科协工作的认识。

（二）构建项目动员主导的"伞形"模式

"伞形"模式——项目动员。该模式是一种以项目为核心的科技动员模式，主要依靠各种具体的科研项目/计划，例如"揭榜挂帅"科技项目、重点研发项目、"科学家+工程师"项目、青年人才托举"双百工程"、未来女科学家计划等，通过具体项目来引导和动员科技工作者和相关组织参与科技活动。这种模式的核心在于通过项目本身的吸引力和利益驱动机制，激发科技工作者的科研兴趣和参与热情。具体来说，该模式涉及的主要动员主体包括省科技厅、省教育厅、省科协、省人社厅、省工信厅、省工商联、省知识产权局等。其基本特征是在既定的时间和资源的约束条件下完成具有明确预期目标的任务。"伞形"模式下的项目动员与"扇形"模式下的行政动员最大的不同在于科技工作者可以根据项目实际情况有选择地决定是否参与，项目动员的优势在于能够激发科技工作者的科研兴趣和参与热情，促使之主动参与并从中获益，最终达到科技动员的目的。

在动力机制方面，陕西省科协可配合省科技厅、省教育厅、省人社厅等部门，制定详细的项目动员执行标准和操作方案，并通过一系列激励措施激发科技工作者的参与热情，包括提供科研资金支持、职业晋升机会、学术声誉提升及国际合作机会。例如，联合省人社厅开展科学技术普及专业职称评审；与省教育厅合作，推动高校为参与科研项目的科技工作者提供更多的职业晋升机会，这包括设置更多的高级职称岗位、提供学术交流和培训机会，并定期组织相关研讨会，帮助科技工作者了解最新的科研需求和发展趋势。此外，陕西省科协可进一步实施三秦卓越科技期刊发展计划，做强领军期刊品牌，加强后备方阵培育，培育在全国有影响力的省级领军期刊，通过高质量的学术期刊，提升项目动员的影响力和认可度，从而有效调动科技工作者的积极性。

在运行机制方面，省科协可进一步明确项目目标和要求，提供多样化的项目类型，激发科技工作者的兴趣和参与热情。联合各动员主体建立项目合作平台，确保资源的有效配置和项目的高效执行，促进跨学科、跨领域的协同合作。联合省科技厅，围绕基础研究、成果转化与产学研合作设立多样化的科研项目，促进信息共享、项目对接和技术交流；联合省外办、省科技厅与各地市、高校，搭建国际科技合作交流平台，组织参加国际学术会议和技术研讨会，提升科技工作者的综合素质和国际视野，争取更多国际科技组织落地陕西。此外，鼓励优秀科技工作者通过经验分享会和技术培训会，向其他科技工作者传授成功经验，从而提升整体科研水平和项目执行质量。

在保障机制方面，进一步明确各下属组织在项目动员中的具体职能和任务，通过定期举办培训课程、专题研讨会等形式来深化各动员主体对项目动员的认识和理解，增强其责任感和使命感。省科协可与省科技厅、省教育厅等合作，以高校为试点，推动高校科研项目的管理和评估，确保高校科研成果得到有效应用，并通过定期研讨会分享实践案例，提升高校科研管理水平。利用传统媒体和新媒体加大宣传力度，开展多层次、多形式的宣传活动，如制作科普视频、发布科研成果报道、举办线上直播等，以扩大项目动员的社会影响力。此外，通过科技展览、项目推介会等形式宣传推广"百会百校助千企"行动及科技成果转化系统，展示科技动员项目的成果和影响，提高社会关注度和支持度。

（三）构建典型组织动员主导的"轮形"模式

"轮形"模式——典型组织动员。该模式是在各动员主体的引导下，以陕西省典型组织为核心（典型组织为各动员主体当中的优秀代表，例如西北工业大学科协、铂力特等），形成辐射带动其他基层组织的科技动员网络。这种模式以核心典型组织作为轮毂，在省科技厅、省教育厅、省人社厅、省科协、省工信厅、省工商联等的引导下，通过紧密联系和有效沟通，与陕西省其他科技工作者所在的基层组织建立起紧密的合作网络。以陕西省科协为例，可以通过"典型"科协组织（例如西北工业大学科协、陕西省航空学会等优秀科协组织）的专业能力和人脉资源来推动科技动员工作。

优秀代表通过经验分享会、能力培训会等方式来分享其成功经验，辐射带动其他学会的发展。通过典型组织的示范效应和辐射带动作用，可以实现基层组织间的有效联动和资源共享，促进全省科协系统的协同发展。

在动力机制方面，增强典型组织的动员意愿及发动能力。典型组织对科技动员的认知、意愿与发动能力是动员的关键因素，省科协应配合省科技厅等部门发布有关典型动员的具体指导措施，并在全省科协系统内组织召开科协典型组织动员工作会议，统一思想，明确目标，增强全省科协系统内典型组织的责任感和使命感。例如，继续通过"五星级党支部"的创建，提升党建质量，为企事业科协工作高质量发展提供坚强保障。为了进一步激发科技工作者的动力，省科协可以联合省科技厅、省教育厅等相关部门重点培养和支持一批具有高水平科研能力和影响力的科技典型组织，为科技典型组织提供专项培训，提升它们的科研能力和管理能力，如进一步通过"院士专家工作站"的建设引进高端人才，开展人才培养和决策咨询。

在运行机制方面，省科协可依托学科或者行业领域设立科协系统特色联盟/联合体，在建设陕西省高校科协联合会经验基础上，参照中国科协工信部属高校科协 G7 联盟、中国科协航空发动机产学联合体等组织模式，成立陕西省企业科协联合体、陕西省校企会产业合作联盟等组织，以典型组织为核心，辐射带动其他组织能力建设。同时，省科协将进一步推动企事业单位科协高质量发展，加强企业科协组织建设，特别是省属企业和民营企业，以及民办高校、职业技术院校的高校科协组织建设和功能建设，鼓励它们向优秀的典型科协组织学习。此外，建立监督机制，定期评估科协系统典型组织的动员成效，确保典型组织动员活动顺利进行并持续优化。

在保障机制方面，应当建立起其他基层组织对典型组织的信任关系，确保科技工作者愿意响应典型组织的动员。例如，通过进一步落实"会企校企协作项目调研工作"，促进长期互动，形成组织间稳定的信任基础。同时，要进一步完善信息流通和技术支持，保障典型组织在动员过程中获得必要的资源。此外，尽管要重视发挥典型组织的核心带动作用，同时也需注意避免进一步加剧资源分配的不均衡。为此，应当在确保典型组织得到充分支持的同时，有效带动和支持其他组织的发展。例如，要进一步优化资源配置机制，确保各类资源（如科研经费、人才支持、技术转移等）能够更加公平合理地分配到各个层次的组织中，特别是对于有潜力但缺乏资源的组织，也应给予相应的关注和支持，从而更好地发挥协同效力。这样既能充分发挥典型组织的引领作用，又能促进整个科技生态系统的均衡发展。

参考文献

《习近平给"科学与中国"院士专家代表回信强调 带动更多科技工作者支持和参与科普事业 促进全民科学素质的提高》，《中国科学院院刊》2023 年第 8 期。

张润强、孟凡蓉、梅莘莘：《柔性科技智库：概念、机理与评价——以中国科协全国学会智库为例》，《中国科技论坛》2024 年第 1 期。

王鹏：《高校学科建设中的社会动员机制初探》，《学位与研究生教育》2024 年第 2 期。

刘云、王雪静、郭栋：《新时代我国科技人才分类评价体系构建研究——以中国科协人才奖励为例》，《科学学与科学技术管理》2023 年第 11 期。

于君博、王国宏：《群团组织的改革行动策略及其逻辑——基于企业科协改革的个案研究》，《中州学刊》2023 年第 3 期。

案例篇

B.18

西图之光：勇当科技成果转化先行者

刘晓惠*

摘　要：　加快科技成果向现实生产力转化，不仅是培育发展新质生产力的核心驱动力，更是推动经济社会转型升级、实现高质量发展的战略抉择。西安西图之光智能科技有限公司加速科技成果向现实生产力转化，探索形成了以科技创新引领企业发展的新路子。梳理总结其创新发展之路，得到以下启示：一是以需求为牵引，反求科技研发转化产业化；二是强化企业主导地位，促进产学研融通创新；三是加强技术经理人队伍建设，提升资源整合链接能力。这些启示有助于推动更多科研成果走出校门、走进市场，为经济高质量发展注入强劲动能。

关键词：　西图之光　成果转化　需求牵引　企业主导

---

* 刘晓惠，陕西省社会科学院助理研究员，主要研究方向为区域经济与高质量发展。

加快科技成果向现实生产力转化，不仅是培育发展新质生产力的核心驱动力，更是推动经济社会全面转型升级、实现高质量发展的战略抉择。党的二十届三中全会审议通过的《中共中央关于进一步全面深化改革　推进中国式现代化的决定》提出，深化科技成果转化机制改革。为此，必须深刻认识科技成果转化的紧迫性和重要性，以更加开放的姿态、更加灵活的机制、更加有力的措施，加速推进科技成果从实验室走向生产线，从理论创新迈向实践应用。西安西图之光智能科技有限公司（以下简称西图之光）在加速科技成果向现实生产力转化中，探索形成了以科技创新引领企业发展的新路子。

一　主要做法

西图之光是一家致力于下一代生物识别数据感知、分析、理解等核心技术研发及产品垂直行业应用的企业。该企业依托西安交通大学大数据算法与分析技术国家工程实验室雄厚的科研力量，促进产学研用融通创新，研创三维人脸及掌静脉分析识别技术，探索推进创新科研成果转化路径，为基础研究成果走向"生产线"开拓新渠道。

（一）推进科学技术化，积蓄竞争优势

基础研究是科学技术化的基石，只有深入探索自然规律和科学原理，才能为技术创新提供坚实的理论支撑。西图之光依托西安交通大学大数据算法与分析技术国家工程实验室雄厚的科研力量，专注于下一代生物识别技术，主要包括 3D 人脸和掌纹掌静脉全栈技术的开发和应用，以用户为中心，定义场景化、行业化、个性化的智能服务，并提供全栈工业大数据解决方案。西图之光致力于组建"高起点"的技术研发创新团队，坚持密切跟踪生物技术国际前沿趋势，聚焦生物识别领域的关键核心技术，注重加强基础性、原创性、引领性研究，持续增强企业的竞争优势。

（二）推进技术产品化，探寻商业链路

技术产品化是指将技术成果转化为可大规模生产、销售并满足市场需求

的产品或服务的过程。它不仅仅是将技术从实验室转移到生产线，更是将技术融入产品，使其具备市场竞争力，实现商业价值。在拥有先进生物识别技术后，西图之光加速推动科技成果从"书架"到"货架"的转化。在核心成员引领下，技术团队用了近一年时间，将学术论文转化为几十万行代码，之后经过开模、适配、组装、测试，迎来了首款3D面板机产品。但是在产品化初期，为保证产品性能，技术团队选用的都是性能最好的零部件，成本飙升，不具备市场竞争优势，导致产品销售受阻。为更好地衔接市场需求，西图之光团队远赴深圳等地，深入了解市场，梳理上游供应链，向同行取经，向市场学习，逐步弥补高校技术团队在科技成果转化产品和市场方面的不足，依靠强大的研发能力陆续开发出了一系列软硬件产品，如3D人脸识别终端、矿用本安隔爆型人脸识别终端、三维人脸识别智能管理柜、三维人脸识别模组、掌静脉识别终端/模组等，实现"降本增效"，产品的商业价值逐步凸显。

（三）推进产品产业化，积极开拓市场

产品产业化是指将某一产品或服务转化为能够大规模生产、销售并形成产业的过程，其核心要素包括规模化生产、标准化管理、集约化经营以及产业链的形成。当前，高校科技成果在转化过程中普遍存在重研发、轻市场的问题，西图之光在发展初期也未能有效避免这个问题，由于企业成员大多来自高校，缺乏企业经营经验，不重视市场开拓，导致产业化迟迟不能实现。意识到这个问题后，西图之光在技术产品化后，继续推进产品产业化，发挥自身比较优势与竞争优势，聚焦生物识别技术在高端安防领域的应用价值，不断强化技术、人才、服务等要素资源的有机融合与优化配置，通过规模化、标准化、集约化的生产方式，提高生产效率，降低生产成本，从而提升产业的竞争力。目前西图之光作为公安部3D人脸技术和工信部掌纹掌静脉标准的制定方，已经形成了3D人脸和掌纹掌静脉算法、模组、硬件终端和解决方案的全栈能力，3D人脸技术凭借高精度、高可靠、高防伪、高效率的特点在部队、校园、

社区、煤矿、机场、银行等场景落地了产品和解决方案，未来市场空间和利润空间潜力巨大。

二　主要启示

西图之光通过不断推进科学技术化、技术产品化、产品产业化，加速科技成果向生产力转化，实现企业创新发展。梳理总结西图之光的发展之路，得到以下几点启示，有助于其他成果转化型企业明晰发展中存在的问题和不足，打破科技成果转化壁垒，推动更多高质量的科研成果实现市场化产业化，为经济的高质量发展增添新动力。

（一）以需求为牵引，反求科技研发转化产业化

科技成果转化难，难在科技创新成果背离了市场需求。从市场需求导向出发，推进科技创新，为成果高效转化打通市场应用渠道。正是基于这样的认识，西图之光在发展过程中逐渐转变了成立之初"只要技术过硬、订单手到擒来"的经营理念，持续创新图强，探索出市场需求牵引，反求科技研发转化产业化的路子，实现企业价值链持续提升。为此，科技创新供给能力提升，要坚持以需求为牵引，深入市场调研，了解产业需求、市场需求及未来趋势；建立科技成果转化的市场需求反馈机制，将科技研发与国家需要、人民期望及市场需求紧密结合，才能更好实现从科学研究到实验开发、再到广泛推广应用的连续跨越，加速科技成果的商业化进程，实现科技创新与经济发展的深度融合。

（二）强化企业主导地位，促进产学研融通创新

产学研融合的优势在于能够充分发挥各方的资源和优势，促进技术创新和成果转化。要实现产学研的深度融合，就需要企业主导这一合作，建立良好的沟通机制与合作关系，确保资源共享和利益共享。西图之光正是勇挑产学研融通创新重担，积极打通高校、企业、政府、基金等融合发展渠道，促

进技术创新上、中、下游深度对接与耦合。为此，积极构建以企业为主导的产学研融通创新体系，重点要做到：完善沟通协调机制，搭建产学研合作信息平台，加强企业、高校和科研机构之间的信息交流与沟通，及时解决合作中出现的问题；创新合作模式，鼓励开展多种形式的合作，如共建研发中心、产业技术创新联盟、科技园区等，拓展合作的深度和广度；建立利益共享机制，根据合作项目的特点和各方的贡献，合理确定利益分配比例，降低合作各方的风险承担压力，确保合作各方的权益得到保障；拓宽融资渠道，设立创新联合体建设基金，支持产学研深度合作创新项目。

（三）加强技术经理人队伍建设，提升资源整合"链接"能力

科技成果转化面临创新链、产业链、资金链、人才链融合的难题，而融合的关键在于"链接"。"链接"技术、市场、资本和人才，加强技术经理人队伍建设尤为关键。在科技成果转化过程中，技术经理人是科技与产业的"红娘"，承担着成果挖掘、培育、孵化、熟化、评价、推广、交易并提供金融、法律、知识产权等综合性服务的功能。西图之光从实践探索中认识到"没有哪一个伟大的企业背后不是一伙人，专业的人干专业的事，找到真正对的那批人是创业成功的关键。"要多维度加强技术经理人队伍建设，重点要通过构建标准化、规范化、专业化技术经理人培养体系，不断提升技术经理人在技术交易、技术集成、技术推广、技术转移、成果挖掘、价值评估、概念验证、创业孵化、技术投融资等方面的综合业务能力；建立市场化的聘用渠道和激励约束机制，加速技术经理人人才资源的合理流动与优化配置，强化企业资源整合"链接"能力，加速科技成果转化落地。

参考文献

赵永新：《打通科技成果转化的堵点卡点》，《人民日报》2024年4月1日。

田磊、王泽鹏：《打造高水平技术经理人队伍》，《经济日报》2024年10月11日。

秦全胜、冯琬婧、蒋玉宏：《我国"十三五"科技人才事业发展回顾》，《中国科技人才》2021年第3期。

张梅：《破藩篱，为科技创新赋能》，《陕西日报》2024年7月11日。

B.19
陕西空天动力院：着力打造"四链"融合示范平台[*]

班 斓[**]

摘 要： 陕西空天动力研究院汇聚各方优势资源，着力打造"四链"融合示范平台，促进重大科研项目攻关、科研成果孵化、产业资本对接取得显著成效。案例启示如下：一是围绕重点产业链搭建新型科创平台，完善科技创新联合攻坚机制；二是健全产融对接服务机制，打造综合性科技大市场；三是建立系统全面的人才引育体系，构建支撑有力的人才链。

关键词： 新型研发机构 "四链"融合 协同创新 陕西空天动力院

　　新型研发机构体制机制改革是创新端的"供给侧"改革，在管理结构、人员配置、市场产权、资金以及管理流程等方面进行体制机制创新，是提升科技创新水平、发展新质生产力的重要抓手。陕西发展新型研发机构具备科教资源丰富、科创成果显著、资助力度持续提升等优势，同时也存在产学研协同创新体系有待完善、科技与金融融合深度有限、人才引育用留机制缺乏创新等短板，仍需进一步推动创新链、产业链、资金链、人才链"四链"的良性循环、有效贯通和深度融合。陕西空天动力研究院（以下简称空天动力院）是省、市认定的新型研发机构，围绕科技研发、成果转化和产业

---
　* 基金项目：西安市社科基金重点项目"加快西安科研与产业双向链接的新型研发机构发展研究"（项目编号：24JX25）。
　** 班斓，经济学博士，陕西省社会科学院副研究员，主要研究方向为科技创新政策与经济高质量发展。

孵化强化科技创新经济效应，着力打造"四链"融合示范平台，对盘活陕西创新资源，推动新型研发机构高质量发展，提升创新体系整体效能具有重要意义。

一　主要做法

空天动力院是经陕西省政府批准，由西北工业大学、航天科技四院、六院、中国航发西航、西控等5家单位发起成立，集技术研发、成果转化和金融投资于一体的新型研发机构。空天动力院依托陕西航空航天动力资源优势，聚焦军民融合一体化战略，汇聚各方优势资源，打造"四链"融合示范平台，促进重大科研项目攻关、科研成果孵化、产业资本对接取得显著成效。

（一）汇聚各方优势资源，打造创新全要素的大平台

空天动力院按照"平台运营、协同创新、聚焦产业、金融支持、融合发展"的理念，围绕航空宇航、材料与制造、空天能源、智能控制、基础与共性技术等五大方向，打造空天动力领域创新全要素的大平台——空天动力创新中心，加大力度整合产学研科技创新资源，联合攻关，破解"卡脖子"、国产替代难题，突出原始自主创新，推进科学技术化、技术产品化、产品产业化、产业资本化。同时，联合航天科技集团，建设空天动力陕西实验室，打造国家战略科技力量，推动在陕设立国家实验室。

（二）面向国家重大需求，推动重大科研项目攻关

在商业航天、低空经济、无人系统等领域打造重大装备制造牵引平台，围绕发动机、新材料、工业仿真软件等自主研发一批国产替代旗舰样机，实现源头技术的有效供给。立足国家产业发展重大需求，聚焦省内空天动力优势资源领域，整合与组织多方科研力量，开展基础性、关键性和战略性科技攻关，研发产生一批重大成果，实现创新与产业有效衔接，有力赋能和推动产业整体升级。自主研发85吨、100吨级系列富氧补燃循环液氧煤油发动

机——具备高可靠性、低使用成本、高比冲性能、高推重比等优势，具有国际先进水平，采用此种捆绑式动力的火箭结构重量比现有火箭轻超过20%，太阳同步轨道运载能力达到5~8吨。空天装备公司研制的空心杯电机和无框力矩电机技术指标领先国际先进水平，广泛应用于航空航天和人形机器人领域，有效解决了我国航空航天、人形机器人等高端装备相关领域自主可控问题。自主研发叶轮机械TurbCaX（基于CAD/CAE/CAM）软件，实现叶轮机械设计、仿真和制造一体化，各项关键性能指标达到国际标杆软件水平，CAM系统解决了自主工业软件与国产数控机床无缝连接的关键技术难题，为全国机床产业链升级提供了重要支撑。

（三）提供全周期全链式服务，形成"1+8+X"创新孵化模式

深入挖掘省内外高校储备科技成果项目，重点开展航空航天产业关键环节的科技成果转化，孵化和培育大批优质项目，空天动力产业聚集效应逐步显现。获科技部、教育部批准建设我国首批10家未来产业科技园——空天动力未来产业科技园建设试点（西部唯一）。建成了航天动力、航空动力、组合动力、共性技术、控制系统、智能制造、材料应用、钱学森空天动力等八大创新转化中心，为项目提供科创属性提升、产业资源对接、项目投资融资、科技项目申报、知识产权服务、中试场地等全周期全链式服务，形成"1+8+X"创新孵化模式，完成了技术资产的全链路构建（包括技术先进性、独特性、成熟度、专利布局及研发资源的整合等），这一机制能有效帮助项目跨越科技成果转化"死亡之谷"。大力发展实验室经济，将大批优质科技成果发展为新兴产业，有效打通科学技术化、技术产品化、产品产业化路径。空天动力院已培育和孵化鼎佰机电、空天装备、励芯慧感、空天超算等70余项优质项目，总估值超过500亿元，服务企业超过200家，成为陕西推动"四链"深度融合、提升科技创新水平的重要力量。①

---

① 《陕西空天动力研究院：发挥新型研发机构"科技投行"作用 引导社会资本"投早、投小、投科技"》，秦科技（中共陕西省委科学技术委员会、陕西省科学技术厅官方公众平台）。

（四）设立科创综合基金，实现金融全过程助力赋能

树立新型研发机构"投行"思维，发起设立秦创原科创综合基金4只，管理基金超过30亿元，联合政府引导基金、国有资本、社会资本参与基金设立，引导社会资本投早投小投长期。加强与省外知名投资机构的合作，充分发挥金融对科技成果转化的加速作用，解决早期科创企业很难获得与其核心竞争力相匹配的资金支持问题，对项目从初创阶段开始到进入资本市场全过程助力赋能，使项目实现市场价值最大化和成长路径最优化。为项目提供投后管理，不断助力企业登高、升规、晋位、上市，经济效益和社会效益显著，规模效益逐步显现，带动社会投资超过68亿元。[①]

二 主要启示

空天动力院以产学研用高度协同为目标导向，以市场需求为出发点，实现政府、科研院所、高校、企业等主体的协同创新，培育跨学科跨领域多元化发展的优秀未来人才，高效打通创新链、产业链、资金链、人才链等价值链环节，走出了一条响应国家战略、具有陕西特色的创新发展之路。

（一）围绕重点产业链搭建新型科创平台，完善科技创新联合攻坚机制

围绕重点产业链搭建新型科创平台，鼓励产业链"链主"企业整合产业链上下游、中小企业，集聚高校科研院所院士团队、全国重点实验室领军人才，建立科技创新联合攻坚机制，集中优势力量冲刺国家实验室，加快建设高校科技成果转化基地、中试基地等，重点布局关键核心技术攻关；构建能够有效凝练产业用户需求的应用类重大科技项目选题立项机制，搭建科技

---

① 《陕西空天动力研究院：发挥新型研发机构"科技投行"作用 引导社会资本"投早、投小、投科技"》，秦科技（中共陕西省科学技术委员会、陕西省科学技术厅官方公众平台）。

成果向生产领域转化的桥梁，兼顾企业产业亟须的技术成果转化，需求牵引与技术推动双向发力，加速打通科技成果转化的"最初一公里"和"最后一公里"。

（二）健全产融对接服务机制，打造综合性科技大市场

采取"风险资金投种子期、信贷资金投成熟期"的基本配置策略，构建"银行+政府+担保+保险+创投+科技服务中介"结合的科技金融服务体系，提供政府扶持、科技贷款、科技担保、股权投资、多层次资本市场、科技保险以及科技租赁等金融服务，持续释放多层次资本市场效能。用好政府引导基金，加快推动城投公司市场化转型，利用"政府财政+金融资本+社会资金"聚引创新资源要素，瞄准能够带动产业链上下游的关键领域，以投促招，以大基金招引大项目，以"基金集群"撬动战略性新兴产业和未来产业发展，打造科技支撑经济社会发展的综合性科技大市场。在高校、企业、科研机构设立技术经理人工作驿站，开展科技成果评价、技术需求估价，组织成果路演、需求发布等活动，协同金融、法律等机构开展对接活动，探索科技成果拍卖、竞价等交易模式，打造企业全生命周期的服务生态体系。

（三）建立系统全面的人才引育体系，构建支撑有力的人才链

强化重点产业领域科技人才支撑，发挥重点企业、重大项目引才作用，柔性引进全国顶尖高校、科研院所院士团队、一流领军人才。建立多学科交叉融合的人才培养机制，鼓励企业与院校共建实训基地和人才培训基地，面向省内外高校、科研院所，遴选创新成果突出的优秀人才到企业担任"科技副总"，采取"产业专班+企业"模式，促进人才技术需求常态化走进高校院所，推动企业与高校、科研院所、高能级创新平台之间人才对接交流，推进形成人才培养战略联盟。实施以信任和绩效为核心的科研管理方式，采取"里程碑"节点监督，减少过程检查，项目推行"技术总师负责制"，下放预算调剂权，项目团队可以根据科研活动实际需要自主安排科研经费，让科研人员专注于研发工作，激发技术创新活力。鼓励科研院所实施人才股权

激励制度，支持科研人员以股权收益、期权确定等方式享有科技创新及升值收益，激励科研人员积极推进创新成果转移转化，从而形成资金链锻造人才链、人才链创造资金链的双向互动和良性循环。

参考文献

孟潇、杨海丽、董洁：《新型研发机构的组织创新过程模型——制度创业视角下的扎根研究》，《技术经济》2024 年第 9 期。

王赫然、陈力、胡贝贝等：《新型研发机构绩效评价的国内外实践与启示》，《中国科技产业》2024 年第 8 期。

鹿文亮、王晓明：《构建科技创新与产业发展深度融合的五个能力》，《新型工业化理论与实践》2024 年第 4 期。

赵晨、王戈菲：《价值链视角下人才链支撑创新链产业链融合的动态协同模式研究——以新型研发机构为例》，《技术经济》2023 年第 9 期。

B.20
中国电建西北院：构建治水兴水
"智慧大脑"*

陕西省社会科学院案例评价课题组**

摘　要： 大力推进云计算、物联网、大数据等数字技术在水利行业应用，提升水资源管理水平、增强防洪抗旱能力，是水利现代化必由之路。中国电建西北院研创面向防洪"四预"的数字孪生水利智慧化管理平台，构建治水兴水"智慧大脑"，显著提升洪水预报准确性、时效性及洪水动态风险评估智能调度能力。主要启示：一是加强企业主导的产学研深度融合，让更多科技成果从"实验室"走向"生产线"；二是开创场景创新驱动高效治理新路径，优化高效率产业链协同体系；三是推广数字化平台，驱动行业新质生产力发展；四是牵引水利行业向绿色低碳转型。

关键词： 数字孪生　防洪"四预"　智慧化管理　中国电建西北院

　　我国高度重视水利现代化建设，大力推进云计算、物联网、大数据、移动互联网、人工智能、数字孪生等数字化、智能化技术手段在水利行业的应

---

　　* 本报告系2022年陕西省社会科学基金项目"陕西传统制造业数字化转型的协同机制及政策研究"（项目编号：2022D055）、陕西省社会科学院青年项目"培育陕西新兴产业和未来产业打造新质生产力实现路径及政策研究"阶段性成果。

　　** 课题组组长：吕芬，管理学博士，陕西省社会科学院经济研究所副研究员，主要研究方向为数字经济。课题组副组长：刘晓东，中国电建集团西北勘测设计研究院数字与智慧工程院副院长，正高级工程师。课题组成员：郭园，中国电建集团西北勘测设计研究院数字与智慧工程院智慧水务所所长，高级工程师；张群，中国电建集团西北勘测设计研究院数字与智慧工程院智慧水务所副所长，工程师；王洁瑜，中国电建集团西北勘测设计研究院数字与智慧工程院，工程师，智慧水务项目总工程师。

用，同时规范数字孪生水利工程的建设内容和技术标准，为我国水安全及水资源可持续发展提供了有力保障。党的二十届三中全会审议通过《中共中央关于进一步全面深化改革　推进中国式现代化的决定》，提出以国家标准提升引领传统产业优化升级，支持企业用数智技术、绿色技术改造提升传统产业。中国电建集团西北勘测设计研究院（以下简称"西北院"）积极践行国家数字孪生智慧流域建设战略，聚焦国家大水网建设、数字孪生水利建设等，以智慧防洪作为核心切入点，探索智慧水利行业高质量发展新路径。

一　主要做法

西北院是世界 500 强企业——中国电力建设集团（股份）有限公司的重要成员企业。近年来，西北院积极践行国家数字孪生水利建设战略，紧抓新一轮新质生产力发展机遇，坚持"四个面向"，致力于智慧水利管理模式创新、水利智能模型建构、科技创新研究及软件产品研发，最终为流域防洪管理、城市内涝防治、水利工程安全运行、海绵城市工程建设、城市水生态环境综合治理与修复工程建设等工程提供智慧化管理新技术、新方案。西北院抓住国家大水网建设及新质生产力发展机遇，自主研创面向防洪"四预"的数字孪生水务系统，开创了治水兴水新实践。

（一）构建数字孪生智慧防洪体系

西北院积极响应国家智慧水利发展战略，研创面向防洪"四预"的数字孪生水利智慧化管理平台，该平台搭建"1+2+6+4"数字孪生智慧防洪体系（见图 1），旨在通过数字化手段全面提升防洪减灾能力与水资源管理水平。

在体系构建上，"1+2+6+4"架构中的"1"代表一个数字孪生智慧水利平台，代表着工程载体；"2"是指搭建"数据+智能"双中台协同，作为整个智慧防洪体系的核心驱动力，实现数据的深度挖掘与智能分析；"6"则是六大应用系统，包括水利工程"一张图"系统、智能监测预警系统、智能调度系统、智能生产运营系统、智能巡查管护系统、智能决策系统，这

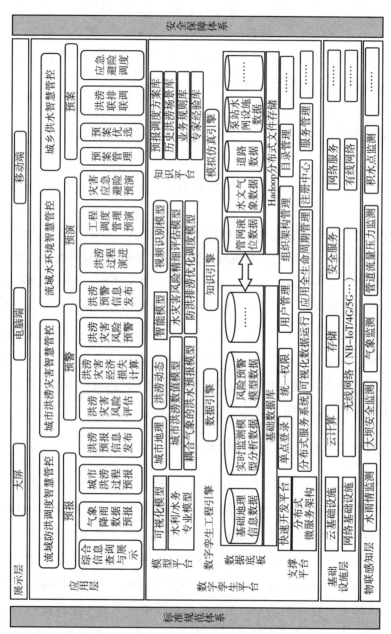

图1 中国电建西北院数字孪生智慧防洪体系

些系统各司其职，共同构建起防洪减灾的智慧防线；"4"则是指智慧防洪"四预"机制，即满足流域防洪预报、预警、预演和预案的业务需求。

（二）融合多项数字关键技术

一是研发了多内核、多尺度、多方案洪水情势智能化预报和调度模型。构建了考虑人类活动影响和下垫面非一致性变化条件下的径流预报模型，提出洪水规则调度和实时调度模型，解决了常规手段预报不精准、时效性差的问题。二是构建了"预报、调度、演进、预案"全链条联动防洪安全保障技术体系。集成了来水预报、防洪调度、洪水演进和防洪预案生成调用等功能，形成防洪全闭环实施业务能力，实现了从产流源头到下游影响区全链条模拟分析，解决了流域防洪各环节联动性和智慧化水平不高的问题。三是研发了多学科、多技术融合的"监测、模拟、分析、调度、控制"防洪一体化数字孪生管控平台。利用多源数据融合、数据共享、孪生技术等，构建了以数字化场景为载体、多源时空大数据为底座、水利模型为核心的防洪数字孪生管控平台，实现了防洪"监测、模拟、分析、调度、控制"全过程业务化应用。

（三）搭建全链条防洪"四预"数字孪生决策机制

形成重点面向流域防洪智能预报预警管理、智能调度管理、洪水演进预演管理、决策预案管理的全链条管控，构成了防洪"四预"数字孪生决策机制，为提升防洪减灾能力提供了强有力的支撑。智能预报预警管理是实现防洪智慧化管理工作前置化、精准化的关键。基于高精度气象水文监测数据、卫星遥感等多源数据，通过自主研发水库洪水预报模型，同时应用深度学习、机器学习等 AI 算法，进一步加强了对洪水发生时间、强度、影响范围的精准预测。智能调度管理侧重于在洪水来临之际，通过实时监测流域内各水库、堤防、河道的水位、流量等信息，结合历史数据和专家经验，应用水库智能优化调度模型，动态调整水库放水、泵站排水等调度策略。洪水演进预演管理则是基于水库调度方案，构建数字孪生模拟仿真引擎，集成水文水动力模型，实现对上游洪水入库到下游洪水演进全过程的动态模拟和可视化展示，以筛选最优的防洪调度效果。决策预案管理强调在防洪预案制定和实施过程中的智能化和灵活性，系统能够基于实时洪水预报、调度策略、演进模拟等结果，自动生成或调整防洪预案，包括人员转移、物资调配、抢险救援等具体措施。防洪"四预"数字孪生智能决策体系以其全面的视角、先进的技术和高效的模式，为流域防洪工作带来了革命性的变革，极大地提升了防洪减灾的能力和效率。

（四）开发多个数字孪生应用场景

西北院研创的面向防洪"四预"的数字孪生水利智慧化管理模型，实现了山洪沟道实时产流识别与展示，提供沟道洪水水域范围识别和预警服务，支撑流域山洪洪水预报调度数字孪生场景应用，最终实现水利工程从"治"管到"智"管的提档升级。一是数据中台作为整个智慧化管理体系的基石，通过精细化的三维建模技术，将防洪区域内的地形地貌、水利设施、水文环境等关键要素进行数字化重构，打造 L1、L2、L3 级数据底板，支撑形成高度逼真的孪生场景。二是智能中台集成洪水预报模型、AI 识别算法等，支撑智慧管控平台高效分析决策，同时利用西北院自主研发 Belife-BIM（筑立）、Belife-GIS（筑宇）、Belife-DATA（筑数）等核心引擎共同打造数字孪生引擎。三是智慧管控平台应用模块要贴合用户实际工作需求，避免闭门造车，保证建设成果落地实用。

二　主要启示

（一）加强企业主导的产学研深度融合，让更多科技成果从"实验室"走向"生产线"

企业出题，强化目标导向，引导产学研等多方主体协同联动和科研成果贯通式转化，不仅提升产学研协同创新效率，而且促进更多科技成果向现实生产力转化。西北院以数字镜像、AI 算法、水质监测预警、智能调度等智慧水利前沿技术为牵引，加强与国内外知名高校、科研机构产学研深度合作，研创治水兴水"智慧大脑"，不仅提升了企业自身科技创新实力，而且拓展了应用需求倒逼基础研究从产业发展需求中凝练研究任务的新渠道，增强了基础研究可持续发展能力，提升了高校科研院所研发项目与产业需求匹配度，推进科技创新和科技成果转化同时发力，让更多科技成果从"实验室"走向"生产线"。

（二）开辟场景创新驱动高效治理新路径，优化高效率产业链协同体系

智慧水利不仅是单一的水资源防洪与治理的场景创新，更是引领相关行业场景创新的导航图。西北院将大数据、云计算、物联网、人工智能等前沿技术深度融合于水安全、水资源管理之中，探索形成了一整套技术标准、算法模型及解决方案，实现了从源头治水到终端用水全链条智能化管控的场景创新。该场景能够创新推广应用到新能源与电力、水电与抽水蓄能等领域，促进了项目开发与运维管理，提升了资源潜力评估精度、方案优选能力，以及资源综合开发利用水平，为多业协同联动、高效治理探索新路子。

（三）推广数字化平台，驱动行业新质生产力发展

西北院深入践行绿色发展理念，致力于通过数字化平台的建设与应用，驱动水利行业向更加智能、高效、可持续的方向发展。西北院同步打造了一个集监测预警、数据分析、决策支持于一体的智慧水利综合管理平台，该平台不仅实现了对水利基础数据要素的实时监测，精准控制多项水利工程业务，还通过 BIM+GIS 技术打造了数字孪生电子沙盘，多视角全方位展示了当前工程区内各监测设备实时数据、预警及分析等情况；同时融合多个系统模块开发了水利"一张图"系统，构建智能预报预警系统、智能调度预演系统、智能决策预案系统，最终实现"预报、预警、预演、预案"，为水安全管理、水资源管理、水生态管理提出了新的解决思路。一方面，促进了水

资源的节约高效利用，有效缓解了水资源短缺与需求增长之间的矛盾；另一方面，通过智能化手段减少能耗、降低污染物排放，为生态环境保护贡献了力量。更重要的是，智慧水利的发展带动了相关产业链的延伸与升级，促进了新技术、新产品的研发与应用，助力水利行业发展新质生产力。

（四）牵引水利行业向绿色低碳转型

西北院研创的面向防洪"四预"的数字孪生水利智慧化管理模型，在优化水资源调度方面，能够根据实时监测到的水量、水质及用户需求信息，智能调整水库、水闸、泵站等水利设施的运行策略，实现水资源的合理配置与高效利用。这不仅有助于缓解水资源短缺问题，还能有效降低能耗与排放，推动水利行业向绿色低碳转型。在雨水资源利用方面，通过建设雨水收集、净化、回用系统，将雨水转化为宝贵的淡水资源，用于城市绿化、道路清洗、工业生产等多个领域，有效缓解了城市水资源紧张状况，为构建生态文明和保障国家水安全提供了坚实支撑，进一步推动水利行业的数字化转型与绿色升级。

参考资料

罗斌、周超、张振东：《数字孪生水利专业模型平台构建关键技术及应用》，《人民长江》2024年第6期。

冶运涛、蒋云钟、曹引等：《以数字孪生水利为核心的智慧水利标准体系研究》，《华北水利水电大学学报》（自然科学版）2023年第4期。

郑学东：《空间信息技术在水利行业的应用回顾与展望》，《长江科学院院报》2021年第10期。

B.21

西安小院科技：
科技创新赋能"中国建造"*

陕西省社会科学院案例评价课题组**

摘　要： 以科技创新引领建筑业深度转型升级是推动建筑业高质量发展的内在要求。西安小院科技股份有限公司瞄准未来人居环境的改善和生活方式变革趋势，坚持绿色化智能化发展理念，加强产学研用深度合作，合力攻关绿色建筑关键技术，探索形成了一整套绿色建筑标准体系，推进多场景下绿色低碳循环技术应用，引领建筑业高品质发展。其中主要启示：绿色生产力发展理念引领多业融合创新，全面赋能建筑转型升级，有力支撑科技创新赋能"中国建造"。

关键词： 新质生产力　建筑业　科技创新　产业升级

建筑业作为国民经济的支柱性产业，事关人民群众切身利益，事关经济社会发展大局，是现代产业的重要组成部分。党的二十届三中全会审议通过的《中共中央关于进一步全面深化改革 推进中国式现代化的决定》指出，以国家标准提升引领传统产业优化升级，支持企业用数智技术、绿色技术改造提升传统产业。这将为推进建筑业深度转型升级，加快打造高品质的"中国建造"提供新的指引。

---

　* 本报告资料由调研该公司及西安市相关建筑业协会、企业所得。

　** 课题组组长：赵鹏鹤，博士，陕西省社会科学院经济研究所助理研究员，主要研究方向为绿色发展、产业经济。成员：袁国谦，西安小院科技股份有限公司首席研究员、总裁；魏鹏，博士，西安小院科技股份有限公司研发部总经理。

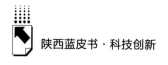

一 主要做法

当前，建筑业正处于新旧动能转换的关键时期，生产力水平还不够高，主要表现为关键核心技术突破不强，工程设计能力不高；资源消耗巨大；建设组织方式落后等。着眼打造高品质的"中国建造"，必须以科技创新引领建筑业深度转型，加快实现高质量发展。西安小院科技股份有限公司（以下简称"小院科技"）瞄准未来人居环境的改善和生活方式的变革，致力于搭建低碳智能建筑产业链平台，将科技创新成果应用于建筑业深度转型升级，探索出科技创新赋能"中国建造"新路径。推动建筑企业的绿色转型升级对实现建筑业长期、稳定、高质量发展具有重要意义。建筑企业应强化新发展理念，积极推广绿色建筑材料和技术，提高建筑的环境性能和可持续性，树立良好企业形象，提升绿色发展优势。

（一）推进绿色化智能化发展

小院科技将绿色化智能化理念贯穿建筑的全生命周期。在规划上，以未来人居理念为导向，将居住区规划为低层低容积率的独立式成套住宅，降低建设成本和碳排放量，提升居住舒适感。在设计上，将光伏建筑一体化与分布式发电站设计理念相融合，利用自然资源为建筑提供绿色能源，降碳固碳，配备生态庭院打造低层生态宜居环境。在实施上，小院科技低层庭院式住宅采用螺栓连接多层全装配式混凝土墙板结构技术，实现结构、建筑、内外装饰全装配，提升施工效率、增强建筑性能、减少碳排放和粉尘污染。在管理上，基于数字孪生技术为用户提供在线定制、在线选装、在线设计、在线管理、数字化交付等，在满足用户个性化居住环境的同时，也能更好地满足建筑物全生命周期的维护更新需求。

（二）联合攻关绿色建筑关键技术

小院科技加强产学研合作，与西安建筑科技大学、英国卡迪夫大学等建立联合创新共同体，合力攻关绿色建筑关键技术，迭代现有产品，研发形成了包含围护结构热储能技术、太阳能综合利用能源系统、智慧恒温系统、智慧能源管理系统、绿色出行系统、家庭绿色能源中心等在内的关键技术。在零碳建筑设计上，利用围护结构热储能特性，充分响应波动的气候条件和调节间歇性的可再生能源的时空分布，从传统的"轻质保温型"逐步走向保温、集热、蓄能、产能一体化的新型构造体系。在零碳建筑能源系统方面，应用建筑本体（围护结构）储能+电动汽车储能互补的零碳建筑储能技术，解决可再生能源波动问题，形成了户用、社区能源系统的能源供需、转换、分配和使用有关的绿色能源互联网系统。在室内用能端，采用传统散热器及空调末端已经难以匹配建筑运行零碳目标，目前采用辐射供暖/供冷末端结合空气源热泵，调控空气源热泵的工作时间耦合可再生能源的产能时间，实现智慧恒温和绿色运行。

（三）研创绿色建筑标准体系

小院科技围绕绿色建筑探索形成了一批具有自主知识产权的技术库和不同应用场景的成套技术标准体系。针对建设用地的特征和气候特征，以提高人民生活品质为目标，推动适合地域特征、经济发展水平和以建筑能源利用低碳化为基本方向的零碳建筑、零碳社区建设的规划设计标准体系。围绕可再生能源的产、储、用建立了建筑光伏一体化（产能）、智慧恒温系统（储能+用能）、绿色出行系统（储能+用能）、端对端能源交易系统（用能）等技术体系，全面推动建筑领域碳排放减碳至零碳。全面打通装配式住宅设计、生产和工程施工环节，推进全产业链协同发展，推广少规格、多组合的设计方法，逐步将定制化、小规模的生产方式向标准化、社会化转变，构建高品质住宅工业化标准体系。建设互联网+智慧医疗、智慧康养、智慧托管、共享健身、共享办公、共享图书馆等配套功能的社区服务体系。

（四）拓展绿色智慧城市应用场景

聚焦未来人居发展，小院科技致力于打造未来建筑，以期在居住社区、小城镇建设、城市更新中发挥作用。开发出零碳智慧社区建设技术体系,利用建筑光伏一体化技术实现能源自给自足,利用围护结构热储能+新能源汽车移动储能结合的零碳建筑储能技术,实现可再生能源的跨时间、跨区域调度。应用工业化建造技术,实现建筑的全装配生产与建造,降低成本、缩短工期、降低碳排放量,打造智慧宜居、绿色安全的零碳社区。应用智能建造技术和智慧管理平台,实现在线定制、在线选装、在线设计、在线管理、数字化交付等,将住宅从设计、建造、装修等各个阶段产生的数据、资料、模型等以标准数据格式随住宅产品一起提交给业主,为用户提供全寿命周期的管理和运维服务。应用智慧社区服务体系,打造互联网+社区服务体系,涵盖社区医疗、共享健身、共享办公、共享图书馆、个性家居等多种服务,并积极拓展品牌联动,为业主提供"多层次、多品牌、多区域、多体验"的服务。结合地域特色,按照"田园城市"规划理念,在保留低层建筑和田园风格的基础上,以城市的建设标准进行新型城镇化建设,打造兼具乡村和城市特点的零碳田园城市,提升居民生活品质和居住体验。

二 主要启示

在智能科技迅猛发展的背景下,未来人居不仅仅要满足居住的基本需求,更要朝着智能化、生态化和社区化的方向迈进。为此,必须以科技创新赋能"中国建造"。小院科技的探索实践,无疑为建筑业深度转型提供了可资借鉴的经验。

(一)深入践行绿色生产力发展理念,引领建筑业高品质发展

绿色生产力是以绿色技术为支撑,由绿色化要素、智能型要素嵌入,产生绿色的最终产品,实现经济效益、生态效益、社会效益多元统一。一是从绿色低碳化方向推进。坚持以人为本,减少能源和资源消耗,推进零碳建筑、零碳社区建设,以建筑品质来推动绿色建筑概念的普及及其在生活中的广泛应用。二是从人居的可持续性角度出发。着眼于提高住宅全生命周期的

居住性能和长久的居住价值，围绕系统功能独立的成套住宅，规划低层高品质社区，研究低层高品质住宅的技术实现路径，建立从开发建设到维护使用的全生命周期管理机制，着力满足人民日益增长的高品质人居需求。三是从城市建设的角度看，既要推动已有建筑改造，又要营造健康宜居环境，包括单体建筑宜居环境改造、适老化改造，实现能效、环境、安全等综合性能方面的提升。同时，城市更新中利用公共设施改造以及老城区的再利用等。

（二）加快新一代信息技术与建筑业融合，大力发展新型建造

推进新一代信息技术、先进制造技术、新材料技术等融合应用，通过数字化重塑全产业链生产流程，促进建筑业向智能化转型。一是数字化技术的应用。以数字化为抓手着力实现传统产业升级改造，培育和孵化建筑业数字化产业，探索数字化系统开发、发展数字化工具、管理数字化业务的综合管理平台。二是开拓智慧建造新产业。实现智慧建筑、智慧社区和智慧城市等业态的设计、施工、运维等全生命期数字化。构建智慧设计基础平台和集成系统，加强"互联网+"环境下的新型施工组织方式、流程和管理模式探索，通过 BIM 与物联网、大数据、AI、区块链等技术融合创新，推动建筑新业态发展。三是探索智慧技术融合发展。积极探索研究 BIM 与 CIM 技术融合及数字孪生技术，推进设计建造一体化的管理数字化、生产数字化和技术数字化，以数字化为依托，强化设计业务链条上各环节的互联互通，实现设计与建造全过程的大数据融合。

（三）以标准提升引领建筑产业深度转型升级

以标准提升促进建筑行业转型升级，引领"中国建造"高质量发展。一是发展现代技术融合全流程建造标准体系。从住宅功能、建筑形式、空间设计、建筑材料、建造方式、能源利用、配套服务、运行管理等方面出发，融入数字技术、智能互联和智能科技等，提出建筑设计、施工、运维和验收全寿命周期的标准体系。二是推广建筑部件工业化标准体系。推广少规格、多组合的设计方法，打通装配式住宅设计、生产和工程施工环节，明确通用

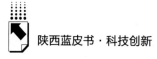

标准化构件和部品部件的具体尺寸，解决装配式建筑标准化设计与标准化构件和部品部件应用之间的衔接问题，推进全产业链协同发展。三是研发零碳建筑技术标准体系。集成建筑光伏一体化技术、新能源汽车 V2G 双向供电技术、建筑围护结构热储能技术、空气源热泵节能系统打造生储用一体化综合利用能源系统等，实现绿色能源建筑、零碳建筑和产能建筑一体化，形成包括住区规划、建筑及围护结构设计、可再生能源利用、能源系统设计、能源综合管控等方面的一体化技术措施，建立建筑节能减排专项标准体系，实现成套建筑的零能耗和零碳排放。四是构建标准提升的科技创新体系。搭建建筑构件标准化设计、生产、施工三方之间数据和信息共享模型平台，实现建筑构件标准化深化设计、工厂化生产和装配化吊装施工建造一体化。打造创新研究平台，建立科技创新的合作体系和长效机制，打通科技成果向技术标准转化的渠道，以标准促进建筑产业向规模化、市场化迈进。完善科研成果评价与考核体系，增强一线研发人员"科技创新、标准研制与产业升级融合发展"的标准化意识。

权威报告·连续出版·独家资源

皮书数据库
ANNUAL REPORT(YEARBOOK)
DATABASE

分析解读当下中国发展变迁的高端智库平台

所获荣誉

- 2022年，入选技术赋能"新闻+"推荐案例
- 2020年，入选全国新闻出版深度融合发展创新案例
- 2019年，入选国家新闻出版署数字出版精品遴选推荐计划
- 2016年，入选"十三五"国家重点电子出版物出版规划骨干工程
- 2013年，荣获"中国出版政府奖·网络出版物奖"提名奖

皮书数据库

"社科数托邦"
微信公众号

成为用户

　　登录网址www.pishu.com.cn访问皮书数据库网站或下载皮书数据库APP，通过手机号码验证或邮箱验证即可成为皮书数据库用户。

用户福利

- 已注册用户购书后可免费获赠100元皮书数据库充值卡。刮开充值卡涂层获取充值密码，登录并进入"会员中心"—"在线充值"—"充值卡充值"，充值成功即可购买和查看数据库内容。
- 用户福利最终解释权归社会科学文献出版社所有。

数据库服务热线：010-59367265
数据库服务QQ：2475522410
数据库服务邮箱：database@ssap.cn
图书销售热线：010-59367070/7028
图书服务QQ：1265056568
图书服务邮箱：duzhe@ssap.cn

社会科学文献出版社　皮书系列
SOCIAL SCIENCES ACADEMIC PRESS (CHINA)
卡号：797777352373
密码：

S 基本子库
UB DATABASE

中国社会发展数据库（下设 12 个专题子库）

紧扣人口、政治、外交、法律、教育、医疗卫生、资源环境等 12 个社会发展领域的前沿和热点，全面整合专业著作、智库报告、学术资讯、调研数据等类型资源，帮助用户追踪中国社会发展动态、研究社会发展战略与政策、了解社会热点问题、分析社会发展趋势。

中国经济发展数据库（下设 12 专题子库）

内容涵盖宏观经济、产业经济、工业经济、农业经济、财政金融、房地产经济、城市经济、商业贸易等 12 个重点经济领域，为把握经济运行态势、洞察经济发展规律、研判经济发展趋势、进行经济调控决策提供参考和依据。

中国行业发展数据库（下设 17 个专题子库）

以中国国民经济行业分类为依据，覆盖金融业、旅游业、交通运输业、能源矿产业、制造业等 100 多个行业，跟踪分析国民经济相关行业市场运行状况和政策导向，汇集行业发展前沿资讯，为投资、从业及各种经济决策提供理论支撑和实践指导。

中国区域发展数据库（下设 4 个专题子库）

对中国特定区域内的经济、社会、文化等领域现状与发展情况进行深度分析和预测，涉及省级行政区、城市群、城市、农村等不同维度，研究层级至县及县以下行政区，为学者研究地方经济社会宏观态势、经验模式、发展案例提供支撑，为地方政府决策提供参考。

中国文化传媒数据库（下设 18 个专题子库）

内容覆盖文化产业、新闻传播、电影娱乐、文学艺术、群众文化、图书情报等 18 个重点研究领域，聚焦文化传媒领域发展前沿、热点话题、行业实践，服务用户的教学科研、文化投资、企业规划等需要。

世界经济与国际关系数据库（下设 6 个专题子库）

整合世界经济、国际政治、世界文化与科技、全球性问题、国际组织与国际法、区域研究 6 大领域研究成果，对世界经济形势、国际形势进行连续性深度分析，对年度热点问题进行专题解读，为研判全球发展趋势提供事实和数据支持。

法律声明